University of Pittsburgh Memoirs in Latin American Archaeology

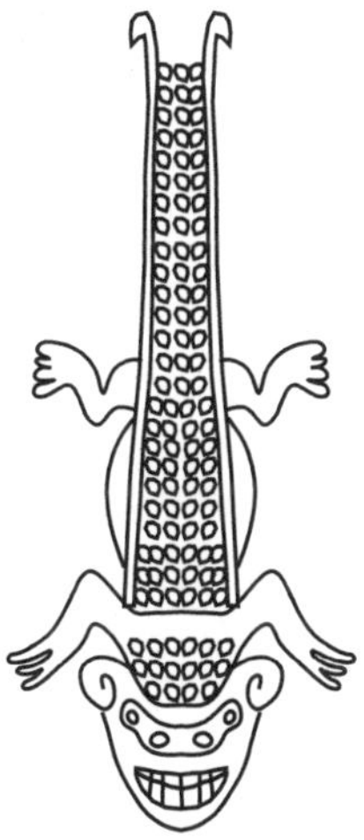

University of Pittsburgh Memoirs in Latin American Archaeology No. 13

Agricultural Change in the Bolivian Amazon

Cambio Agrícola en la Amazonía Boliviana

John H. Walker

Spanish Translation by
Traducción al Español por

María Auxiliadora Cordero

University of Pittsburgh
Department of Anthropology

Fundación Kenneth Lee

Pittsburgh 2004 Trinidad, Beni, Bolivia

Library of Congress Cataloging-in-Publication Data

Walker, John H., 1969-
Agricultural change in the Bolivian Amazon = Cambio agricola en la Amazonia boliviana / John H. Walker ; Spanish translation by Maria Auxiliadora Cordero.
p. cm. — (University of Pittsburgh memoirs in Latin American archaeology ; no. 13)
English and Spanish.
Includes bibliographical references.
ISBN 1-877812-61-7 (pbk. : alk. paper)
1. Indians of South America—Agriculture—Bolivia—Moxos. 2. Indians of South America—Bolivia—Moxos—Antiquities. 3. Raised bed agriculture—Bolivia—Moxos. 4. Excavations (Archaeology)—Bolivia—Moxos. 5. Moxos (Bolivia)—Antiquities. I. Title: Cambio agricola en la Amazonia boliviana. II. Title. III. Series.
F3319.1.M59W35 2004
984'.4200498—dc22
2004011983

Department of Anthropology
University of Pittsburgh
Pittsburgh, PA 15260

Printed on acid-free paper in the United States of America

ISBN 1-877812-61-7

This work is dedicated to my parents,
Dr. William H. Walker
Mrs. Shirley A. Walker
and to the memory of Grandma Walker,
who taught me the alphabet.

Este trabajo lo dedico a mis padres,
Dr. William H. Walker
Sra. Shirley A. Walker
y a la memoria de la Abuela Walker,
quien me enseñó el alfabeto.

Contenido

Contents

Lista de Figuras

List of Figures

Lista de Tablas

List of Tables

Agradecimientos

Este proyecto no hubiera sido posible sin la colaboración y ayuda de muchas personas e instituciones. A lo largo de 1996 y 1997, el proyecto se benefició de la ayuda oortuna y magnánima de muchas personas y organizaciones en la provincia de Yacuma y el Departamento del Beni, a quienes quisiera expresar mis sinceras gracias en primera instancia: Sr. Ronald Ascarrauz B., señora y familia, de la hacienda "Pekin", Sr. Fabián Rapu L., señora y familia, partidario de la hacienda "La Florida", Sr. Lucio Iriarte R. y señora, propietarios de la hacienda "El Cerro", y todos los vaqueros y empleados de esa hacienda, Dr. Eduardo Zapata B. y señora, propietarios de la hacienda "Horizonte", Sr. Gualberto Lopez y señora, administrador de la hacienda "Horizonte", Sr. Jorge Sangines y señora, de la hacienda "Villa Nueva", Sr. Choco Lopez y señora, de la hacienda "Villa Nueva", Sr. Angel Melgar y señora, de la hacienda "San Pedro", Sr. Herman Melgar y señora, de la hacienda "Encina", Sr. Delfin Melgar V. y señora, de la hacienda "San Antonio", Sr. Jose Ignacio Lima Lobo P. y señora, de la hacienda "San Juan", Sra. Lourdes Pereira de Vaca, anterior propietaria de la hacienda "San Juan", Sr. Jorge Canaan y señora, de la hacienda "San Andres", y Sr. "Chiquito" Canaan y señora, de la hacienda "San Andres".

Por toda la colaboración a lo largo de mi trabajo de campo en el oriente de Bolivia, me gustaría agradecer a la Sra. Wilma Winkler Velarde, co-investigadora para este proyecto, por toda su ayuda y amistad a través de los años, a la Srta. Georgina Bocchietti, por toda su amistad y consejos durante muchos años, y también por su trabajo como presidente del Museo Arqueológico Yacuma, al Sr. Jaime Bocchietti, señora y familia, por toda su amistad y consejos, al Sr. Rolando Arteaga, señora y familia, por toda su amistad y consejos, Srta. Yenni Bocchietti, por su amistad, y por su ayuda con las traducciones y las llamadas telefónicas internacionales, al Arquitecto Ernesto Mejía A., por su amistad y su invalorable ayuda en el proceso de conseguir cartas de recomendación, al Sr. Adalberto Rapu Lucu, de Santa Ana del Yacuma, por su excelente trabajo como guía y ayudante durante 1996 y 1997, al Sr. Javier Rodriguez Suárez, de Santa Ana del Yacuma, por su excelente trabajo como guía y ayudante durante 1997, al difunto Sr. Kenneth Lee, representante del INAR en el Departamento del Beni, por sus consejos y ayuda a través de los años, a las Licenciadas Teresa y Celia Pérez Chavez, de Trinidad y EBB, por su amistad y asistencia a lo largo de varios años, a la Oficina del Alcalde de Santa Ana del Yacuma, a la Subprefectura de la Provincia de Yacuma, al Subcentro de Pueblos Indígenas - Movima, al Comité Cívico de Santa Ana del Yacuma, a la Casa de la Cultura de Santa Ana del Yacuma, al Comité para el Desarrollo de Carreteras en la Provinca de Yacuma, a la Oficina del Director de Educación del Distrito de la Provincia de Yacuma, al Museo Arqueológico de Yacuma, a la Prefectura del Departamento del Beni, al Centro para los Pueblos Indígenas del Beni, CORDEBENI, CIDDEBENI, a la Oficina del Alcalde de Santa Ana del Yacuma, a la Universidad Técnica del Beni y su distinguida planta de profesores y administración, al Sr. Freddy Bruckner, de Trinidad, Al Sr. Oscar Saavedra, de Trinidad, a la Estación Biológica del Beni, especialmente a Julio Arce, Sabina Stab, Teresa y Celia Perez Chavez, y a la gente de Totaizal, al Sr. Arnaldo Lijerón de Trinidad, por sus consejos y ayuda, al Sr. Rodolfo Pinto Parada, por sus consejos y ayuda, al Instituto Nacional de Arqueología de Bolivia (DINAAR), a la Sra. Carmen Pardo, de la Embajada de los Estados Unidos de América, y al Sr. Dante Angelo de Tupiza, por su amistosa colaboración, pero especialmente por su amistad a lo largo de muchos años.

Este trabajo no hubiera podido ser terminado sin la ayuda financiera de las siguientes instituciones: The Institute for International Education, The Fulbright Commission, The Wenner-Gren Foundation for Anthropological Research y The National Science Foundation.

Me gustaría agradecer a la gente maravillosa del Departamento de Antropología y del Museo de Antropología y Arqueología de la Universidad de Pensilvania, especialmente a mi consejero académico, el Dr. Clark L. Erickson, y a los miembros de mi comité: Dr. Bernard Wailes, Dra. Wendy Ashmore y Dr. Robert Sharer. Recibí buenos y oportunos consejos del Dr. David Block, del Dr. Peter Stahl, del Dr. Michael Heckenberger y del Dr. Robert Langstroth. Tuve un grupo de colegas y editores inigualables: Andrew Stewart, Jim Mathieu, Catherine Newling, Peter Demerath, Ellen Demerath, Yvonne Teh, Jason Yaeger, Marcello Canuto, Alexei Vranich, Mica Glantz, Praveena Gullapalli y Richard Haavisto. Linda Lee, Larysa Carr y Ronnie Kent me sacaron de problemas en los que yo ni siquiera sabía que estaba.

Me gustaría hacerle el honor a mi familia, porque sin su amor y ayuda no hubiera podido completar este proyecto: Dr. William H. Walker y Sra. Shirley A. Walker, Dr. William F. Walker and Sra. Mary Wisniewski, y sobre todo a mi esposa, Susan Frith.

Acknowledgements

This project would not have been possible without the collaboration and help of many people and institutions. Throughout 1996 and 1997, the project benefited from the timely and magnanimous assistance of many people and organizations in Yacuma province and the Department of the Beni, to whom I would first like to express my sincere thanks: Mr. and Mrs. Ronald Ascarrauz B., and family, of the "Pekin" ranch, Mr. and Mrs. Fabián Rapu L., and family, partidario of the "La Florida" ranch, Mr. and Mrs. Lucio Iriarte R., owners and proprietors of the "El Cerro" ranch, and all of the cowboys and employees of that ranch, Dr. and Mrs. Eduardo Zapata B., owners of the "Horizonte" ranch, Mr. and Mrs. Gualberto Lopez, administrator of the "Horizonte" ranch, Mr. and Mrs. Jorge Sangines, of the "Villa Nueva" ranch, Mr. and Mrs. Choco Lopez, of the "Villa Nueva" ranch, Mr. and Mrs. Angel Melgar, of the "San Pedro" ranch. Mr. and Mrs. Herman Melgar, of the "Encina" ranch, Mr. and Mrs. Delfin Melgar V., of the "San Antonio" ranch, Mr. and Mrs. Jose Ignacio Lima Lobo P., of the "San Juan" ranch, Mrs. Lourdes Pereira de Vaca, previous owner of the "San Juan" ranch, Mr. and Mrs. Jorge Canaan, of the "San Andres" ranch, and Mr. and Mrs. "Chiquito" Canaan, of the "San Andres" ranch.

For all of their collaboration throughout my fieldwork in eastern Bolivia, I would like to thank Mrs. Wilma Winkler Velarde, the co-investigator for this project, for all of her help and friendship throughout the years, Ms. Georgina Bocchietti, for all of her friendship and advice over many years, and also for her work as president of the Yacuma Archaeological Museum, Mr. and Mrs. Jaime Bocchietti and family, for all of his friendship and advice, Mr. and Mrs. Rolando Arteaga and family, for all of their friendship and advice, Ms. Yenny Bocchietti, for her friendship, and for her help with translations and international phone calls, Architect Ernesto Mejia A., for his friendship and his invaluable help in the process of securing letters of recommendation, Mr. Adalberto Rapu Lucu, of Santa Ana del Yacuma, for his excellent work as guide and assistant during 1996 and 1997, Mr. Javier Rodriguez Suárez, of Santa Ana del Yacuma, for his excellent work as guide and assistant during 1997, the late Mr. Kenneth Lee, representative of INAR in the Department of the Beni, for his advice and help over the years, Licenciadas Teresa and Celia Perez Chavez, of Trinidad and the EBB, for their friendship and assistance over several years, the Mayor's Office of Santa Ana del Yacuma, the Subprefecture of Yacuma Province, the Sub-Center of Indigenous People - Movima, the Comite Civico of Santa Ana del Yacuma, the Casa de la Cultura of Santa Ana del Yacuma, the Committee for the Development of Roads in Yacuma Province, the Office of the District Director of Education of Yacuma Province, the Yacuma Archaeological Museum, the Prefecture of the Department of the Beni, the Center for Indigenous Peoples of the Beni, CORDEBENI, CIDDEBENI, the Mayor's Office of Santa Ana del Yacuma, the Technical University of the Beni and its distinguished faculty and administration, Mr. Freddy Bruckner, of Trinidad, Mr. Oscar Saavedra, of Trinidad, the Biological Station of the Beni, especially Julio Arce, Sabina Stab, Teresa y Celia Perez Chavez, and the people of Totaizal, Mr. Arnaldo Lijerón of Trinidad, for his advice and help, Mr. Rodolfo Pinto Parada, for his advice and help, the National Institute of Archaeology of Bolivia (DINAAR), Mrs. Carmen Pardo, of the Embassy of the United States of America, and Mr. Dante Angelo of Tupiza, for his friendly collaboration, but especially for his friendship over many years.

It would not have been possible to complete this work without the financial assistance of the following institutions: The Institute for International Education, The Fulbright Commission, The Wenner-Gren Foundation for Anthropological Research, and The National Science Foundation.

I would like to thank the wonderful people of the Department of Anthropology and the University Museum of Anthropology and Archaeology of the University of Pennsylvania, especially my advisor, Dr. Clark L. Erickson and the members of my committee: Dr. Bernard Wailes, Dr. Wendy Ashmore and Dr. Robert Sharer. I received timely and good advice from Dr. David Block, Dr. Peter Stahl, Dr. Michael Heckenberger, and Dr. Robert Langstroth. I had an unmatched group of colleagues and editors: Andrew Stewart, Jim Mathieu, Catherine Newling, Peter Demerath, Ellen Demerath, Yvonne Teh, Jason Yaeger, Marcello Canuto, Alexei Vranich, Mica Glantz, Praveena Gullapalli, and Richard Haavisto. Linda Lee, Larysa Carr and Ronnie Kent got me out of trouble that I didn't even know I was in.

I would like to honor my family, because without their love and help I could not have completed this project: Dr. William H. Walker and Mrs. Shirley A. Walker, Dr. William F. Walker and Ms. Mary Wisniewski, and most of all, my wife, Susan Frith.

Chapter 1

Introduction

The study of agriculture has long been a part of the study of history and economics. Anthropology and anthropological archaeology expand the study of agricultural history to areas throughout the world, and time periods before historical documentation (Farrington 1985; Turner and Brush 1987). Many scholars emphasize the relative importance of causal factors such as population pressure and technological innovation (Boserup 1965; Cohen 1977; Malthus 1976). The process of agricultural change is less often examined, but is crucial to explaining why change occurs (Hayami and Ruttan 1985; Morrison 1994; Netting 1993). The search for causes of agricultural change is essential, but must be combined with a search for the processes by which change took place, and for their consequences. Detailed case studies of agricultural change make it possible to discuss historical process. This monograph presents a case study of agricultural change and its implications for prehispanic and modern agriculture in the Amazon Basin (Figure 1).

The Llanos de Moxos, a seasonally inundated tropical savanna in the Amazonian lowlands of Bolivia, is the setting for a vast system of earthen constructions (Figure 2). Raised fields, defined generally as "any prepared land involving the transfer and elevation of soil above the natural surface of the earth in order to improve cultivating conditions" (Denevan and Turner 1974:24), comprise the majority of these earthworks. Aerial photographs reveal a landscape that farmers once modified extensively for food production (Denevan 1963, 1966, 1980). Fieldwork over the past nine years has begun to document the extent of raised field agriculture and its history (Erickson et al. 1991, 1993, 1994). Agricultural experiments based on archaeological research and the geographical extent of field remains both demonstrate that raised field agriculture was an effective mode of subsistence (Arce 1993; Erickson et al. 1993). However, ethnohistorical accounts from European visitors are silent on the subject of raised fields (Block 1994; Eder 1985; Orbigny 1994). Today, cattle graze on the savanna and farming is confined to the gallery forests where vegetation must be cleared for swidden cultivation. Why then did farmers abandon their raised fields?

Other cases of raised field abandonment in South America have been investigated by archaeologists who suggest several possible explanations. Graffam (1990, 1992) proposes that a combination of climatological and social factors, including the Spanish Conquest, accounts for the abandonment of raised fields in the Titicaca basin. In the Casma valley, the conquest is presented as a possible explanation for abandonment of raised fields (Pozorski et al. 1983). According to Kolata, climate change was the proximate cause of the collapse of raised field agriculture in the Titicaca basin and the Tiwanaku state (Ortloff and Kolata 1993). Erickson (1988) argues that the abandonment of raised fields near Lake Titicaca is linked to cultural changes preceding European contact. These authors agree that the subject of abandonment merits further research and consideration. Drawing from these studies, the following three hypotheses for raised field abandonment in the Llanos de Moxos are proposed.

Climatic change on a continental scale has been proposed as an explanation of cultural change in the Amazon Basin in general, and the Llanos de Moxos in particular (Dougherty and Calandra 1981–2; Meggers 1994a, 1994b). Briefly, the El Niño/Southern Oscillation phenomenon is hypothesized to have a periodic and catastrophic effect on rainfall in the Amazon Basin (Diaz and Markgraf 1992; Meggers 1994b; Philander 1990). In this hypothesis, these catastrophic droughts account for discontinuities in Amazonian archaeological sequences (Meggers 1994b). However, there are varying interpretations (Bailey et al. 1989, 1991; Colinvaux and Bush 1991; Glantz 1996; Whitten 1979) of El Niño and the Amazonian paleoenvironmental record. In addition, the ability of frequency seriation of ceramics to document cultural discontinuities is in doubt (DeBoer et al. 1996). Meggers' hypothesis has the virtue of being testable, because of the specific times proposed for the catastrophic droughts.

The second hypothesis for the abandonment of raised fields is based on the biological and cultural consequences of the European Conquest. Two factors in particular may have resulted in the abandonment of raised field agriculture in the Llanos de Moxos. First, epidemics of Old World diseases caused a dramatic depopulation of the area, beginning in the early 1500s (Cook 1981, 1982; Denevan 1992a; Dobyns 1983; McNeill 1976). Second, Jesuit missionaries forced Moxeños to settle in missions beginning in the mid-1600s (Block 1994). Importantly, the missions also introduced metal tools and domesticated animals. Moxeño farmers might have decided, or might have been forced to change their subsistence strategy and stop building and using raised fields.

A prehispanic cultural change is a third category of explanation for raised field abandonment. The archaeological se-

Capítulo 1

Introducción

El estudio de la agricultura ha sido por largo tiempo parte del estudio de la historia y la economía. La antropología y la arqueología antropológica extienden el estudio de la historia agrícola a áreas de todo el mundo, y a periodos anteriores a la documentación histórica (Farrington 1985; Turner y Brush 1987). Muchos investigadores enfatizan la importancia relativa de los factores causales tales como la presión de la población y la innovación tecnológica (Boserup 1965; Cohen 1977; Malthus 1976). El proceso de cambio agrícola no se ha examinado frecuentemente, pero es crucial para explicar por qué ocurre el cambio (Hayami y Ruttan 1985; Morrison 1994a; Netting 1993). La búsqueda de las causas del cambio agrícola es esencial, pero debe combinarse con una búsqueda de los procesos por los cuales el cambio tiene lugar, y sus consecuencias. Los estudios detallados de casos de cambio agrícola hacen posible el discutir los procesos históricos. Esta monografía presenta un estudio de caso de cambio agrícola y sus implicaciones para la agricultura prehispánica y moderna en la cuenca amazónica (Figura 1).

Los Llanos de Moxos, una sabana tropical inundada estacionalmente en las tierras bajas amazónicas de Bolivia, son el escenario para un vasto sistema de construcciones de tierra (Figura 2). Los campos elevados, definidos generalmente como "cualquier terreno preparado que involucre la transferencia y elevación de suelo por sobre la superficie natural de la tierra a fin de mejorar las condiciones para el cultivo" (Denevan y Turner 1974:24), constituyen la mayoría de estas obras de tierra. Las fotografías aéreas revelan un paisaje que los agricultores modificaron extensamente en algún momento para la producción de alimentos (Denevan 1963, 1966, 1980). El trabajo de campo de los últimos nueve años ha empezado a documentar la extensión de la agricultura en campos elevados y su historia (Erickson et al. 1991, 1993, 1994). Tanto los experimentos agrícolas basados en la investigación arqueológica como la extensión geográfica de los restos de campos demuestran que la agricultura en campos elevados fue un modo de subsistencia efectivo (Arce 1993; Erickson et al. 1993). Sin embargo, los recuentos etnohistóricos de visitantes europeos guardan silencio acerca del tema de los campos elevados (Block 1994; Eder 1985; Orbigny 1944). Hoy en día, el ganado pasta en la sabana y el cultivo está confinado a los bosques de galería donde la vegetación debe ser despejada para el cultivo de roza y quema. ¿Por qué entonces abandonaron los agricultores sus campos elevados?

Existen otros casos de abandono de campos elevados en Sudamérica que han sido investigados por los arqueólogos, quienes sugieren varias explicaciones posibles. Graffam (1990, 1992) propone que una combinación de factores climáticos y sociales, incluyendo la conquista española, da cuenta del abandono de los campos elevados en la cuenca del Titicaca. En el Valle de Casma, se presenta a la conquista como una explicación posible para el abandono de los campos elevados (Pozorski et al. 1983). Según Kolata, el cambio climático fue la causa inmediata del colapso de la agricultura en campos elevados en la cuenca del Titicaca y del estado Tiwanaku (Ortloff y Kolata 1993). Erickson (1988) argumenta que el abandono de los campos elevados cerca del Lago Titicaca está ligado a los cambios culturales que precedieron al contacto europeo. Estos autores están de acuerdo en que el tema del abandono amerita investigación y consideración adicional. Con base en estos estudios, se proponen las siguientes tres hipótesis para el abandono de los campos elevados en los Llanos de Moxos.

El cambio climático a escala continental ha sido propuesto como explicación para el cambio cultural en la cuenca amazónica en general, y en los Llanos de Moxos en particular (Dougherty y Calandra 1981–2; Meggers 1994a, 1994b). Explicado de manera breve, se ha propuesto que el fenómeno de El Niño/Oscilación Meridional tiene un efecto periódico y catastrófico sobre la precipitación en la cuenca amazónica (Diaz y Markgraf 1992; Meggers 1994b; Philander 1990). En esta hipótesis, estas sequías catastróficas dan cuenta de las discontinuidades en las secuencias arqueológicas amazónicas (Meggers 1994b). Sin embargo, hay una variedad de interpretaciones (Bailey et al. 1989, 1991; Colinvaux y Bush 1991; Glantz 1996; Whitten 1979) sobre El Niño y el registro paleoambiental amazónico. Adicionalmente, existe duda sobre la habilidad de la seriación de frecuencias cerámicas para documentar discontinuidades culturales (DeBoer et al. 1996). La hipótesis de Meggers tiene la virtud de poder ser puesta a prueba, debido a los momentos específicos propuestos para las sequías catastróficas.

La segunda hipótesis para el abandono de los campos elevados está basada en las consecuencias biológicas y culturales de la conquista europea. Dos factores en particular pueden haber dado como resultado el abandono de la agricultura en campos elevados en los Llanos de Moxos. Primero, las epidemias de enfermedades del Viejo Mundo causaron una despoblación dramática del área, a partir de principios de los años 1500

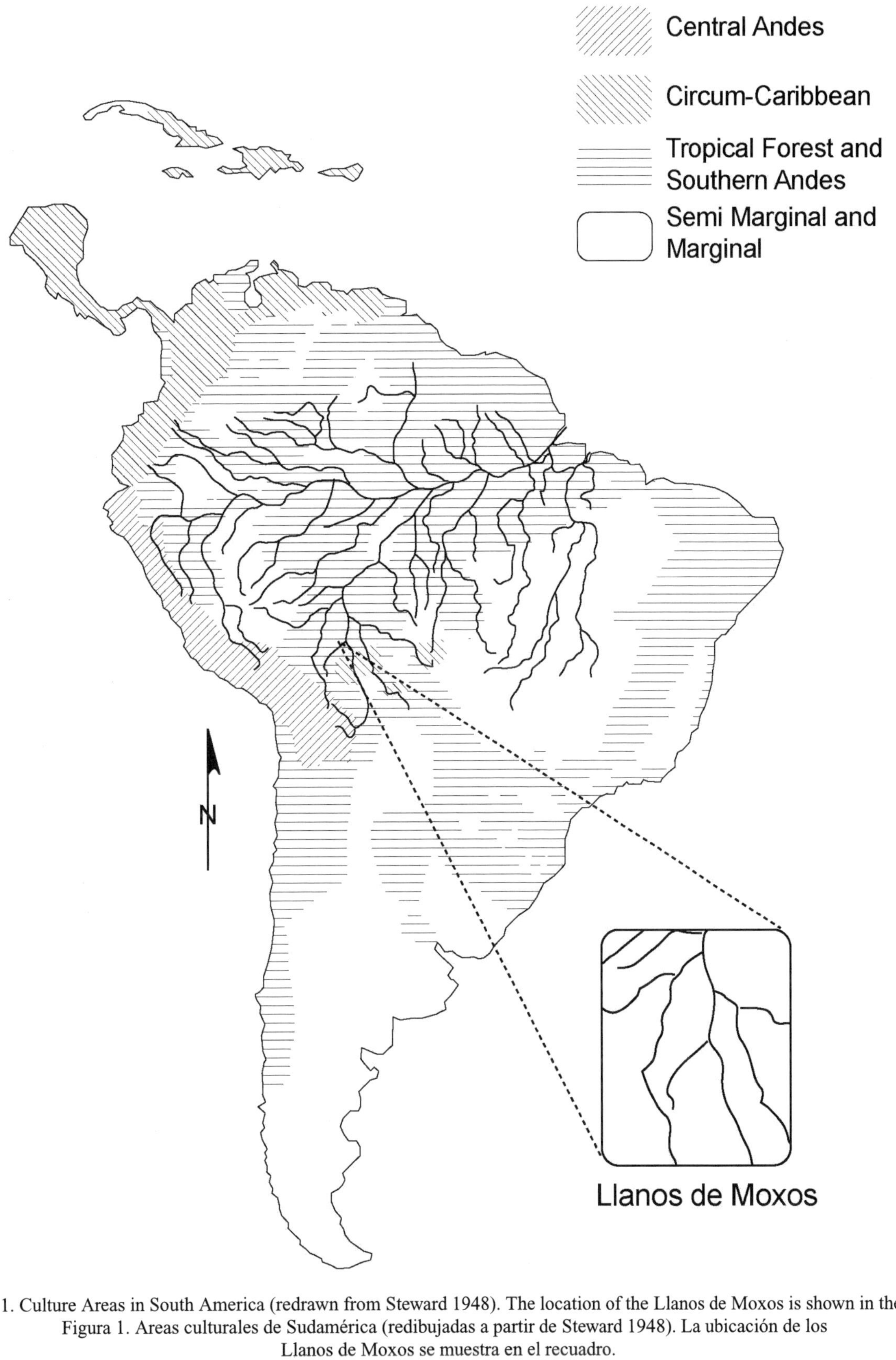

Figure 1. Culture Areas in South America (redrawn from Steward 1948). The location of the Llanos de Moxos is shown in the inset.
Figura 1. Areas culturales de Sudamérica (redibujadas a partir de Steward 1948). La ubicación de los Llanos de Moxos se muestra en el recuadro.

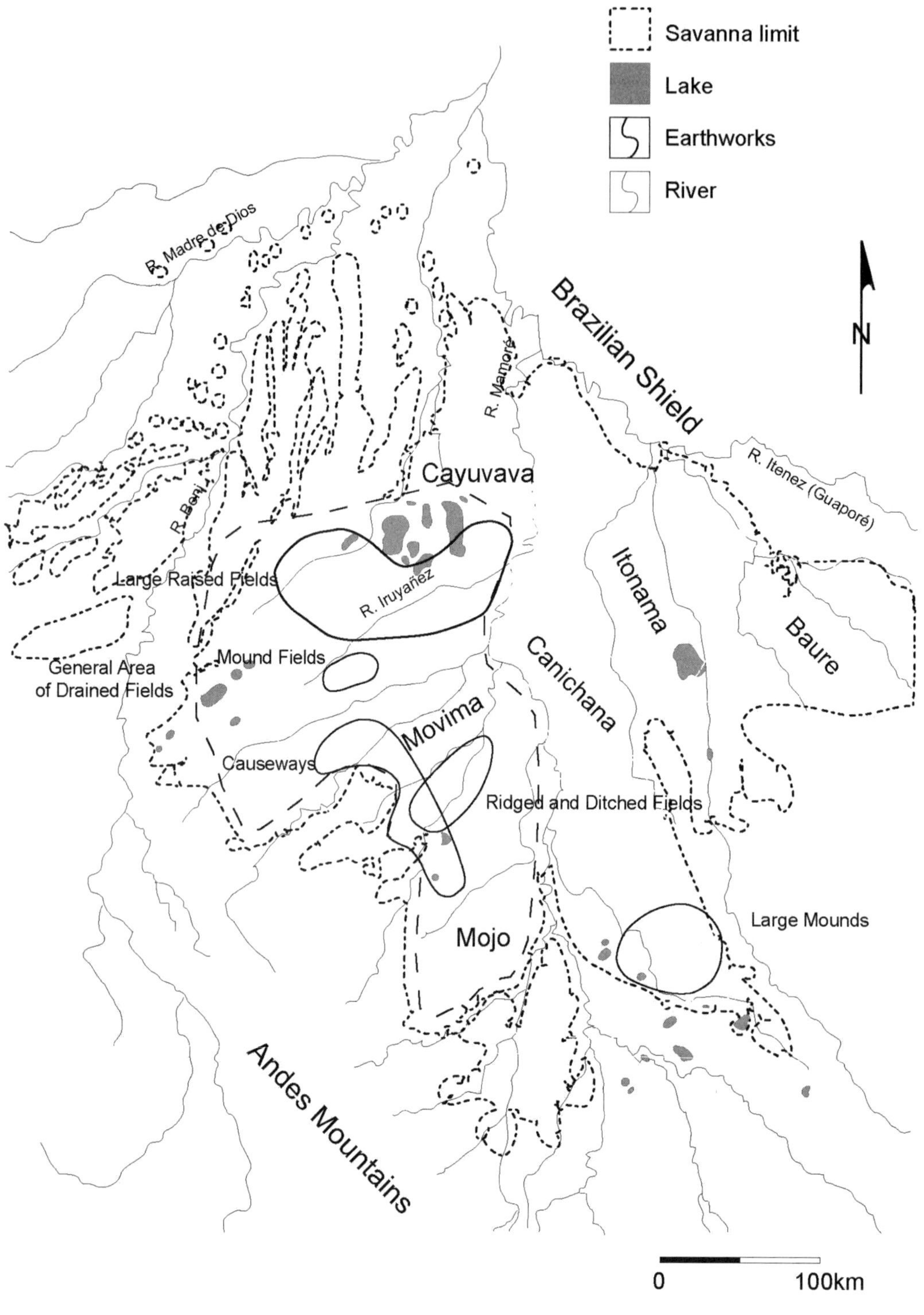

Figura 2. Los Llanos de Moxos (adaptado a partir de Denevan 1966: Figura 3). El área de los campos elevados grandes y el área asociada con los Cayuvavas están al centro.
Figure 2. The Llanos de Moxos (adapted from Denevan 1966: Figure 3). The area of large raised fields and the area associated with the Cayuvava are in the center.

quence from Marajo Island suggests that complex society at the mouth of the Amazon River was transformed before the arrival of the Spanish in the New World (Meggers and Evans 1957; Roosevelt 1991b). Similar changes could have occurred in eastern Bolivia. Prehispanic cultural change is a necessary alternative hypothesis to climate change and the conquest, both of which are linked to specific points in time.

This monograph evaluates the foregoing three hypotheses by examining how the underlying causes interacted. Archaeological study helps to evaluate these hypotheses because it places the abandonment in chronological context, and provides evidence bearing on spatial and social organization.

Understanding raised field abandonment has at least three implications beyond the cultural history of the Llanos de Moxos. It is an opportunity to study agricultural change from a long-term perspective by studying the relationships between population density, agricultural intensity, and social organization. First, this examination is relevant to the theoretical debate about changes in agricultural practice. Second, it is a rare opportunity to study the relationship between social organization and intensive agriculture in the Amazon Basin. The links between agriculture and society have been explored and debated using cases from around the world (Adams et al. 1974; Fernea 1970; Gumerman 1994; Morrison 1994, 1996; Turner, Hyden and Kates 1993; Wittfogel 1957), but intensive agriculture in the Amazonian lowlands is not well known (Carneiro 1970; Denevan 1966, 2001). Study of lowland raised field agriculture improves our knowledge of Amazonian cultures. Third, the reasons raised fields were abandoned help to evaluate raised fields as a modern agricultural option. Archaeology is well positioned to assist modern agricultural development, while at the same time benefitting from the information gained from agricultural research (Erickson 1992, 1998; Lees 1994).

As an example of agricultural change, raised field abandonment can be placed within the context of an extensive literature on agricultural change. A productive line of thought within this literature is based on three variables: land, population, and technology. Four authors in particular, beginning with Malthus and continuing through Chayanov, Boserup and Netting, provide key insights for the archaeology of agricultural change.

As a group, these authors provide the theoretical background for the archaeology of agriculture, based on the relationship between population density, agricultural intensity, and social organization. Subsistence farmers make decisions based on their knowledge of local conditions and their perception of large-scale processes. Transitions in subsistence practice take place on farms and in agricultural fields, rather than in seats of centralized power. Systems of intensive agriculture are not indicators of hierarchical organizations, although such social structures are often based on intensive agricultural systems. Netting (1993) shows that agricultural systems that are organized "horizontally" can function independently of large scale, hierarchical organization. The analysis of agricultural change is thereby linked to the analysis of social structure. This suggests that agricultural change cannot be explained without an understanding of social structure.

In general, theory of agricultural change is based on principles developed in a Euro-American context (Grigg 1982; Hayami and Ruttan 1985; Netting 1974). This work can be illuminating to non-Western agriculture, when it is applied critically (Boserup 1965; Boserup 1981). Amazonian agriculture exists in a cultural and environmental setting far removed from that of Western industrialized agriculture, and theoretical foundations for the study of Amazonian agricultural history must be constructed with this setting in mind (Moran 1981, 1993). One focus of research has been the agricultural potential of tropical forest in combination with swidden cultivation, a particularly efficient use of human labor. Discussion has centered on the suitability of tropical soils for farming, the availability of protein to tropical forest peoples, and the sustainability of swidden cultivation (Gross 1975; Hern 1994; Lathrap 1970; Meggers 1954, 1971, 1991; Moran 1981; Roosevelt 1980, 1991b). Swidden cultivation is particularly well described in the ethnographic literature (Beckerman 1979; Bergman 1980; Carneiro 1961; Chagnon 1992; Descola 1994; Goldman 1963), but intensive agriculture in the Amazon Basin is much less well-known. Raised field agriculture is an example of an intensive agricultural system, with implications for the archaeology of the Amazon Basin.

In the past, archaeological research in the Llanos de Moxos has centered on large mounds near Trinidad (Figure 2; Dougherty and Calandra 1981; Nordenskiöld 1913, 1920, 1924, 1979; Pinto Parada 1987). Raised fields have not been found in association with these sites. Archaeological research now focuses on the agricultural infrastructure of field platforms, canals and causeways (Erickson 1980, 1995; Erickson and Faldín 1979; Erickson et al. 1991, 1993). Raised fields were first documented in the Llanos de Moxos in the early 1960s, and Denevan's (1966) monograph remains the best study of the prehistory of the region. Denevan classified prehispanic earthworks, documenting variability in raised field morphology across space. The initial phases of research by the Agro-Archaeological Project of the Beni (AAPB) have shown that raised field variability is more complex than this initial classification (Erickson, et al. 1994). The AAPB research suggests that agricultural earthworks had multiple functions, including transportation and water control. A topic that has not been addressed is settlement and its relationship to raised fields. This monograph relates data on raised fields to data on settlement in order to add to our understanding of the prehispanic Moxeño landscape.

The study area is centered on the confluence of the Iruyañez and Omi rivers, including the savanna on either side of both rivers (Figure 3). Fieldwork was composed of three interrelated parts. The first part was the analysis of remote sensing data (aerial photographs and satellite images) to record and map raised field platforms and other features. The second part

(Cook 1981, 1982; Denevan 1992a; Dobyns 1983; McNeill 1976). Segundo, los misioneros jesuitas forzaron a los moxeños a asentarse en misiones desde mediados de los años 1600 (Block 1994). Un punto importante es que las misiones también introdujeron herramientas de metal y animales domésticos. Los agricultores moxeños pueden haber decidido, o haber sido forzados, a cambiar su estrategia de subsistencia y no continuar construyendo y usando campos elevados.

Una tercera categoría de explicación para el abandono de los campos elevados es el cambio cultural prehispánico. La secuencia arqueológica de la isla de Marajo sugiere que la sociedad compleja en la desembocadura del río Amazonas se vio transformada antes de la llegada de los españoles al Nuevo Mundo (Meggers y Evans 1957; Roosevelt 1991b). Cambios similares pueden haber ocurrido en el oriente de Bolivia. El cambio cultural prehispánico es una hipótesis necesaria alternativa al cambio climático y a la conquista; estas dos últimas están ligadas a momentos específicos en el tiempo.

Esta monografía evalúa las tres hipótesis precedentes al examinar cómo interactuaron las causas subyacentes. El estudio arqueológico ayuda a evaluar estas hipótesis porque ubica el abandono en un contexto cronológico, y provee evidencia acerca de la organización espacial y social.

El entender el abandono de los campos elevados tiene por lo menos tres implicaciones que van más allá de la historia cultural de los Llanos de Moxos. Es una oportunidad para estudiar el cambio agrícola desde una perspectiva de largo plazo al analizar las relaciones entre densidad de población, intensificación agrícola y organización social. En primer lugar, este estudio es relevante para el debate teórico acerca de los cambios en la práctica agrícola. En segundo lugar, es una rara oportunidad para estudiar la relación entre organización social y agricultura intensiva en la cuenca amazónica. Los lazos entre agricultura y sociedad han sido explorados y debatidos usando casos de todo el mundo (Adams et al. 1974; Fernea 1970; Gumerman 1994; Morrison 1994, 1996; Turner, Hyden y Kates 1993; Wittfogel 1957), pero la agricultura intensiva en las tierras bajas amazónicas no es muy conocida (Carneiro 1970; Denevan 1966). El estudio de la agricultura de campos elevados en las tierras bajas mejora nuestro conocimiento de la culturas amazónicas. En tercer lugar, las razones por las cuales los campos elevados fueron abandonados ayudan a evaluar los campos elevados como una opción agrícola moderna. La arqueología está en una buena posición para ayudar al desarrollo agrícola moderno, mientras se beneficia al mismo tiempo de la información ganada a través de la investigación agrícola (Erickson 1992, 1998; Lees 1994).

Como ejemplo del cambio agrícola, el abandono de los campos elevados puede ser colocado en el contexto de una extensa literatura sobre el cambio agrícola. Una línea productiva de pensamiento dentro de esta literatura está basada en tres variables: tierra, población y tecnología. Cuatro autores en particular, comenzando con Malthus y continuando con Chayanov, Boserup y Netting, proveen ideas claves para la arqueología del cambio agrícola.

Como grupo, estos autores proveen los antecedentes teóricos para la arqueología de la agricultura, basada en la relación entre densidad de población, intensificación agrícola y organización social. Los agricultores de subsistencia toman decisiones basadas en su conocimiento de las condiciones locales y su percepción de los procesos a gran escala. Las transiciones en la práctica de subsistencia se llevan a cabo en chacras y en campos agrícolas más que en los asientos de poder centralizado. Los sistemas de agricultura intensiva no son indicadores de organizaciones jerárquicas, a pesar de que tales estructuras sociales están frecuentemente basadas en sistemas de agricultura intensivos. Netting (1993) demuestra que los sistemas agrícolas que están organizados "horizontalmente" pueden funcionar independientemente de una organización jerárquica de gran escala. El análisis del cambio agrícola está en consecuencia ligado al análisis de la estructura social. Esto sugiere que el cambio agrícola no puede ser explicado sin una comprensión de la estructura social.

En general, la teoría del cambio agrícola está basada en principios desarrollados en un contexto euro-americano (Grigg 1982; Hayami y Ruttan 1985; Netting 1974). Este trabajo puede iluminar la agricultura no occidental, cuando se aplica de una manera crítica (Boserup 1965; Boserup 1981). La agricultura amazónica existe en un escenario cultural y ambiental muy alejado de la agricultura occidental industrializada, y las bases teóricas para el estudio de la historia agrícola amazónica deben construirse con este escenario en mente (Moran 1981, 1993). Un punto central de la investigación ha sido el potencial agrícola del bosque tropical en combinación con el cultivo de roza y quema, un uso particularmente eficiente de la mano de obra humana. La discusión se ha centrado en la aptitud de los suelos tropicales para la agricultura, la disponibilidad de proteína para los pobladores de la foresta tropical, y la viabilidad del cultivo de roza y quema (Gross 1975; Hern 1994; Lathrap 1970; Meggers 1954, 1971, 1991; Moran 1981; Roosevelt 1980, 1991b). El cultivo de roza y quema está particularmente bien descrito en la literatura etnográfica (Beckerman 1979; Bergman 1980; Carneiro 1961; Chagnon 1992; Descola 1994; Goldman 1963), pero la agricultura intensiva en la cuenca amazónica es mucho menos conocida. La agricultura en campos elevados es un ejemplo de sistema agrícola intensivo, con implicaciones para la arqueología de la cuenca amazónica.

En el pasado, la investigación arqueológica en los Llanos de Moxos ha estado enfocada en los grandes montículos cerca de Trinidad (Figura 2; Dougherty y Calandra 1981; Nordenskiöld 1913, 1920, 1924, 1979; Pinto Parada 1987). No se han encontrado campos elevados asociados a estos sitios. La investigación arqueológica se centra ahora en la infraestructura agrícola de plataformas, canales y terraplenes (Erickson 1980, 1995; Erickson y Faldín 1979; Erickson et al. 1991, 1993). Los campos elevados fueron documentados por primera vez en los Llanos de Moxos a principios de los años 1960, y la monograwas an intensive, stratified survey of the study area, divided into three different zones (forested levees, open levees, and forest islands). The purpose of this phase was to identify occupation sites, as well as to verify the accuracy of remote sensing data. The third phase of fieldwork was a program of small test excavations (shovel tests and small trenches) in order to map areas of settlement more accurately. Chronological information was obtained from radiocarbon dates. The data are presented in two sections. The first section (Chapter 4) presents the remote sensing analysis and survey data relating to raised fields. The second section (Chapters 5 and 6) presents the survey and excavation data relating to settlement.

Analogy is used to interpret the archaeological data and discuss how a raised field farming system might have changed (Stahl 1993; Isbell 1997; Wylie 1982, 1985). The use of analogies permits discussion of social organization and its relation to agricultural change (Cameron and Tomka 1993). Direct analogies come from the ethnographic and historical record in the Llanos de Moxos (Altamirano 1979[1891]; Block 1994; Eder 1985[1791]; Eguiluz 1884[1695]; Zapata 1906[1693]). Agricultural experimentation on raised fields also aids in interpretation of the archaeological evidence.

Experimental raised fields in the Lake Titicaca basin have contributed greatly to archaeological interpretation (Erickson 1984, 1988, 1992, 1996; Kolata 1993). Similar experiments provide data for modeling raised field agriculture in the Llanos de Moxos (Arce 1993; Erickson et al. 1994). There are two major contributions to interpretation. First, the amount of labor required for the construction and maintenance of raised fields can be estimated. Second, the amount of food that can be produced on raised fields can also be estimated. Experimental archaeology tests hypotheses about what kinds of agriculture can be practiced in the tropics, and how various techniques compare.

Description and explanation of the process of abandonment is based on the incorporation of settlement and raised fields in chronological context. Spatial analysis includes the patterning of raised field platforms and their relationship to settlement. Population density is estimated from settlement data and compared with projections from raised field area and production. Population density, agricultural intensity and social organization are reconstructed over time. Chapter 7 concludes the monograph by reevaluating the three hypotheses of raised field abandonment.

The viability of prehispanic agricultural technology in the Amazon Basin is of more than academic interest. The Llanos de Moxos are currently used as cattle pasture, with no significant cultivation. Archaeological evidence indicates that these lands were once heavily farmed. Investigating why raised fields ceased to be an alternative in the past can help evaluate raised fields as an alternative today. Similarly, understanding raised fields in the past depends on modern agricultural experiments. In short, the question of the viability of raised fields today is connected to the viability of raised fields in the past.

fía de Denevan (1966, 1980) sigue siendo el mejor estudio de la prehistoria de la región. Denevan clasificó las obras de tierra prehispánicas y documentó la variabilidad en la morfología de los campos elevados a través del espacio. Las fases iniciales de la investigación por parte del Proyecto Agro-Arqueológico del Beni (AAPB) han demostrado que la variabilidad de los campos elevados es más compleja que la de esta clasificación inicial (Erickson, et al. 1994). La investigación del AAPB sugiere que las obras de tierra agrícolas tenían múltiples funciones, incluyendo el transporte y control del agua. Un tema que no ha sido tratado es el del asentamiento y su relación con los campos elevados. Esta monografía relaciona los datos de los campos elevados con los datos de asentamientos a fin de aumentar nuestra comprensión del paisaje moxeño prehispánico.

El área de estudio tiene su centro en la confluencia de los ríos Iruyañez y Omi, incluyendo la sabana a ambos lados de los dos ríos (Figura 3). El trabajo de campo estuvo compuesto de tres partes interrelacionadas. La primera parte fue el análisis de datos de sensores remotos (fotografías aéreas e imágenes de satélite) para registrar y mapear las plataformas de los campos elevados y otros rasgos. La segunda parte fue una prospección intensiva estratificada del área de estudio, dividida en tres zonas diferentes (diques boscosos, diques abiertos e islas de bosque). El propósito de esta fase fue la identificación de sitios de ocupación, así como la verificación de la exactitud de los datos de sensores remotos. La tercera fase del trabajo de campo consistió en un programa de pequeñas excavaciones de prueba (pruebas de pala y trincheras pequeñas) a fin de mapear con más exactitud las áreas de asentamiento. La información cronológica se la obtuvo con fechas radiocarbónicas. Los datos se presentan en dos secciones. La primera sección (Capítulo 4) presenta el análisis de sensores remotos y los datos de la prospección relativos a los campos elevados. La segunda sección (Capítulos 5 y 6) presenta los datos de prospección y excavación relacionados con los asentamientos.

Se ha utilizado la analogía para interpretar los datos arqueológicos y discutir cómo el sistema de agricultura en campos elevados pudo haber cambiado (Stahl 1993; Isbell 1997; Wylie 1982, 1985). El uso de analogías permite la discusión de la organización social y su relación con el cambio agrícola (Cameron y Tomka 1993). Las analogías directas provienen del registro etnográfico e histórico de los Llanos de Moxos (Altamirano 1979[1891]; Block 1994; Eder 1985[1791]; Eguiluz 1884[1695]; Zapata 1906[1693]). La experimentación agrícola en campos elevados también ayuda en la interpretación de la evidencia arqueológica.

Los campos elevados experimentales en la cuenca del Lago Titicaca han contribuido grandemente a la interpretación arqueológica (Erickson 1984, 1988, 1992, 1996; Kolata 1993). Experimentos similares han aportado datos para elaborar los modelos de la agricultura en campos elevados en los Llanos de Moxos (Arce 1993; Erickson et al. 1994). Hay dos contribuciones principales para la interpretación. La primera, que la cantidad de labor requerida para la construcción y mantenimiento de los campos elevados puede ser calculada. La segunda, que la cantidad de alimento que se puede producir en los campos elevados también puede ser calculada. La arqueología experimental pone a prueba hipótesis acerca de qué tipos de agricultura pueden practicarse en los trópicos, y cómo se comparan unas técnicas con otras.

La descripción y explicación del proceso de abandono están basados en la incorporación de asentamientos y campos elevados en un contexto cronológico. El análisis espacial incluye el patrón de las plataformas de los campos elevados y su relación con los asentamientos. La densidad de población se calcula a partir de los datos de asentamiento y se compara con proyecciones del área y la producción de los campos elevados. La densidad de población, intensificación agrícola y organización social se reconstruyen a través del tiempo. El Capítulo 7 concluye la monografía con la revaluación de las tres hipótesis acerca del abandono de los campos elevados.

La viabilidad de la tecnología agrícola prehispánica en la cuenca del Amazonas va más allá del interés académico. Los Llanos de Moxos son utilizados actualmente como pastos para ganado, sin ningún cultivo significativo. La evidencia arqueológica indica que estas tierras fueron cultivadas intensamente en algún momento. Investigar el por qué los campos elevados dejaron de ser una alternativa en el pasado puede ayudar a evaluar los campos elevados como una alternativa para el presente. De manera similar, el comprender los campos elevados en el pasado depende de experimentos agrícolas modernos. En síntesis, la cuestión de la viabilidad de los campos elevados hoy en día está conectada con la viabilidad de los campos elevados en el pasado.

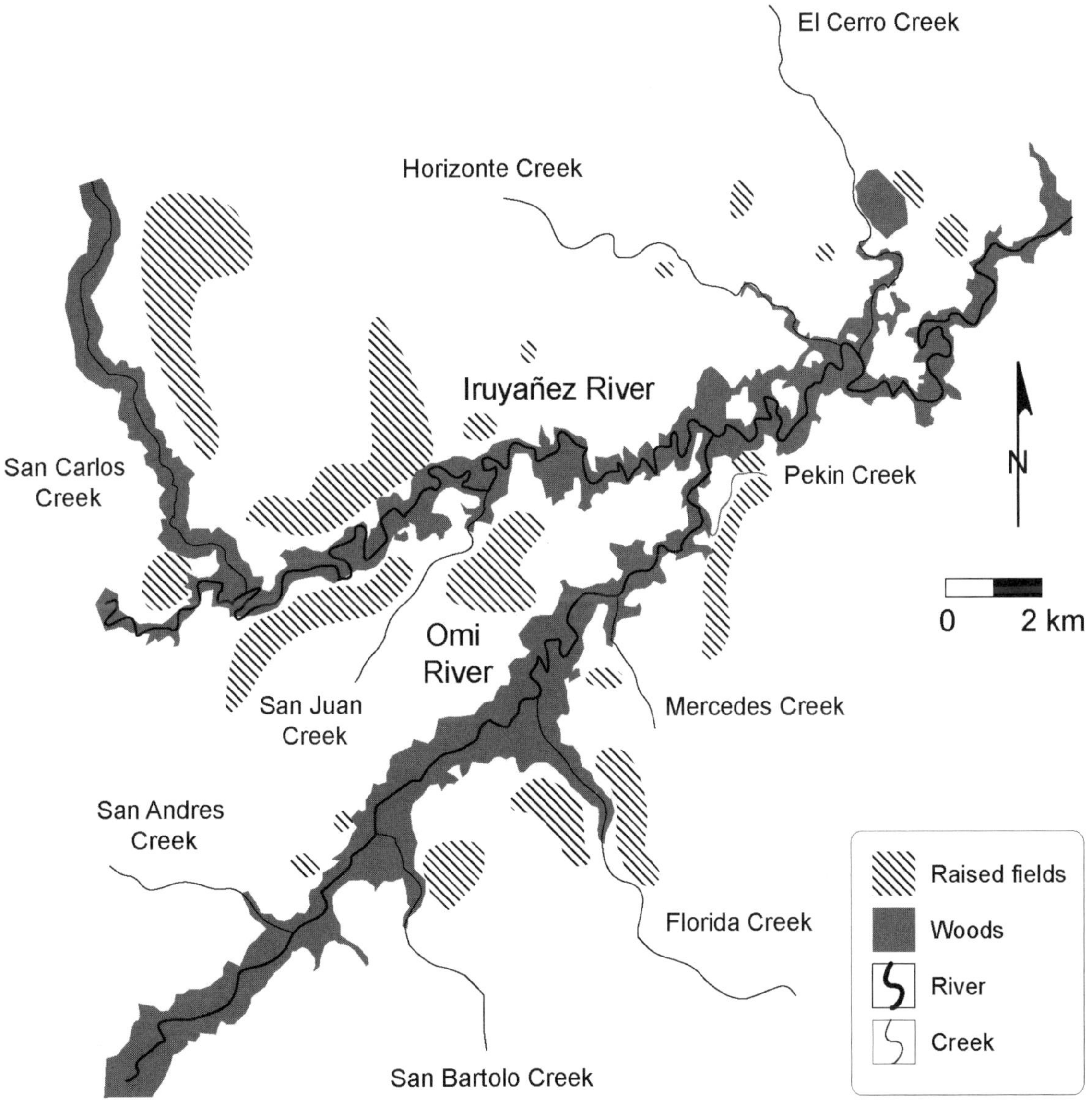

Figure 3. The Iruyañez-Omi study area, showing the location of concentrations of raised fields in relation to rivers and creeks.
Figura 3. El área de estudio Iruyañez-Omi, mostrando la localización de las concentraciones de campos elevados en relación a ríos y arroyos.

Chapter 2

Theory of Agricultural Change

Theories of agricultural change use knowledge of the past and the present to plan for the future. This concern with agricultural development is explicit in the principal theories of agricultural change, and the content of these theories is related to their historical context. Just as the course of agricultural change has influenced theoretical debate, theories of agricultural change have guided agricultural practice, and will continue to do so. From its origins, then, the study of agricultural change has always been connected to attempts to change agriculture.

Theories of agricultural change have often emphasized the interaction of two variables: population density and agricultural intensity. Such theories attempt to explain two forms of agricultural change—intensification and de-intensification. This line of inquiry has produced and confirmed the hypothesis that population density and agricultural intensity are correlated across a wide range of both cultures and environments. While many convincing explanations of agricultural change are based on this hypothesis, the most convincing explanations build on that foundation, and reconstruct agricultural change by also examining social organization.

After establishing a connection between population and agriculture, many scholars have sought to establish a single cause for agricultural change. One approach to agricultural change has been to argue that changes in agricultural intensity cause increases in population density by increasing the productive capacity of agriculture. The opposing view has been to argue that increases in population density cause increases in agricultural intensity. The dispute over the precedence of one or the other of these causal factors has guided the study of agricultural change and the application of that study to contemporary agriculture.

For present purposes, it is assumed that changes in population density and agricultural intensity are associated, but that one does not necessarily cause the other. This dispute over causality is set aside to focus on social organization as a factor in agricultural change. The importance of social organization to both *theories of agricultural change* and the *practice of changing agriculture* can be illustrated through examples of each. "Theoretical" examples demonstrate that explanations of cultural change have been improved by the consideration of social organization. "Practical" examples demonstrate that failing to consider social organization leads to ineffective or even destructive agricultural development. Both demonstrate the same point, that farmers should be studied in the context of their social organization.

Cultural ecologists have established a strong proposition concerning agricultural change, that population density and agricultural intensity correlate positively, across cultures and environments. For these purposes, this proposition is abbreviated as the "synthetic theory" of agricultural change. This theory, which is rooted in the ideas of Malthus, was developed by Boserup, and has been refined and confirmed by cultural ecologists. In a field characterized by disagreement, the synthetic theory is the common ground, the strongest proposition generally agreed upon by all scholars.

What purpose is served by combining the synthetic theory of agricultural change with the analysis of social organization? In other words, how could the social organization of a group of farmers have an effect on, or be affected by their selection or abandonment of an agricultural system? The synthetic theory demonstrates that a key proposition concerning agricultural change applies to many cultures. But the details of specific cases of social organization demonstrate the range of variation in agricultural change in different cultures.

The present study attempts to build on the synthetic theory of agricultural change through a case-specific analysis of social organization associated with intensive agriculture in the Llanos de Moxos. To improve the relevance and applicability of the synthetic theory, which generally fails to consider social organization, I present a case study that builds on and questions its assumptions by making a connection between social organization and agricultural change. Examples of modern attempts to change agricultural systems confirm that social organization is essential to understanding agriculture. Just as large-scale models usually fail to explain agricultural change, large-scale authority usually fails to control it. The parallel between problems associated with centralized administration of agriculture and problems associated with large-scale models of agricultural change shows the importance of scale.

The attempt to apply a global model without regard for local conditions ensures the failure of a centralized agricultural policy. Such a failure has less to do with the direction of the "causal arrow" between population and agriculture, and more to do with the relationship between centralized agricultural policy and local conditions, especially social organization.

Capítulo 2

Teoría del Cambio Agrícola

Las teorías del cambio agrícola usan el conocimiento del pasado y del presente a fin de planificar para el futuro. Esta preocupación por el desarrollo agrícola se hace explícita en las principales teorías del cambio agrícola, y el contenido de estas teorías está relacionado con su contexto histórico. Así como el curso del cambio agrícola ha influido en el debate teórico, las teorías de cambio agrícola han guiado la práctica agrícola, y continuarán haciéndolo. Desde sus orígenes, entonces, el estudio del cambio agrícola ha estado siempre conectado con los intentos de cambiar la agricultura.

Las teorías del cambio agrícola han enfatizado frecuentemente la interacción de dos variables: densidad de población e intensidad agrícola. Tales teorías intentan explicar dos formas de cambio agrícola—intensificación y desintensificación. Esta línea de investigación ha producido y confirmado la hipótesis de que la densidad de población y la intensidad agrícola están correlacionadas a través de una amplia variedad tanto de culturas como de medio ambientes. En tanto que estas explicaciones convincentes del cambio agrícola están basadas en esta hipótesis, las explicaciones más convincentes se levantan sobre esta base, y reconstruyen el cambio cultural examinando también la organización social.

Luego de establecer una conexión entre población y agricultura, muchos investigadores han buscado establecer una causa única para el cambio agrícola. Un enfoque en cuanto al cambio agrícola ha sido argumentar que los cambios en la intensidad causan incrementos en la densidad de población al aumentar la capacidad productiva de la agricultura. La visión opuesta ha sido argumentar que el incremento en la densidad de población causa un aumento en la intensidad agrícola. La disputa sobre la precedencia del uno o el otro de estos factores causales ha guiado el estudio del cambio agrícola y la aplicación de ese estudio a la agricultura contemporánea.

Para los presentes propósitos, se asume que los cambios en la densidad de población y en la intensificación agrícola están asociados, pero que lo uno no es necesariamente la causa de lo otro. Esta disputa sobre la causalidad se deja de lado para enfocarse sobre la organización social como un factor en el cambio cultural. La importancia de la organización social tanto para las *teorías del cambio cultural* como para la *práctica de cambiar la agricultura* puede ilustrarse a través de ejemplos de cada uno. Los ejemplos "teóricos" demuestran que las explicaciones de cambio cultural han sido mejoradas al considerar la organización social. Los ejemplos "prácticos" demuestran que el no considerar la organización social lleva a un desarrollo agrícola inefectivo o incluso destructivo. Ambos demuestran el mismo punto de que los agricultores deben ser estudiados en el contexto de su organización social.

Los ecólogos culturales han establecido una fuerte propuesta en relación con el cambio agrícola, y es que la densidad de población y la intensidad agrícola se correlacionan positivamente, a través de culturas y medio ambientes. Para estos propósitos, la propuesta se abrevia como la "teoría sintética" del cambio agrícola. Esta teoría, que tiene su raíz en las ideas de Malthus, fue desarrollada por Boserup, y ha sido refinada y confirmada por ecologistas culturales. En un campo caracterizado por el desacuerdo, la teoría sintética es la base común, la propuesta más fuerte con la que, en general, todos los investigadores están de acuerdo.

¿Qué propósito se cumple al combinar la teoría sintética del cambio agrícola con el análisis de la organización social? En otras palabras, ¿cómo pudo la organización social de un grupo de agricultores afectar, o ser afectada por, su elección de abandonar un sistema agrícola? La teoría sintética demuestra que una propuesta clave acerca del cambio agrícola puede aplicarse a muchas culturas. Pero los detalles de los casos específicos de organización social demuestran el rango de variación en cuanto al cambio agrícola en diferentes culturas.

El presente estudio intenta basarse en la teoría sintética del cambio agrícola a través de un análisis de caso específico de la organización social asociada con la agricultura intensiva en los Llanos de Moxos. A fin de mejorar la trascendencia y aplicabilidad de la teoría sintética, la cual falla generalmente en considerar la organización social, presento un estudio de caso que elabora y cuestiona sus suposiciones por medio de la conexión entre la organización social y el cambio agrícola. Los ejemplos de intentos modernos de cambiar los sistemas agrícolas confirman que la organización social es esencial para entender la agricultura. De la misma manera que los modelos a gran escala usualmente fallan en explicar el cambio agrícola, la autoridad a gran escala también falla en controlarlo. El paralelo entre los problemas asociados con la administración centralizada de la agricultura y los problemas asociados con modelos a gran escala de cambio agrícola demuestran la importancia que la escala posee.

El intento de aplicar un modelo global sin considerar las condiciones locales garantiza la falla de una política agrícola centralizada. Dicha falla tiene menos que ver con la dirección

Agricultural policy should be founded on an understanding of the relationship between population density and agricultural intensity that comes from Boserup's refinements of Malthus' theory. However, it must also incorporate the variations in social organization among the farmers who are affected.

Theories of agricultural change share an important feature with the practice of changing agriculture. Both are improved when small-scale processes are integrated into a large-scale perspective. Two examples highlight problems inherent in both the theory of agricultural change and the practice of changing agriculture. In Russia, economic theory produced meaningless results when applied to households of subsistence farmers. The shift to centralized control of Russian agriculture in the 1930s was tragic, destroying many such households (Chayanov 1966). The analysis of Russian agriculture by Chayanov showed that capitalist and marxist economic analysis did not account for subsistence agriculture. In Bali, the consideration of social organization is necessary to understand agricultural history (Lansing 1991). The attempt to change the system from the center failed when it did not account for social organization. The analysis of Balinese agriculture by Lansing shows that theories of agricultural change must take social organization into account. Though the synthetic theory serves as a secure foundation for explanation, it does not completely explain agricultural change. The Russian and Balinese cases demonstrate the importance of integrating social organization into both theoretical explanations and into agricultural development.

The case study of agricultural abandonment presented in this monograph uses the synthetic model as its foundation. However, a search for the causal relationship between demographic change and change in agricultural intensity does not explain the case of abandonment of raised fields in the Llanos de Moxos. Instead of deciding between these two extreme positions, the history of the agricultural change is the focus of this study. This history is examined by comparing archaeological data on prehispanic agriculture and social organization with historical and ethnographic data on colonial and modern agriculture and social organization in an Amazonian setting. As a group, archaeologists in the Amazon Basin have embraced the notion that agricultural practice is connected to variation in social organization. We now turn to the analysis of agricultural change by anthropologists and archaeologists of the Amazon Basin.

Major scholars of the prehispanic Amazon Basin have made a connection between the political present and the archaeological past. Lathrap, Meggers, Denevan and Roosevelt all acknowledge this link in their writings explicitly and repeatedly (Denevan 1996; Lathrap 1970, Meggers 1992b, Roosevelt 1996). It is important to realize that much like theories of agricultural change, theories of Amazonian prehistory have all been written with an awareness of contemporary development contexts. Amazonian archaeology has always had an explicit concern for Amazonian development, and anthropological studies are used in ongoing public debates about the ways the Amazon Basin can be developed in the present.

The largest expanse of tropical forest in the world is in the Amazon Basin, but forests are by no means the only ecosystem present there. Large areas of the Amazon Basin are tropical savannas, a distinctive ecosystem covering 11% of the land surface of the world and a sizable fraction of the Amazon Basin (Harris 1980). They deserve to be studied independently, rather than considered as part of the tropical forest.

The opposing theories of Malthus and Boserup mentioned above have parallels in the theories of Amazonian prehistory. Two similar themes characterize debates on the Amazon Basin, which can be summarized as "environmentalist" and "populationist." The environmentalist approach, loosely following Malthus, is that the environment limits the expansion and development of society and culture. The populationist approach, loosely following Boserup, is that population growth and pressure drive the expansion and development of society and culture. These two themes appear and reappear in the literature of Amazonian anthropology. Each has specific implications for the Llanos de Moxos and for the history of raised field farming.

The environmentalist approach highlights the physical, climatological and biological characteristics of the Amazon Basin. According to this view, the common features of Tropical Forest cultures result from the limits imposed on them by the environment (Meggers 1971, 1991, 1992b, 1995). The difficulties of making a living in the tropical forest limit the size and complexity of individual societies. This position is linked explicitly to the idea that modern development of the Amazon Basin must be limited in scope (Meggers 1992a, 1992b, 1994a, 1995). Developmental failures are linked to the limitations of the environment and are object lessons showing that large, dense populations cannot be supported. The achievement of Amazonian peoples is their adaptation to this harsh environmental context.

An example of this environmentalist theme, the "Mega-Niño" hypothesis, has developed following the disastrous "El Niño" event of 1982. In that year, the attention of many climatologists turned to the El Niño/Southern Oscillation (ENSO) phenomenon, a cyclical change in the currents of the Pacific Ocean, which is a part of disruption of climate patterns on a global scale (Philander 1990). The effects on coastal Peru were catastrophic, raising the question of what effect such a disaster would have had on prehispanic cultures.

On the other side of the Andes, in the Amazon Basin, the argument has been made that ENSO events of tremendous magnitude are documented by discontinuities in the archaeological record of the Amazon Basin (Meggers 1988, 1994a). These gaps in the prehistory of the continent are explained by a cycle of destructive ENSO events, which occurred at roughly 500-year intervals. Meggers cited the archaeological record as direct evidence of the existence of a cycle of climatic events (Meggers 1994a). These environmental catastrophes produce de la "flecha causal" entre población y agricultura, y más que ver con la relación entre una política agrícola centralizada y las condiciones locales, especialmente en cuanto a organización social. La política agrícola debe fundamentarse sobre la comprensión de que existe una relación entre la densidad de población y la intensidad agrícola, lo que proviene de la refinación de la teoría de Malthus que hizo Boserup. Sin embargo, debe también incorporar las variaciones en organización social existentes entre los agricultores que se vean afectados.

Las teorías acerca del cambio agrícola comparten un importante rasgo con la práctica de cambiar la agricultura. Todas ellas se ven mejoradas cuando los procesos a pequeña escala se integran en una perspectiva a gran escala. Hay dos ejemplos que ponen de relieve los problemas inherentes tanto a la teoría de cambio agrícola como a la práctica del cambio agrícola. En Rusia, la teoría económica produjo resultados insignificantes cuando se aplicó a hogares de agricultores de subsistencia. El cambio hacia un control centralizado de la agricultura rusa en la década de 1930 fue trágico, destruyendo muchos hogares (Chayanov 1966). El análisis de la agricultura rusa que hizo Chayanov reveló que el análisis económico capitalista y el marxista no daban cuenta de la agricultura de subsistencia. En Bali, se necesita considerar la organización social para entender la historia agrícola (Lansing 1991). El intento de cambiar el sistema desde el centro falló cuando no tuvo en cuenta la organización social. El análisis de la agricultura de Bali por parte de Lansing pone de manifiesto que las teorías del cambio agrícola deben tomar en cuenta la organización social. A pesar de que la teoría sintética sirve como una base segura para la explicación, no dilucida completamente el cambio agrícola. Los casos de Rusia y Bali demuestran la importancia de integrar la organización social tanto en las explicaciones teóricas como en el desarrollo agrícola.

El estudio de caso del abandono agrícola presentado en esta monografía utiliza el modelo sintético como fundamento. Sin embargo, la búsqueda de la relación causal entre el cambio demográfico y el cambio en intensidad agrícola no explica el caso del abandono de los campos elevados en los Llanos de Moxos. En lugar de decidir entre estas dos posiciones extremas, el punto central del estudio es la historia del cambio agrícola. Esta historia se examina por medio de la comparación de los datos arqueológicos acerca de la agricultura prehispánica y la organización social, con los datos históricos y etnográficos sobre la agricultura y organización social colonial y moderna en un ambiente amazónico. Como grupo, los arqueólogos en la cuenca amazónica han adoptado la noción de que la práctica agrícola está conectada con la variación en la organización social. Vayamos ahora al análisis del cambio agrícola por parte de los antropólogos y arqueólogos de la cuenca amazónica.

La mayoría de los estudiosos de la cuenca amazónica prehispánica han establecido una conexión entre el presente político y el pasado arqueológico. Lathrap, Meggers, Denevan y Roosevelt reconocen este vínculo explícita y repetidamente en sus escritos (Denevan 1996; Lathrap 1970, Meggers 1992b, Roosevelt 1996). Es importante tener en cuenta que así como las teorías del cambio agrícola, las teorías acerca de la prehistoria amazónica han sido escritas con un conocimiento de los contextos de desarrollo contemporáneos. La arqueología amazónica siempre se ha preocupado explícitamente por el desarrollo del área, y los estudios antropológicos son utilizados en los debates públicos en curso acerca de las maneras en que la cuenca amazónica puede ser desarrollada en el presente.

La cuenca amazónica es el área más grande de bosque tropical en el mundo, pero los bosques no son de ninguna manera el único ecosistema presente ahí. Grandes áreas de la cuenca amazónica son sabanas tropicales, un particular ecosistema que cubre el 11% de la superficie terrestre del planeta y una gran fracción de la cuenca amazónica (Harris 1980). Merecen ser estudiadas independientemente, en vez de ser consideradas como parte del bosque tropical.

Las teorías opuestas de Malthus y Boserup mencionadas anteriormente, tienen paralelos en las teorías de la prehistoria amazónica. Hay dos temas similares que caracterizan a los debates acerca de la cuenca amazónica, los que pueden resumirse como "ambientalista" y "poblacionista." El enfoque ambientalista, siguiendo aproximadamente a Malthus, consiste en que el medio ambiente limita la expansión y el desarrollo de la sociedad y la cultura. El enfoque poblacionista, siguiendo aproximadamente a Boserup, consiste en que la población crece y la presión impulsa la expansión y el desarrollo de la sociedad y la cultura. Estos dos temas aparecen y reaparecen en la literatura antropológica acerca de la Amazonía. Cada una tiene implicaciones específicas para los Llanos de Moxos y para la historia del cultivo en campos elevados.

El enfoque ambientalista destaca las características físicas, climatológicas y biológicas de la cuenca amazónica. De acuerdo con esta visión, los rasgos comunes de las culturas de Bosque Tropical resultan de los límites impuestos sobre ellas por el medio ambiente (Meggers 1971, 1991, 1992b, 1995). Las dificultades para ganarse la vida en el bosque tropical limita el tamaño y la complejidad de las sociedades individuales. Esta posición está explícitamente relacionada con la idea de que el desarrollo moderno de la cuenca amazónica debe ser de limitado alcance (Meggers 1992a, 1992b, 1994a, 1995). Los fracasos en el desarrollo están ligados a las limitaciones del medio ambiente y son lecciones objetivas que demuestran que la poblaciones grandes y densas no pueden sostenerse. El logro de los pueblos amazónicos es su adaptación a este duro contexto ambiental.

La hipótesis del "Mega-Niño" es un ejemplo de este tema ambientalista que ha sido desarrollada luego del desastroso evento de "El Niño" de 1982. Ese año, la atención de muchos climatólogos se volcó hacia el fenómeno de El Niño/Oscilación Austral (o ENSO, sus siglas en inglés). El Niño/Oscilación Austral es un cambio cíclico en las corrientes del Océano Pacífico, que es parte de una alteración de los patrones climáticos a escala global (Philander 1990). Los efectos sobre la costa peruana fueron catastróficos, planteando la pregunta de qué widespread drought, theoretically disrupting agricultural economies and making population concentration impossible. People are forced to disperse and return to a hunting-and-gathering way of life. Following one environmental disaster, it requires centuries to return to a similar level of complexity and population density, at which point another ENSO event again "resets the clock."

This variation on the environmentalist theme rests on several assumptions. First, it cites the archaeological record in the Amazon Basin as evidence for catastrophic, cyclical ENSO events. The existence of gaps in the archaeological record must first be established. To date, this has been accomplished primarily through the frequency seriation of ceramics. It is not clear, however, that frequency seriation provides evidence of significant cultural difference over time (DeBoer et al. 1996). The lack of archaeological data from the Amazon Basin appears to give DeBoer et al.'s argument more force. It is difficult to find clear examples of continuity across the basin, because basic chronological information remains scarce. It is currently possible to show that there are gaps in the archaeological record separated by about 500 years—but this may reflect a lack of research, and not a pattern in the data.

Second, the "Mega-Niño" hypothesis does not account for the capacity of humans to alter the environment. Independent of technology and population density, all societies—from hunter-gatherers to industrial capitalists—display the ability to change the ecosystem. Examples of human modification of the environment abound from the Amazon Basin and from around the world. (Balée 1989; Parsons and Denevan 1967; Stahl 1994). The demonstrated ability of society to alter the environment argues against the position that the environment strictly limits society.

Finally, the "Mega-Niño" hypothesis depends on a climatic mechanism that can completely disrupt society. The existence of such a mechanism for the Amazon Basin has not been demonstrated. The existence of an ENSO event strong enough to devastate the Amazon Basin should be considered speculative in light of current evidence of the phenomenon (M. H. Glantz, personal communication 1998). Recent climatological data will greatly increase our understanding, but researchers caution against over-interpretation of the data which are now available. One authority, cited by Meggers, points out that the ENSO phenomenon might account for only 10% of the variation in rainfall in the Amazon Basin (Philander 1990), probably not enough to cause a catastrophic drought. Furthermore, within the growing body of literature on the paleoclimate of lowland South America (Markgraf 1993), it is agreed that the environment shows great variation across the Amazon Basin (Lathrap 1970; Meggers 1971), and the "Mega-Niño" hypothesis must take this variability into account. It is of course the case that if discontinuities in the archaeological record are used as evidence of catastrophic ENSO events, then those hypothetical catastrophic ENSO events cannot be used as evidence for the same discontinuities in the archaeological record.

There is no pattern of cultural discontinuity across the Amazon Basin that is not plausibly an artifact of the scarcity of data. It is unclear that the methods of frequency seriation, on which the case for cultural discontinuity is based, are capable of providing the level of detail, given the data available, that would be necessary to document such a discontinuity. Further, it is unclear that the proposed cause of agricultural abandonment, a periodic ENSO-based climatic catastrophe, can be derived from current understandings of the ENSO phenomenon. On the basis of these factors, the "Mega-Niño" hypothesis must be regarded with caution.

The environmentalist approach to the Amazonian past depends on ethnographic analogy to interpret the evidence from prehispanic societies. Modern Amazonian groups do not have dense populations, and the environmentalist approach relies on the argument that no such populations existed in the past. Modern indigenous groups are seen as analogous to their prehispanic counterparts in the Amazon Basin. The use of ethnographic analogy in these specific ways is fundamental to the environmentalist argument.

The populationist approach to interpreting the Amazonian past is less dependent on the ethnographic record for a model of prehispanic society. Although, in general, contemporary Amazonian cultures do not have dense populations, the populationist theme argues that such cultures were common in the past. The populationist argument begins with archaeological and historical evidence rather than relying on ethnographic analogy. Since archaeological evidence is sparse, early historical accounts such as the accounts of Carvajal from the first expedition down the Amazon River (Carneiro 1999; Lathrap 1970, 1974, 1976), have been used to support arguments suggesting the presence of dense populations. A populationist argument asserts that disease and other factors resulting from the conquest disrupted these groups to such an extent that dense populations and intensive farming had disappeared before the establishment of permanent European settlement (DeBoer 1986).

Agricultural abandonment was seen therefore as a result of devastating epidemics associated with the conquest, which caused a catastrophic depopulation and an abrupt release of population pressure (DeBoer 1986; Denevan 1992a). Epidemics of smallpox and measles would have been particularly devastating in dense riverine populations. According to the populationist theme, no other factor could reduce population so drastically as to lead to the abandonment of intensive agriculture, and therefore the abandonment must be associated with the arrival of the Spanish in the New World, and in the Llanos de Moxos in particular. In the populationist approach, there is little continuity between the ethnographic record of modern peoples in the Llanos de Moxos, and the culture of raised field farmers. The abandonment of raised fields was one of many catastrophic changes in the Amazon Basin resulting from the conquest.

efecto tal tipo de desastre puede haber tenido sobre las culturas prehispánicas.

Al otro lado de los Andes, en la cuenca amazónica, se ha argumentado que los episodios de El Niño/Oscilación Austral de gran magnitud están documentados como discontinuidades en el registro arqueológico de la cuenca amazónica (Meggers 1988, 1994a). Estos vacíos en la prehistoria del continente son explicados por medio de un ciclo de eventos destructivos de El Niño/Oscilación Austral, los cuales ocurrieron a intervalos aproximados de 500 años. Meggers citaba el registro arqueológico como evidencia directa de la existencia de un ciclo de eventos climáticos (Meggers 1994a). Estas catástrofes ambientales producen una sequía generalizada, haciendo estragos, teóricamente, en las economías agrícolas y haciendo imposible la concentración de población. La gente se ve forzada a dispersarse y a volver a un modo de vida de caza y recolección. Luego de un desastre ambiental, se requiere de siglos para volver a un nivel similar de complejidad y de densidad de población, momento en el cual otro evento de El Niño/Oscilación Austral vuelve a "reposicionar el reloj."

Esta variación en el tema ambientalista descansa sobre varios supuestos. Primero, cita el registro arqueológico de la cuenca amazónica como evidencia de episodios de El Niño/Oscilación Austral cíclicos y catastróficos. La existencia de vacíos debe primero determinarse en el registro arqueológico. Hasta la fecha, esto se ha llevado a cabo principalmente por medio de la seriación de frecuencias de la cerámica. Sin embargo no está claro que la seriación de frecuencias provea evidencia de diferencias culturales significativas a través del tiempo (DeBoer et al. 1996). La falta de datos arqueológicos de la cuenca amazónica parece dar más fuerza al argumento de DeBoer et al. Es difícil encontrar ejemplos claros de continuidad a lo largo y ancho de la cuenca, debido a que la información cronológica básica continúa siendo escasa. Actualmente es posible mostrar que hay vacíos en el registro arqueológico, separados por alrededor de 500 años, pero esto puede mas bien reflejar una falta de investigación y no un patrón en los datos.

Segundo, la hipótesis del "Mega-Niño" no da cuenta de la capacidad de los seres humanos para alterar el medio ambiente. Independientemente de la tecnología y la densidad de población, todas las sociedades—desde las cazadoras-recolectoras hasta las capitalistas industrializadas—exhiben una habilidad para cambiar el ecosistema. Los ejemplos de la modificación humana del medio ambiente abundan en la cuenca amazónica y en todo el mundo (Balée 1989; Parsons y Denevan 1967; Stahl 1994). La habilidad para alterar el medio ambiente exhibida por las sociedades contradice la posición de que el medio ambiente las limita de una manera estricta.

Finalmente, la hipótesis del "Mega-Niño" depende de un mecanismo climático que pueda alterar a la sociedad completamente. La existencia de un mecanismo tal para la cuenca amazónica no ha sido demostrada. La existencia de un Niño/Oscilación Austral suficientemente fuerte para devastar la cuenca amazónica debe considerarse como especulación a la luz de la evidencia actual del fenómeno (M. H. Glantz, comunicación personal 1998). Los datos climatológicos recientes aumentarán grandemente nuestra comprensión, pero los investigadores nos previenen contra la sobre-interpretación de los datos disponibles. Una autoridad, citada por Meggers, señala que el fenómeno de El Niño/Oscilación Austral podría dar cuenta de sólo un 10% de la variación en precipitación en la cuenca amazónica (Philander 1990), lo cual probablemente no es suficiente para causar una sequía catastrófica. Además, en la creciente literatura sobre el paleoclima de las tierras bajas sudamericanas (Markgraf 1993), se reconoce que el medio ambiente muestra una gran variación a través de toda la cuenca amazónica (Lathrap 1970; Meggers 1971), y la hipótesis del "Mega-Niño" debe tener en cuenta esta variabilidad. Es el caso, por supuesto, de que si las discontinuidades en el registro arqueológico son utilizadas como evidencia de eventos catastróficos de El Niño/Oscilación Austral, entonces esos eventos hipotéticos de El Niño/Oscilación Austral no pueden usarse como evidencia para explicar las mismas discontinuidades del registro arqueológico.

No hay un patrón de discontinuidad cultural a través de toda la cuenca amazónica que no sea plausiblemente producto de la escasez de datos. No está claro si los métodos de seriación de frecuencias, en los cuales se basa el argumento de discontinuidad cultural, son capaces de proveer el nivel de detalle, dados los datos disponibles, que sería necesario para documentar tal discontinuidad. Además, tampoco está claro si la causa propuesta del abandono agrícola, una catástrofe climática periódica basada en El Niño/Oscilación Austral, puede provenir del conocimiento actual que existe sobre el fenómeno de El Niño/Oscilación Austral. En base a estos factores, la hipótesis del "Mega-Niño" debe ser vista con precaución.

El enfoque ambientalista acerca del pasado amazónico depende de la analogía etnográfica para interpretar la evidencia proveniente de las sociedades prehispánica. Los grupos amazónicos modernos no tienen una población densa, y el enfoque ambientalista descansa sobre el argumento de que no existieron tales poblaciones en el pasado. Los grupos indígenas modernos son considerados análogos a sus contrapartes prehispánicas en la cuenca amazónica. El uso de la analogía etnográfica en estas formas específicas es fundamental para el argumento ambientalista.

El enfoque poblacionista para la interpretación del pasado amazónico depende menos del registro etnográfico para su modelo de la sociedad prehispánica. Aunque, en general, las culturas de la Amazonía contemporánea no tienen una población densa, el enfoque poblacionista sostiene que tales culturas fueron comunes en el pasado. El argumento poblacionista empieza con la evidencia arqueológica e histórica en vez de confiar en la analogía etnográfica. En vista de que la evidencia arqueológica es escasa, se han usado recuentos históricos tempranos tales como el de Carvajal, de la primera expedición por el río Amazonas (Carneiro 1999; Lathrap 1970, 1974, 1976), para apoyar argumentos que sugieren la presencia de pobla-

The case of raised field abandonment reveals the limitations of analogy in the interpretation of Amazonian prehistory. The use of ethnographic data to interpret raised field agriculture in the past is impeded by the lack of analogous intensive agriculture in modern Amazonia. This points to the importance of archaeological data in interpreting modern cultures. The relationship between these two bodies of data is essential to a theoretical synthesis, because the environmentalist approach begins with ethnographic data, while the populationist approach begins with historical and archaeological data.

The environmentalist and populationist themes are variations on the same ecological idea. They both argue that the pattern of long-term history in the Amazon Basin is governed by the relationship between population density and carrying capacity, and that modern development must take the Amazonian context into account. The difference is that Meggers argues that the failure of modern development projects in the Amazon Basin is due to ignorance of the tropical forest environment. The populationist alternative is that the failure of modern development projects in the Amazon Basin is due to ignorance of local culture. Meggers argues that the limitations of the environment exceeded the ability of prehispanic Amazonians to counter with technological advances, much as Malthus argued that the limited carrying capacity of England could not ultimately keep pace with increasing population. Lathrap argued in Boserupian fashion that increases in population caused migrations across the Amazon Basin by groups of people who shared both language and agriculture. His "cardiac" model of culture history argued that the modern ethnographic record is the result of a series of these "pulses" of migration, in which groups spread along the main tributaries of the Amazon River.

While Lathrap seeks to explain culture history across the region, Carneiro derives models for political evolution from Amazonian data and Meggers attempts to understand the dynamic equilibrium of Amazonian culture. Two threads run through these multiple perspectives in Amazonian anthropology. One is the environmentalist argument that the modern ethnographic record replicates that of the prehispanic past, and thus future development must be strictly limited if ecological and economic disasters are to be averted. The other is the populationist argument that the archaeological record of dense population and intensive agriculture provides a model for successful development of the Amazon Basin in the future. The stakes are high, and there is much to learn from both perspectives. A test case for examining the merits of these two positions can be found in the Llanos de Moxos.

ciones densas. Uno de los argumentos poblacionistas afirma que las enfermedades y otros factores resultantes de la conquista perturbaron a estos grupos de tal manera que las poblaciones densas y la agricultura intensiva habían desaparecido antes de la llegada de los asentamientos europeos permanentes (DeBoer 1986).

El abandono agrícola fue visto, por lo tanto, como el resultado de epidemias devastadoras asociadas con la conquista, lo cual causó un despoblamiento catastrófico y un alivio abrupto a la presión de poblacional (DeBoer 1986; Denevan 1992a). Las epidemias de viruela y sarampión habrían sido particularmente devastadoras en las densas poblaciones ribereñas. Según el enfoque poblacionista, ningún otro factor podría reducir la población tan drásticamente como para llevar al abandono de la agricultura intensiva, y por lo tanto el abandono debe estar asociado con la llegada de los españoles al Nuevo Mundo, y a los Llanos de Moxos en particular. En el enfoque poblacionista, hay poca continuidad entre el registro etnográfico de los pueblos modernos de los Llanos de Moxos, y la cultura de los agricultores de campos elevados. El abandono de los campos elevados sería uno de los muchos cambios catastróficos en la cuenca amazónica resultantes de la conquista.

El caso del abandono de los campos elevados revela las limitaciones de la analogía en la interpretación de la prehistoria amazónica. El uso de datos etnográficos para interpretar la agricultura de campos elevados en el pasado se ve impedida por una falta de una agricultura intensiva análoga en la Amazonía moderna. Esto señala la importancia de los datos arqueológicos para la interpretación de las culturas modernas. La relación entre estos dos cuerpos de datos es esencial para una síntesis teórica, ya que el enfoque ambientalista comienza con los datos etnográficos, mientras que el enfoque poblacionista comienza con los datos históricos y arqueológicos.

Los temas ambientalista y poblacionista son variaciones de una misma idea ecológica. Ambas sostienen que el patrón de la historia de larga duración en la cuenca amazónica está gobernado por una relación entre la densidad de población y capacidad de carga, y que el desarrollo moderno debe tomar en cuenta el contexto amazónico. La diferencia está en que Meggers sostiene que la falla de los proyectos de desarrollo modernos en la cuenca amazónica se debe a la ignorancia acerca del medio ambiente de bosque tropical. La alternativa poblacionista es que la falla de esos proyectos se debe a la ignorancia acerca de la cultura local. Meggers argumenta que las limitaciones del medio ambiente excedían la habilidad de los habitantes amazónicos prehispánicos para contrarrestarlas por medio de avances tecnológicos, tal como Malthus sostenía que la capacidad de carga de Inglaterra no podría en última instancia mantenerse al ritmo del incremento de la población. Lathrap sostenía, en una manera boserupiana, que los aumentos de población provocaban migraciones a través de la cuenca amazónica por parte de grupos de gente que compartían tanto lengua como agricultura. Su modelo "cardiaco" de la historia cultural mantenía que el registro etnográfico moderno es el resultado de una serie de estos "pulsos" de migración, en los cuales los grupos se dispersaron a lo largo de los principales tributarios del río Amazonas.

En tanto que Lathrap busca explicar la historia cultural de la región, Carneiro extrae modelos de evolución política a partir de datos amazónicos, y Meggers intenta entender el equilibrio dinámico de la cultura amazónica. Hay dos hilos comunes que corren a través de estas múltiples perspectivas de la antropología amazónica. Uno es el argumento ambientalista de que el registro etnográfico moderno reproduce aquel del pasado prehispánico, y por lo tanto el desarrollo futuro debe limitarse estrictamente a fin de prevenir desastres ecológicos y económicos. El otro es el argumento poblacionista de que el registro arqueológico que muestra una población densa y una agricultura intensiva provee un modelo para el desarrollo exitoso de la cuenca amazónica en el futuro. El riesgo es alto, y hay mucho que aprender de ambas perspectivas. Los Llanos de Moxos presentan un caso en el que se pueden examinar los méritos de ambas posiciones.

Chapter 3

Llanos de Moxos

The Llanos de Moxos is a tropical savanna in the Bolivian Amazon shaped by the seasonal cycle of drought and flood. Much of the landscape is covered with raised fields, causeways and canals, all evidence of intensive agriculture. The peoples encountered in the Llanos de Moxos by Jesuit missionaries in the late seventeenth century included sedentary farmers who lived in large villages and had a complex form of social organization. In the Llanos de Moxos today, population density is low and agriculture is extensive. In the historical record, however, there is no mention of raised field agriculture, a conspicuous absence when so many other aspects of Moxeño life are well described. The ubiquity of raised fields and the lack of historical evidence of their use suggest that raised field agriculture was abandoned before the arrival of European witnesses.

To apply the theory of agricultural change to this case of agricultural abandonment requires an understanding of both the seasonally flooded environment and the cultural history of the Llanos de Moxos. This chapter examines the environmental and historical context of a study area centered on the confluence of the Iruyañez and Omi rivers. The study area lies within a region associated by Denevan (Denevan 1966:85–87) with a particular type of agricultural earthworks, large raised fields. According to historical accounts, this study area is also part of a region associated with the Cayuvava (Denevan 1966; Métraux 1948), one of several "chiefdoms" in the Llanos de Moxos at the time of contact.

The study area is defined as that area within about 5 kilometers of the Iruyañez River and the Omi River, beginning at the confluence of the two rivers and continuing upstream to San Andres Creek (on the Omi River) and to San Carlos Creek (on the Iruyañez River). This includes areas on either side of San Juan, Florida, Pekin, Horizonte and Cerro creeks, expanding the area slightly beyond the levees of the Iruyañez and Omi rivers. The study area covers about 340 km^2, including parts of the Iruyañez River, the Omi River, San Carlos Creek, the flooded forests associated with them, the dry forest and dry savanna on the associated levees, and the wet savanna between these rivers.

The Iruyañez-Omi study area lies within an area characterized by the presence of large raised fields and the presence of dense populations and complex social organization in the late seventeenth century (Figure 2). These two characterizations are based on the archaeological, historical and ethnographic records, to which we turn following a review of the geography of the Llanos de Moxos.

The Llanos de Moxos is a shallow basin covering approximately 90,000 square kilometers in northeastern Bolivia. Lying between 11 and 17 degrees south latitude and 62 and 67 degrees west longitude, the Llanos de Moxos is located between the Andes Mountains to the south and west, and the uplands of the Brazilian shield to the east (Hanagarth 1993). The soils are composed primarily of Pleistocene lacustrine sediments. These sediments exceed two kilometers in depth near the Andes, and are a few hundred meters deep near the Brazilian shield. As a result of this thick cover of sediments, stone is extremely rare in the Llanos de Moxos. However, to the east of the Mamoré River, outcrops of the Brazilian shield protrude above the surface in several places. Topographical relief is minimal, as elevations vary between 100 and 200 meters above sea level across the entire region.

The Iruyañez and Omi rivers are west bank tributaries of the Mamoré River, lying in the north-central part of the Llanos de Moxos. Both rivers date to the earliest phase of the Beni River's geological history, the "Yacuma-Iruyañez-Omi phase," although the phase is not precisely dated (Hanagarth 1993:25). The soils along the rivers are formed from deep sediments, and there is little stone. Iron-pans are present in the soils, usually within one meter of the surface. There are two outcrops of the Brazilian Shield within the Iruyañez-Omi study area, one at the Cerro Ranch, and one at the San Antonio Ranch.

The west bank rivers of the Mamoré River are part of a "new" drainage system (Hanagarth 1993:41). This designation refers to the development of secondary and tertiary streams, which are forming in the poorly drained savanna and slowly cutting deeper channels (Hanagarth 1993:43). The creeks within the study area are of this type.

Lying entirely within the tropics, the Llanos de Moxos has a type "Aw" climate characterized by high, stable average temperatures, high humidity and high rainfall (Denevan 1966:9; Hanagarth 1993). Temperatures can exceed 38° C in the wet season, in November or December. Following the passage of a dry season cold front, temperatures can fall to 6° C. The mean daily temperature is approximately 25° C in January during the wet season and approximately 21° C in July during the dry

Capítulo 3

Los Llanos de Moxos

Los Llanos de Moxos son una sabana tropical en la Amazonía boliviana, formada por el ciclo estacional de sequía e inundación. La mayoría del paisaje está cubierto de campos elevados, caminos en terraplén y canales, todos ellos evidencia de agricultura intensiva. La gente que los misioneros jesuitas encontraron en los Llanos de Moxos a finales del siglo XVII incluía agricultores sedentarios que vivían en grandes aldeas y tenían una organización social compleja. En los Llanos de Moxos hoy en día, la densidad de población es baja y la agricultura es extensiva. Sin embargo, en el registro histórico no se hace mención a la agricultura en campos elevados, una ausencia notable cuando se describen tan bien otros aspectos de la vida moxeña. La omnipresencia de los campos elevados y la falta de evidencia histórica sobre su utilización sugiere que la agricultura en campos elevados habría sido abandonada antes de la llegada de los testigos europeos.

La aplicación de la teoría de cambio agrícola a este caso de abandono agrícola requiere una comprensión tanto del medio ambiente inundado estacionalmente como de la historia cultural de los Llanos de Moxos. Este capítulo examina el contexto ambiental e histórico del área de estudio cuyo centro se ubica en la confluencia de los ríos Iruyañez y Omi. El área de estudio se encuentra dentro de una región que Denevan (1966:85–87) asoció con un tipo particular de trabajos agrícolas de tierra, los campos elevados grandes. De acuerdo con relatos históricos, el área de estudio también es parte de una región asociada con los Cuyavavas (Denevan 1966; Métraux 1948), uno de los varios "cacicazgos" de los Llanos de Moxos al momento del contacto.

El área de estudio se define como aquella área dentro de alrededor de 5 kilómetros del río Iruyañez y del río Omi, comenzando en la confluencia de los dos ríos y continuando río arriba hasta el arroyo San Andrés (en el río Omi) y el arroyo San Carlos (en el río Iruyañez). Esto incluye las áreas a ambos lados de los arroyos San Juan, Florida, Pekin, Horizonte y Cerro, extendiendo el área ligeramente más allá de los diques de los ríos Iruyañez y Omi. El área de estudio cubre alrededor de 340 km^2, incluyendo partes del río Iruyañez, río Omi, arroyo San Carlos, los bosques inundados asociados a ellos, el bosque seco y la sabana seca en los diques asociados, y la sabana húmeda entre estos ríos.

El área de estudio Iruyañez-Omi yace dentro de un área caracterizada por la presencia de grandes campos elevados y la presencia de población densa y de organización social compleja a finales del siglo XVII (Figura 2). Estas dos caracterizaciones se basan en los registros arqueológico, histórico y etnográfico, a los cual nos referiremos luego de una revisión de la geografía de los Llanos de Moxos.

Los Llanos de Moxos son una cuenca poco profunda que cubre aproximadamente 90.000 kilómetros cuadrados en el nororiente de Bolivia. Ubicándose entre los 11 y 17 grados de latitud sur y 62 y 67 grados de longitud oeste, los Llanos de Moxos se encuentran entre las montañas de los Andes, al sur y al oeste, y las tierras altas del escudo brasileño, al este (Hanagarth 1993). Los suelos están compuestos principalmente de sedimentos lacustres del Pleistoceno. Estos sedimentos exceden los dos kilómetros de profundidad cerca de los Andes, y tienen unos pocos cientos de metros de profundidad cerca del escudo brasileño. Como resultado de esta gruesa cubierta de sedimento, la piedra es extremadamente rara en los Llanos de Moxos. Sin embargo, algunos afloramientos del escudo brasileño sobresalen de la superficie en varios lugares al este del río Mamoré. El relieve topográfico es mínimo, ya que las elevaciones varían entre 100 y 200 metros sobre el nivel del mar en toda la región.

Los ríos Iruyañez y Omi son tributarios de la ribera occidental del río Mamoré, que yace en la parte norte central de los Llanos de Moxos. Ambos ríos datan de la fase más temprana de la historia geológica del río Beni, la "Fase Yacuma-Iruyañez-Omi," aunque la fase no está fechada con precisión (Hanagarth 1993:25). Los suelos a lo largo de los ríos están formados por sedimentos profundos y hay muy poca piedra. Hay capas ferruginosas presentes en los suelos, usualmente dentro del primer metro desde la superficie. Existen dos afloramientos del escudo brasileño dentro del área de estudio Iruyañez-Omi, uno en la Estancia Cerro y otro en la Estancia San Antonio.

Los ríos de la ribera occidental del río Mamoré son parte de un sistema de drenaje "nuevo" (Hanagarth 1993:41). Esta designación se refiere al desarrollo de arroyos secundarios y terciarios que se están formando en la sabana pobremente drenada y que van lentamente cortando canales más profundos (Hanagarth 1993:43). Los arroyos dentro del área de estudio son de este tipo.

Los Llanos de Moxos, yaciendo enteramente dentro del trópico, tiene un clima tipo "Aw" caracterizado por temperaturas promedio altas y estables, alta humedad y alta precipitación (Denevan 1966:9; Hanagarth 1993). Las temperaturas season. Humidity is generally high, averaging approximately 79% and ranging upwards to 87% in December and January. Average annual rainfall totals range from approximately 1500 to 1800 mm. On the nearby slopes of the Andes, rainfall totals are much higher. In the Iruyañez-Omi study area, the average annual rainfall is between 1600 and 1700 mm per year (Hanagarth 1993:56). The most important feature of ecology in the Llanos de Moxos is the seasonal cycle of flood and drought, which affects soils, plants and animals.

Savannas are grassland environments defined by the occurrence of a dry season of between two and seven months (Harris 1980). Total annual rainfall varies between 500 mm and 2000 mm. Among savannas, the Llanos de Moxos is humid, with rainfall totals in the upper part of this range. In the Llanos de Moxos, the dry season occurs during the months of May through September when a month may pass without precipitation. During these months, the heat and humidity are broken occasionally by the passage of southern cold fronts, which bring dramatically lower temperatures and sometimes heavy rain.

The wet season in the Llanos de Moxos occurs during the months of November through March. During these months, widespread flooding changes the landscape in many ways. There are two types of flooding, which are called "water from below" and "water from above" by modern inhabitants. "Water from below" refers to the rise in river levels, and "water from above" refers to the standing water produced by heavy rainfall.

The Iruyañez and Omi rivers flow through channels that were originally created and then abandoned by the much larger Beni River. The Iruyañez and Omi rivers drain much smaller areas than did the Beni River when it cut the channels, and so today the two rivers are not particularly active as they meander within relatively deep, broad, sloping channels. The rivers themselves occupy only part of the channels, and the banks are covered with seasonally flooded gallery forest, which is underwater from December through April. Adjacent to these riverbeds, the levees and savannas are elevated, and remain dry for most of the year. The Iruyañez and Omi rivers flood to a lesser degree than rivers further to the south (for example, the Yacuma, Rapulo, Apere and Matos rivers). The floodwaters are shallower, because of the depth of the riverbeds in comparison to the rivers.

The first kind of flooding ("water from below") results when the Iruyañez River rises, because of high water levels downstream. When the Mamoré River is high, the Iruyañez River "backs up" and wet season flooding begins. The high water inundates large areas along the Iruyañez and Omi rivers. During the dry season the Iruyañez River is reduced to a trickle that can easily be forded, and even jumped (Figure 4). At its peak in the wet season, however, it is several hundred meters across.

The second type of flooding ("water from above") results from heavy local rainfall. This kind of flooding has different consequences for modern inhabitants. Heavy rains can leave 20 or 30 centimeters of standing water on poorly drained terrain, even though the land may be elevated. During the dry season, this water drains more quickly, and these areas remain underwater for a short time. During the wet season, the rainfall inundates large areas on the backslopes of the levees, making the poorly drained savanna much more difficult to cross on foot.

The interaction of the flood cycles with local topography creates a mosaic of environments in the Iruyañez-Omi study area. Low-lying gallery forests along the rivers and streams contrast with the higher levees and savannas alongside them. Because soils vary with drainage and differences in elevation, the spatial arrangement of plant communities depends on local topographic and drainage factors. Four types of environments are present: flooded forests, dry forests, dry savannas and wet savannas.

Flooded forests are found in areas of lower elevation, and they are underwater for as much as half of the year. Trees that in the wet season are fully submerged for months tower overhead in the dry season, with fishhooks embedded in their branches. Most flooded forests are located in "galleries" along the rivers, on the sloping banks rather than the adjacent levees. Between 5 and 10 percent of the study area consists of flooded forest. Dry forests are areas that are elevated above floodwaters, and that are well enough drained so that rainwater does not accumulate. These forests are located on levees along the rivers, and in islands along the smaller creeks. Based on ground survey, less than 5 percent of the study area consists of dry forest. Dry savannas are found in those areas that are elevated above the floodwaters, and that are well enough drained so that rainwater does not accumulate. The dry savannas are located on river levees. There are many locations that share characteristics of both dry forests and dry savannas, and it is not always possible to clearly separate the two categories. About 45 percent of the study area consists of dry savanna. Wet savannas are found in areas that are elevated above the high river water, but which are poorly drained, so that rainwater accumulates and persists. Wet savannas are also called *sartenejales*, from *sarteneja*, a distinctive landform that occurs there (Hanagarth 1993:139). *Sarteneja* is made up of many small mounds of earth, from 10 cm to 1 m across, and about 20 cm tall. Soils in the wet savannas benefit from the deposition of plant material by the annual floods. About 45 percent of the study area consists of wet savanna.

Archaeological research can provide an independent line of evidence bearing on the question of agricultural abandonment in this seasonal environment. In particular, archaeological research can help reconstruct agricultural intensity, population density and social organization in the prehispanic Llanos de Moxos. Archaeological research demonstrates that several types of earthworks were built in the prehispanic period. Denevan's regional survey places the Iruyañez River within the region associated with "large raised fields." Results of the survey of large raised fields in the Iruyañez-Omi study area are pueden exceder los 38 ° C en la temporada lluviosa, en noviembre o diciembre. Después de que ha pasado un frente frio en la estación seca, las temperaturas pueden bajar hasta los 6° C. La temperatura media diaria es de aproximadamente 25° C en enero durante la temporada lluviosa y aproximadamente 21° C en julio, durante la estación seca. La humedad por lo general es alta, promediando 79% aproximadamente y variando hasta 87% en diciembre y enero. Los totales de precipitación anual varían desde 1500 mm aproximadamente hasta 1800 mm. En las pendientes cercanas de los Andes, los totales de lluvia son mucho más altos. En el área de estudio Iruyañez-Omi, la precipitación anual promedio está entre los 1600 y 1700 mm por año (Hanagarth 1993:56). El rasgo más importante de la ecología en los Llanos de Moxos es el ciclo estacional de inundación y sequía, el cual afecta a los suelos, las plantas y los animales.

Las sabanas son medio ambientes de pastizales definidos por la presencia de una estación seca de entre dos y siete meses (Harris 1980). La precipitación anual total varía entre los 500 y los 2000 mm. Entre las sabanas, la de los Llanos de Moxos es húmeda, con precipitaciones totales en la parte alta de este rango. En los Llanos de Moxos, la estación seca ocurre entre los meses de mayo a septiembre, cuando puede pasar todo un mes sin que haya precipitación. Durante estos meses, el calor y la humedad son ocasionalemente interrumpidos por el paso de frentes frios provenientes del sur, que traen temperaturas dramáticamente más bajas y a veces fuertes lluvias.

La tempora lluviosa en los Llanos de Moxos tiene lugar entre los meses de noviembre a marzo. Durante estos meses, la inundación generalizada cambia el paisaje de muchas maneras. Hay dos tipos de inundación, que son llamadas de "agua desde abajo" y "agua desde arriba" por los habitantes modernos. La de "agua desde abajo" se refiere al incremento en los niveles del río, y la de "agua desde arriba" se refiere al agua estancada producto de una fuerte lluvia.

Los ríos Iruyañez y Omi fluyen a través de cauces que originalmente fueron creados y luego abandonados por el río Beni, de mayor tamaño. Los ríos Iruyañez y Omi drenan áreas mucho menores que las que drenaba el Beni cuando cavó su cauce, y por lo tanto estos dos ríos no están particularmente activos hoy en día a medida que serpentean dentro de sus cauces relativamente profundos, anchos y en declive. Los ríos en sí mismos ocupan sólo parte de los cauces, y las riberas se cubren con bosques de galería inundados estacionalmente, quedando bajo agua desde diciembre hasta abril. Los diques y sabanas se levantan junto a estos lechos de río, y permanecen secos la mayor parte del año. Los ríos Iruyañez y Omi se desbordan en menor grado que otros ríos de más al sur (por ejemplo, los ríos Yacuma, Rapulo, Apere y Matos). Las aguas de inundación son menos profundas debido a la profundidad de los cauces en comparación con los ríos.

La primera clase de inundación ("agua desde abajo") resulta de la crecida del río Iruyañez, debido a a un alto nivel de agua río abajo. Cuando el río Mamoré está crecido, el río Iruyañez se estanca y la inundación de la estación lluviosa comienza. La crecida inunda grandes áreas a lo largo de los ríos Iruyañez y Omi. Durante la estación seca el río Iruyañez se reduce a un chorrito que se puede vadear fácilmente, e incluso saltar (Figura 4). Sin embargo, cuando alcanza su máximo volúmen en la temporada lluviosa, puede tener varios cientos de metros de ancho.

El segundo tipo de inundación ("agua desde arriba") resulta de las fuertes lluvias locales. Esta clase de inundación conlleva consecuencias diferentes para los habitantes modernos. Las lluvias fuertes pueden dejar 20 o 30 centímetros de agua estancada sobre el terreno pobremente drenado, aún si el terreno está elevado. Durante la estación seca, el agua drena más rápidamente, y estas áreas quedan bajo agua por sólo un corto tiempo. Durante la temporada lluviosa, la precipitación inunda grandes áreas en los taludes exteriores de los diques, haciendo que la sabana pobremente drenada sea mucho más difícil de cruzar a pie.

La interacción de los ciclos de inundación con la topografía local crea un mosaico de ambientes en el área de estudio Iruyañez-Omi. Los bosques de galería a un nivel bajo a lo largo de los ríos y arroyos contrastan con los diques y sabanas más altos que se levantan a su lado. Debido a que los suelos varían con el drenaje y las diferencias en elevación, la distribución espacial de las comunidades de plantas depende de factores topográficos y de drenaje locales. Se presentan cuatro tipos de medio ambientes: bosques inundados, bosques secos, sabasnas secas y sabanas húmedas.

Los bosques inundados se encuentran en áreas de menor elevación, y pasan bajo agua casi la mitad del año. Los árboles que en la temporada lluviosa están completamente sumergidos por meses, se encumbran en la estación seca, con anzuelos incrustados en sus ramas. La mayoría de los bosques inundados se localizan en "galerías" a lo largo de los ríos, en las riberas en pendiente, más que en los diques adyacentes. Entre un 5 y 10 por ciento del área de estudio consiste de bosques inundados. Los bosques secos son áreas que están elevadas por encima de las aguas de inundación, y que están suficientemente bien drenadas para que el agua de lluvia no se acumule. Estos bosques están localizados en diques a lo largo de los ríos, y en islas a lo largo de riachuelos más pequeños. En base al reconocimiento en el terreno, menos de un 5 por ciento del área de estudio consiste de bosque seco. Las sabanas secas se encuentran en aquellas áreas que están por encima de las aguas de inundación, y que están suficientemente bien drenadas de manera que el agua de lluvia no se acumula. Las sabanas secas se localizan en los diques de los ríos. Hay muchos emplazamientos que comparten características tanto de bosque como de sabana secos, y no siempre es posible separar claramente estas dos categorías. Cerca de un 45 por ciento del área de estudio consiste de sabana seca. Las sabanas húmedas se encuentran en áreas que están por encima del nivel alto de agua del río, pero que tienen un drenaje deficiente, de manera que el agua de lluvia se acumula y persiste. Las sabanas húmedas también

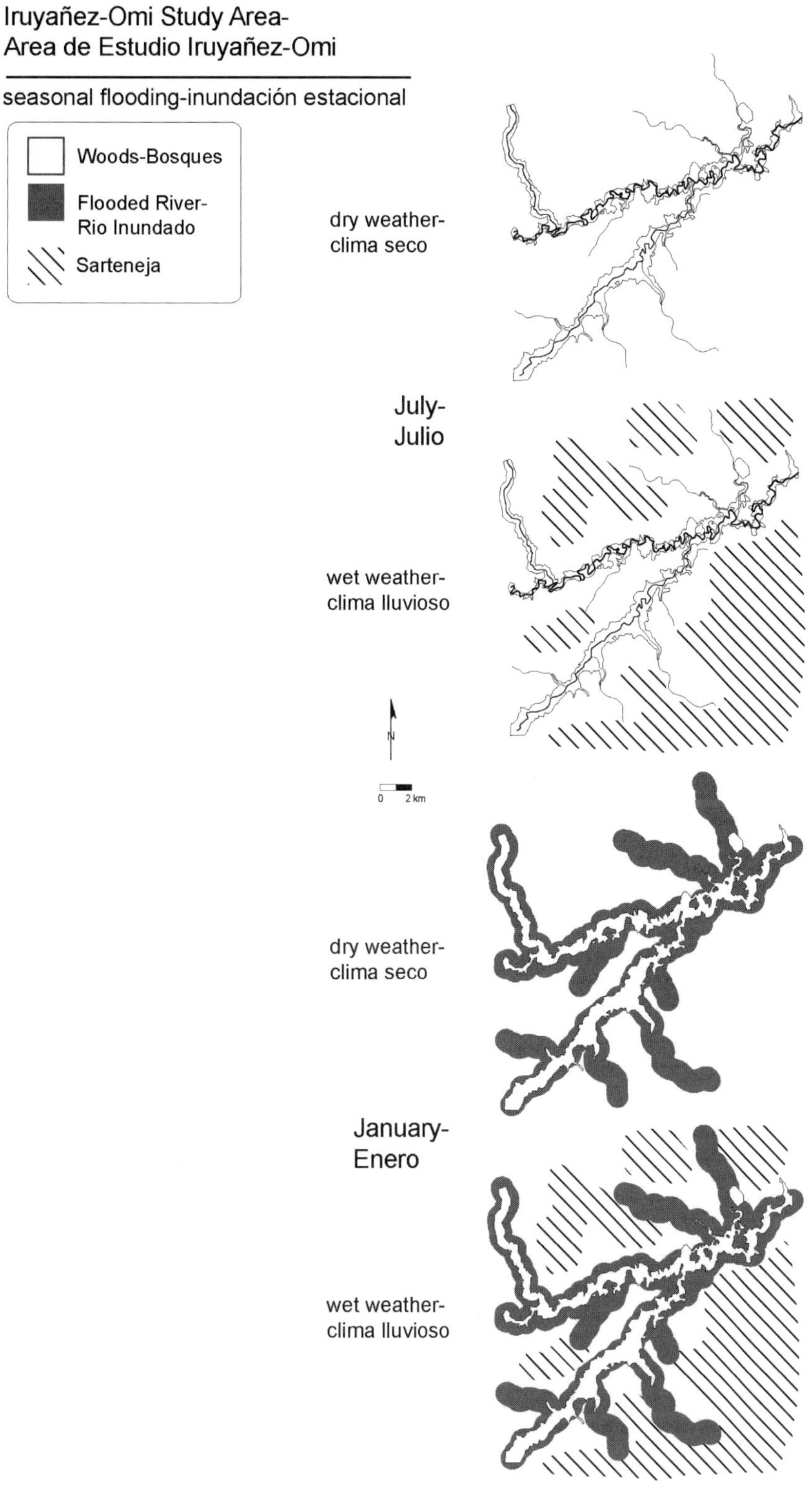

Figure 4. The Iruyañez-Omi study area, showing the effect of seasonal flooding. The top two maps represent the area during the dry season, in dry and wet weather. The bottom two maps represent the area during the wet season, in dry and wet weather.
Figura 4. El área de estudio Iruyañez-Omi, mostrando el efecto de la inundación estacional. Los dos mapas superiores representan el área durante la estación seca, en clima seco y lluvioso. Los dos mapas inferiores representan el área durante la estación lluviosa, con clima seco y lluvioso.

MISSION AND MISSION TOWNS POPULATION—
POBLACION DE LAS MISIONES Y PUEBLOS DE MISIONES

Date— Fecha	Exaltación Population— Población de Exaltación	Santa Ana del Yacuma Population— Población de Sta.Ana del Yacuma
1713	1400	200
1748	1593	1394
1749	3000	-
1768	1900	1000
1797	1156	837
1810	1376	770
1831	2073	1238
1909	100	-
1992	3967	17808

Tabla 1. La población de Exaltación y Santa Ana desde 1700 hasta 1840 D.C. (Block 1994, Walker 1999, INE 1992). La población de ambas misiones es comparable al rango estimado de las poblaciones para el sitio Cerro.

Table 1. Population of Exaltación and Santa Ana from A.D. 1700-1840 (Block 1994, Walker 1999, INE 1992). The population for both missions is comparable to the estimated range of populations for the Cerro site.

son llamadas sartenejales, por sarteneja, una formación que se presenta ahí (Hanagarth 1993:139). La sarteneja se compone de muchos montículos de tierra pequeños, de 10 cm a 1 m de ancho, y cerca de 20 cm de alto. Los suelos en las sabanas húmedas se benefician del material vegetal depositado por las inundaciones anuales. Cerca del 45 por ciento del área de estudio consiste de sabana húmeda.

La investigación arqueológica puede proveer una línea de evidencia independiente que de luz sobre el asunto del abandono agrícola de este medio ambiente estacional. En particular, la investigación arqueológica puede ayudar a reconstruir la intensidad agrícola, la densidad de población y la organización social en los Llanos de Moxos en tiempos prehispánicos. La investigación arqueológica demuestra que se hicieron varios tipos de trabajos de tierra en el periodo prehispánico. El reconocimiento regional por parte de Denevan coloca al río Iruyañez dentro de la región asociada con "grandes campos elevados." Los resultados del reconocimiento de grandes campos elevados en el área de estudio Iruyañez-Omi se usan para interpretar esta región de "grandes campos elevados".

Los primeros europeos que llegaron a los Llanos de Moxos con la intención de quedarse fueron misioneros jesuitas, que arribaron en 1669 y fundaron su primera misión en 1682 (Block 1994). Hasta el momento en que fueron expulsados del Reino de España en 1767, los jesuitas habían construído una red de misiones a través de los Llanos de Moxos. El sistema de misiones jesuitas fue el primer intento organizado por parte de europeos para cambiar la sociedad y cultura nativas en los Llanos de Moxos. El análisis de Block muestra que las misiones de los Llanos de Moxos eran parte de una red económica mayor, en la cual ellas recibían la mayor parte de sus provisiones y fondos de otras misiones en las tierras altas y a lo largo de la costa del Perú. Se esperaba que las misiones de los Llanos de Moxos proveyeran para su propio sustento, pero no que produjeran ganancias (Block 1980, 1994). Cuando las misiones cayeron bajo la autoridad civil luego de la expulsión de los jesuitas, sus fortunas económicas disminuyeron ante la ausencia de apoyo externo. Bajo los jesuitas, las misiones no eran utopías aisladas autosuficientes, sino que dependían de recursos externos.

De los muchos grupos de gente que los jesuitas describieron, dos son los que están más cercanamente relacionados al área de estudio Iruyañez-Omi, los Cayuvavas y los Movimas. Los Cayuvavas son identificados directamente con el río Iruyañez, y la Misión de Exaltación fue poblada por ellos. Los Movimas son identificados con un gran territorio al sur de los Cayuvavas, y varias misiones se asocian con los Movimas, incluyendo Santa Ana del Yacuma (Santa Ana), Reyes, San Luis y San Borja. Exaltación y Santa Ana eran las dos misiones más cercanas al área de estudio, y hoy en día estos pueblos de las antiguas misiones son los asentamientos más cercanos al área de estudio (Tabla 1).

Tan sólo dos documentos jesuitas publicados describen los sitios que pueden identificarse con el río Iruyañez. Estas narraciones tratan de la actividad misionera de Agustín Zapata. Consisten de una carta de Zapata a su superior y una relación de las actividades de Zapata durante el mismo periodo escrita por Eguiluz. La carta de Zapata (1906:25) relata un viaje desde la Misión de San Javier bajando hacia el río Mamoré, durante el cual el conoció a los Cayuvavas, un "pueblo" (gente) numeroso y poderoso. El territorio de los Cayuvavas está en la ribera oeste del río Mamoré, extendiéndose tierra adentro por alguna distancia. La carta describe cinco grandes aldeas de los Cayuvavas, que contenían un total de cuatro a cinco mil personas (Zapata 1906:25–26). El relato de Eguiluz sobre las actividades de Zapata repite la caracterización de los Cayuvavas como un grupo populoso, diciendo que vivían en siete aldeas, una con dos mil habitantes, y las otras con mil ochocientos cada una (Eguiluz y Torres S. 1884:34). Los dos documentos sugieren que los asentamientos cayuvavas estaban en el orden de las used to interpret this "large raised fields" region.

The first Europeans to come to the Llanos de Moxos with the intention of remaining were Jesuit missionaries, who arrived in 1669 and founded their first mission in 1682 (Block 1994). By the time they were expelled from the Kingdom of Spain in 1767, the Jesuits had built a network of missions across the Llanos de Moxos. The Jesuit mission system was the first organized attempt by Europeans to change native society and culture in the Llanos de Moxos. Block's analysis shows that the Llanos de Moxos missions were part of a larger economic network, in which they received most of their supplies and funds from other missions in the highlands and along the coast of Peru. The Llanos de Moxos missions were expected to provide their own subsistence but they were not expected to produce profits (Block 1980, 1994). When the missions came under civil authority following the expulsion of the Jesuits, their economic fortunes declined in the absence of external support. Under the Jesuits, the missions were not isolated, self-sufficient utopias, but depended on outside resources.

Of the many groups of people described by the Jesuits, two are most closely related to the Iruyañez-Omi study area, the Cayuvava and the Movima. The Cayuvava are identified directly with the Iruyañez River, and the Mission of Exaltación was settled by Cayuvava. The Movima are identified with a large territory to the south of the Cayuvava, and several missions are associated with the Movima, including Santa Ana del Yacuma (Santa Ana), Reyes, San Luis, and San Borja. Exaltación and Santa Ana were the two missions closest to the study area, and today these former mission towns are the closest settlements to the study area (Table 1).

Only two published Jesuit documents describe locations that can be identified with the Iruyañez River. These accounts concern the missionary activity of Agustín Zapata. They consist of a letter from Zapata to his superior (Zapata 1906) and an account of Zapata's activities during the same period by Eguiluz (Eguiluz and Torres S. 1884). Zapata's letter (1906:25) recounts a trip down the Mamoré River from the Mission of San Javier, during which he was introduced to the Cayuvava, a numerous and powerful "pueblo (people)." The territory of the Cayuvava is on the west bank of the Mamoré River, extending for some distance inland. The letter describes five large villages of the Cayuvava, containing a total of 4,000 or 5,000 people (Zapata 1906:25–26). Eguiluz' account of the activities of Zapata repeats the characterization of the Cayuvava as a populous group, saying that they inhabited seven villages, one with a population of 2,000, and the others of 1,800 each (Eguiluz and Torres S. 1884:34). The two documents suggest that Cayuvava settlements were on the order of 1,000 to 2,000 people. The difference between the figure cited by Zapata and the figure cited by Eguiluz is probably not due to any change in Cayuvava population.

Eguiluz' (Eguiluz and Torres S. 1884) letter also describes the friendly exchange of a machete for a palm-wood spear with the chief of the Cayuvava. Zapata casually portrays the chief as an old man with a long white beard named Paitití. The Eguiluz account adds a testimonial about elaborate religious ceremonies. The Cayuvava had a religious building in the center of their largest village, in which they made sacrifices of meat from deer, rhea, and rabbit (possibly a gloss for paca or agouti) to a flame that was never extinguished. In these two accounts, the Cayuvava had large populations concentrated into villages, strong political leaders, and elaborate religious ceremonies. These accounts have strongly influenced later interpretations of the Cayuvava specifically, and of the peoples of the Llanos de Moxos in general.

In the Jesuit sources, the Movima were a group located to the south of the Cayuvava, along the Yacuma, Rapulo, Apere, and Matos rivers. Orbigny locates the prehispanic Movima on the banks of the Yacuma River, at about 14° south latitude, and between 68° and 69° west longitude (Orbigny 1944:356). Orbigny describes them as fishermen and farmers, although less emphasis is placed on Movima than on Cayuvava agriculture. The prehispanic Movima are said to have lived in many small settlements, totaling 20,000 people in 80 settlements (Altamirano 1979:150). Movima settlement size was on the order of 300 to 400 people per settlement. Movima social structure and the authority of Movima leaders are not described.

The Mission of Exaltación was established among the Cayuvava by Father Antonio de Garriaga in 1709, on the west bank of the Mamoré River, just upstream of the mouth of the Iruyañez River (Block 1994:39, 44). The Mission of Santa Ana was established among the Movima in 1719, near the Mamoré River at the confluence of the Yacuma and Rapulo rivers (Block 1994:39). Both missions were located within one day's travel of the present study area, and their establishment brought the peoples of the Iruyañez River into contact with European culture.

Following the expulsion of the Jesuits in 1767, the secular government took over the administration of the former missions. Block's summary of the demographic data from this period documents a slow rise in both total and average population of the former missions (1994:142, Table 13). During the period between 1767 and 1816, the average population of former missions varied between 1,000 and 2,000 people. These former missions were not significantly larger than the settlements described for the Cayuvava in 1693 and 1695.

In the nineteenth century, a number of explorers passed through the Llanos de Moxos, the three most notable being Orbigny, Gibbon and Keller. The naturalist Orbigny traveled through the region in the 1830s and described the former mission towns in several accounts of his journey (Orbigny 1845, 1944). According to Orbigny, the mission towns were in a state of "great misery" and "disordered houses" (Orbigny 1845:221). He reports a population of 1,328 Movima in the town of Santa Ana in 1830 (Orbigny 1845:221). His account associates the Movima with the former mission of Santa Ana (Orbigny 1845:221).

mil a dos mil personas. La diferencia entre la cifra citada por Zapata y la citada por Eguiluz probablemente no se debe a ningún cambio en la población cayuvava.

La carta de Eguiluz (Eguiluz y Torres S. 1884) también describe el intercambio amistoso de un machete por una lanza de madera de palma con el jefe de los Cayuvavas. Zapata describe de manera casual al jefe como un hombre viejo con una larga barba blanca llamado Paitití. El relato de Eguiluz añade un testimonio acerca de elaboradas ceremonias religiosas. Los Cayuvavas tenían un edificio religioso en el centro de su aldea más grande, en el cual hacían sacrificios de carne de venado, ñandú y conejo (posiblemente haciendo referencia a paca o agouti) a una flama que nunca se extinguía. En estos dos relatos, los Cayuvavas tenían gran número de habitantes concentrados en aldeas, líderes políticos fuertes y elaboradas ceremonias religiosas. Estas narraciones han influído grandemente las interpretaciones posteriores sobre los Cayuvavas específicamente, y sobre la gente de los Llanos de Moxos en general.

En las fuentes jesuitas, los Movimas eran un grupo localizado al sur de los Cayuvavas, a lo largo de los ríos Yacuma, Rapulo, Apere y Matos. Orbigny ubica a los Movimas prehispánicos en las riberas del río Yacuma, aproximadamente a 14° de latitud sur, y entre 68° y 69° de longitud oeste (Orbigny 1944:356). Orbigny los describe como pescadores y agricultores, a pesar de que se ha puesto menos énfasis en la agricultura movima que en la cayuvava. Se ha dicho que los Movimas prehispánicos vivían en pequeños asentamientos, con un total de veinte mil personas en ochenta asentamientos (Altamirano 1979:150). El tamaño de estos estaba en el orden de las 300 a 400 personas por asentamiento. La estructura social y la autoridad de los líderes no ha sido descrita para los Movimas.

La Misión de Exaltación fue establecida entre los Cayuvavas por el Padre Antonio de Garriaga en 1709, en la orilla occidental del río Mamoré, apenas río arriba de la boca del río Iruyañez (Block 1994:39, 44). La Misión de Santa Ana fue establecida entre los Movimas en 1719, cerca del río Mamoré a la altura de la confluencia de los ríos Yacuma y Rapulo (Block 1994:39). Ambas misiones estaban localizadas a un día de viaje de la presente área de estudio, y su establecimiento puso a la gente del río Iruyañez en contacto con la cultura europea.

Luego de la expulsión de los jesuitas en 1767, el gobierno secular tomó a cargo la administración de las anteriores misiones. En su resumen de los datos demográficos de este periodo, Block documenta un lento incremento tanto en el total como en el promedio de población de las antiguas misiones (1994:142, Tabla 13). Durante el periodo entre 1767 y 1816, la población promedio de las antiguas misiones varió entre 1.000 y 2.000 personas. Estas antiguas misiones no eran significativamente más grandes que los asentamientos descritos para los Cayuvavas en 1693 y 1695.

Varios exploradores pasaron por los Llanos de Moxos en el siglo XIX, de los cuales los más notables fueron Orbigny, Gibbon y Keller. El naturalista Orbigny viajó por la región en la decada de 1830 y describe los pueblos de las antiguas misiones en varios relatos de su viaje (Orbigny 1845, 1944). De acuerdo con Orbigny, los pueblos de las misiones estaban en un estado de "gran miseria" y de "casas en desorden" (Orbigny 1845:221). Reportó una población de 1.328 Movimas en el pueblo de Santa Ana en 1830 (Orbigny 1845:221). Su narración asocia a los Movimas con la antigua misión de Santa Ana (Orbigny 1845:221).

Orbigny reporta una población de 2.075 Cayuvavas en el pueblo de Exaltación en 1831 (Orbigny 1845:225). El ubica a Exaltación 15 leguas al norte de Santa Ana (Orbigny 1845:222), y a los Cayuvavas al oeste del río Mamoré. Orbigny afirma: "Los Cayuvavas estaban diseminados en tribus a las orillas de ese gran río, y sobre los pequeños afluentes de las llanuras del oeste, del grado 12 al 13 de latitud y 69 de longitud..." (Orbigny 1944:358). A pesar de que menciona brevemente la agricultura en los pueblos de las misiones, no describe agricultura en campos elevados. Se dice que el pueblo de Santa Ana se mantenía de campos agrícolas en los bosques cercanos (Orbigny 1845:221). Orbigny cita a Eguiluz en su descripción de los Cayuvavas como evidencia de la densa población cayuvava y la compleja organización social en el pasado. También afirma que al momento de su visita en 1830, los Cayuvavas todavía estaban organizados en ocho divisiones, cada una encabezada por un cacique (1845:224). Esto sugiere que la organización social prehispánica era aún importante 135 años después del encuentro de Zapata con los Cayuvavas. Sin proporcionar detalles, también alaba las abilidades agrícolas de los Cayuvavas (Orbigny 1944:359). Sus relatos asocian a los Cayuvavas con Exaltación, tanto el pueblo de la misión como el posterior a la misión.

Métraux (1948) resumió la información sobre los indígenas de los Llanos de Moxos en una sección del *Handbook of South American Indians*. En este resumen exhaustivo incluyó descripciones sobre religión, organización social y vida económica. Las fuentes jesuitas tempranas son una parte importante de la interpretación de Métraux acerca de la organización social cayuvava y movima (Métraux 1948:427). Se notó la evidencia de una organización social compleja y mucha población, y se comparó con aquella de otras sociedades en el continente. Los relatos jesuitas proveen la evidencia esencial para esta interpretación.

El *Handbook of South American Indians* colocó a las "tribus" de la sabana de los Llanos de Moxos (Métraux 1948), incluyendo a los Cayuvavas, en un contexto teórico mayor. Con base en la comparación de todos los datos sudamericanos, las tribus de la sabana fueron colocadas en la misma categoría que las tribus circum-caribeñas, en vez de en la de sus vecinos del Bosque Tropical o Andinos. En la clasificación, estas designaciones corresponden a puntos de un contínuo de complejidad social. Las sociedades de Bosque Tropical son menos complejas que las sociedades Circum-caribeñas, que a su vez lo son menos que las sociedades Andinas.

La importancia de los documentos jesuitas para esta inter-

Orbigny reports a population of 2,075 Cayuvava in the town of Exaltación in 1831 (Orbigny 1845:225). He locates Exaltación fifteen leagues north of Santa Ana (Orbigny 1845:222), and locates the prehispanic Cayuvava to the west of the Mamoré River. He states: "The Cayuvava were distributed in tribes along the banks of that large river, and on the smaller tributaries of the plains to the west, near the 12th and 13th degree of latitude and the 69th of longitude [my translation]" (Orbigny 1944:358). Although he briefly mentions agriculture in the mission towns, he does not describe raised field agriculture. The town of Santa Ana is said to be supported by agricultural fields in the woods nearby (Orbigny 1845:221). Orbigny cites Eguiluz in his description of the Cayuvava as evidence of dense Cayuvava populations and complex social organization in the past. He also states that at the time of his visit in 1830, the Cayuvava were still organized into eight divisions, each headed by a chief (1845:224). This suggests that prehispanic social organization was still important, 135 years after Zapata's meeting with the Cayuvava. Without providing detail, he also praises the agricultural abilities of the Cayuvava (Orbigny 1944:359). His accounts associate the Cayuvava with Exaltación, both the mission and the post-mission town.

Métraux (1948) summarized the information about the indigenous peoples of the Llanos de Moxos in a section of the *Handbook of South American Indians*. This comprehensive summary included descriptions of religion, social organization and economic life. The early Jesuit sources are an important part of Métraux's interpretation of Cayuvava and Movima social organization (Métraux 1948:427). The evidence for complex social organization and large populations was noted, and compared to that for other societies across the continent. The Jesuit accounts provide the essential evidence for this interpretation.

The *Handbook of South American Indians* placed the savanna "tribes" of the Llanos de Moxos (Métraux 1948), including the Cayuvava, into a larger theoretical context. Based on comparison to all the South American data, the savanna tribes were placed in the same category with the circum-Caribbean tribes, rather than with their Tropical Forest or Andean neighbors. In the classification, these designations correspond to points on a continuum of social complexity. Tropical Forest societies are less complex than Circum-Caribbean societies, which are less complex than Andean societies.

The importance of the Jesuit documents to this interpretation is also clear in Steward and Faron's one-volume summary of South American ethnology. They write:

> A still more developed community life was found among the Cayuvava where as many as 1,800 to 2,000 persons occupied a single village. According to early chronicles, as many as seven Cayuvava villages were unified under a single chief, an organization representing an incipient state. In addition, the Cayuvava had the Andean feature of a central temple where offerings were made to the gods. For these reasons, they might be included with the sub-Andean chiefdoms of eastern Bolivia (Steward and Faron 1959:350).

The account of 1,800 to 2,000 people in a village is from Zapata, while the reference to a central temple comes from Eguiluz. The *Handbook of South American Indians* chapter (Métraux 1948) and *Native Peoples of South America* (Steward and Faron 1959) are important landmarks in the history of anthropological interpretation (Carneiro 1999).

The former missions of Exaltación and Santa Ana have grown considerably in the late twentieth century. In the 1992 national census, the population of the town of Exaltación was given as 3,967, and the population of the town of Santa Ana was given as 17,808 (INE 1992). These figures include not only the inhabitants of the town, but also many people who live both in town and in the countryside. These are peak figures; in recent years the population of the area has declined.

The population of the Cayuvava today is variously listed at either 4,000 or 794 people (Astete and Murillo 1998:49). Denevan (1966:52) relates that in 1962, "there were only a handful of people in town who spoke Cayuvava; a few others were scattered about in small settlements mainly along the Río Iruyani [Iruyañez]." The exact number of Cayuvava speakers today is unclear, but it is clear that the population is not shrinking. The population of the Movima today is variously listed at 11,500 or 6,516 people (Astete and Murillo 1998:175). The exact number of Movima speakers today is unclear, but like the Cayuvava, the population is not shrinking.

Today the cycle of the seasons continues to affect many aspects of life in the Iruyañez-Omi study area: transportation, agriculture, hunting, fishing and ranching. Modern occupation in the study area today includes ten working ranches: Florida, Pekin, Cerro, Horizonte, Villa Nueva, San Pedro, Encina, San Antonio, San Juan and San Andres. There are several abandoned ranches, including Jalisco, Cabo Kennedy and Villa Negrita. Property changes hands frequently, and landowners deploy their herds and employees differently, leading to the periodic abandonment and reoccupation of various ranches and outposts. The number of people living at a given ranch varies widely throughout the year, from 1 to as many as 15 or 20 people, but the number of people per ranch averages about 4 or 5. There are no communities or farms in the study area. At any one time, there are 40 or 50 people in the study area.

The Iruyañez-Omi study area can be crossed in one day of travel. Beginning from a location near the center, it is possible to reach any point in the study area and return before nightfall. This is the case whether the traveler is on foot in the dry season, or in a canoe in the wet season. In general, wet-season canoe travel is much easier. A trip from El Pekin to El Cerro in the dry season took about six hours on horseback, but in the wet season it took just over two hours, using a canoe to travel a more direct route.

The principal means of dry season travel are all terrestrial: horses, oxcarts, automobiles, and foot. The towns of Santa Ana and Exaltación can be reached by land by truck for only four or five months out of the year. During the dry season, many small creeks dry up entirely, and present no obstacle to pretación también se ve claramente en el resumen en un sólo volumen escrito por Steward y Faron sobre etnología sudamericana. Ellos escriben:

> Entre los Cayuvavas se encontró una vida comunitaria más desarrollada, donde incluso unas 1.800 a 2.000 personas ocupaban una sola aldea. De acuerdo a los cronistas tempranos, hasta siete aldeas Cayuvavas estaban unificadas bajo un solo jefe, organización que representaba un estado incipiente. Adicionalmente, los Cayuvavas tenían el rasgo andino de un templo central donde se hacían ofrendas a los dioses. Por estas razones, pueden ser incluídos con los cacicazgos subandinos del oriente de Bolivia (Steward y Faron 1959:350).

El relato que reporta 1.800 a 2.000 personas en una aldea es de Zapata, mientras que la referencia a un templo central viene de Eguiluz. El capítulo del *Handbook of South American Indians* (Métraux 1948) y *Native Peoples of South America* (Steward y Faron 1959) son hitos importantes en la historia de la interpretación antropológica (Carneiro 1999).

Las antiguas misiones de Exaltación y Santa Ana han crecido considerablemente en la última parte del siglo XX. En el censo nacional de 1992, la población del pueblo de Exaltación aparece como 3.967, y la población del pueblo de Santa Ana fue de 17.808 (INE 1992). Estas cifras incluyen no sólo los habitantes del pueblo, sino también mucha gente que vive tanto en el pueblo como en el campo. Estas son cifras pico; en años recientes la población del área ha declinado.

La población de los Cayuvavas se menciona hoy en día como de 4.000 o 794 personas (Astete y Murillo 1998:49). Denevan (1966:52) refiere que en 1962, "sólo había un puñado de gente en el pueblo que hablaba Cayuvava; otros pocos estaban dispersos en pequeños asentamientos principalmente a lo largo del río Iruyani [Iruyañez]." El número exacto de cayuvava-hablantes actuales no está claro. Lo que si está claro es que la población no se está reduciendo. La población de los Movimas actualmente se menciona ya sea como de 11.500 o de 6.516 personas (Astete y Murillo 1998:175). El número exacto de movima-hablantes no está claro para el presente, pero como en el caso de los Cayuvavas, la población no está disminuyendo.

Hoy en día, el ciclo estacional continúa afectando muchos aspectos de la vida en el área de estudio Iruyañez-Omi: transporte, agricultura, caza, pesca y ganadería. La ocupación actual en el área de estudio incluye diez estancias en funcionamiento: Florida, Pekin, Cerro, Horizonte, Villa Nueva, San Pedro, Encina, San Antonio, San Juan y San Andres. Hay varias estancias abandonadas, incluyendo Jalisco, Cabo Kennedy y Villa Negrita. La propiedad fecuentemente cambia de manos, y los hacendados despliegan sus rebaños y empleados de manera diferente, lo que resulta en el periódico abandono y reocupación de varias estancias y puestos (pequeños asentamientos temporales). El número de gente que vive en una estancia dada varía grandemente a lo largo del año, desde 1 hasta 15 o incluso 20 personas, pero el número de gente por estancia es de 4 o 5 en promedio. En el área de estudio no hay comunidades o estancias. En cualquier momento dado, hay unas 40 o 50 personas en el área de estudio.

El área de estudio Iruyañez-Omi puede cruzarse en un día de viaje. Empezando desde un lugar cerca del centro, es posible llegar a cualquier punto en el área de estudio y regresar antes de que caiga la noche. Este es el caso ya sea que el viajero vaya a pie en la estación seca, o en canoa en la estación lluviosa. En general, el viaje en canoa en la estación lluviosa es mucho más fácil. Un viaje entre El Pekin a El Cerro en la estación seca tomó unas seis horas a caballo, pero en la estación lluviosa tomó sólo un poco más de dos horas, usando una canoa para viajar por una ruta más directa.

Los principales medios de viaje en la estación seca son terrestres: caballos, carretas de bueyes, automóviles y a pie. Se puede llegar a los pueblos de Santa Ana y Exaltación por tierra, en camión, durante sólo cuatro o cinco meses del año. Durante la temporada seca, muchos arroyos se secan completamente, y no son un obstáculo para el viaje por tierra. Estos arroyos ya no son navegables usando botes a motor o incluso canoas. Los bajos niveles del agua en los rios y riachuelos restringen el viaje acuático en la estación seca.

Todas las actividades de subsistencia, incluyendo agricultura, pesca, caza y ganadería se ven afectadas por las condiciones de la temporada seca. La larga estación seca incita a la siembra de cultivos resistentes a la sequía. Hoy en día la yuca es un importante cultivo de subsistencia debido a su habilidad para sobrevivir las sequías. Durante la temporada seca, los suelos altamente fértiles se ven expuestos a lo largo de los ríos. En la playas se plantan y cosechan, en un periodo de semanas, cultivos de rápida maduración como la sandía. Sin embargo, este tipo de agricultura no se practica en el área de estudio.

Durante la estación seca la caza se hace más difícil ya que los animales terrestres recorren un área mucho mayor, y no pueden ser fácilmente rastreados. En la temporada seca, la pesca cambia de la pesca en ríos y arroyos hacia pesca en los meandros y otros lagos aislados. En estos lagos se puede cosechar rápidamente un gran número de peces. La estación seca es peligrosa para el ganado, el cual viaja grandes distancias en busca de agua. Las tierras de estancia cercanas a aguas que fluyen asumen gran importancia durante esta temporada.

Los hacendados frecuentemente prendían fuegos en la sabana durante la estación seca para mejorar el pasto. La niebla resultante reduce la visibilidad y retrasa el amanecer y la puesta del sol. El humo de estos fuegos, bajo ciertas condiciones, llega hasta las tierras altas andinas. Los incendios promueven y mantienen el ecosistema de sabana a expensas del ecosistema de bosque, ya que promueven la rápida regeneración de los pastos, al tiempo que limitan la propagación de la vegetación de bosque. Las sabanas no pueden mantenerse sin fuego (Langstroth 1996), y los seres humanos prenden la mayoría de los fuegos en los Llanos de Moxos hoy en día. Existe un vínculo entre ocupación humana, fuego y ecosistemas de sabana en los modernos Llanos de Moxos.

overland travel. These creeks are no longer navigable by motorized boats or even canoes. Low water levels in the rivers and creeks restrict water travel in the dry season.

Subsistence activities, including agriculture, hunting, fishing and ranching are all affected by dry season conditions. The long dry season encourages the cultivation of drought-resistant crops. Manioc is an important subsistence crop today because of its ability to survive droughts. During the dry season, high fertility soils are exposed along the rivers. On the beaches, quick-maturing crops such as watermelon are planted and harvested in a period of weeks. This type of agriculture is not practiced in the study area, however.

Hunting in the dry season becomes more difficult, as land animals range over a much larger area, and cannot be easily tracked. In the dry season, fishing shifts to oxbow and other lakes isolated from rivers and streams. In these lakes, large numbers of fish can be quickly harvested. The dry season is dangerous for cattle, which travel for long distances in search of water. Ranch land near to permanent running water assumes great importance during the dry season.

Ranchers frequently set fires in the savanna during the dry season to improve the pasture. The resulting haze reduces visibility and delays sunrise and sunset. The smoke from these fires reaches the Andean highlands under certain conditions. The fires promote and maintain the savanna ecosystem at the expense of the forest ecosystem, because they promote the rapid regeneration of grasses, while limiting the spread of forest vegetation. Savannas cannot be maintained without fire (Langstroth 1996), and humans set most of the fires in the Llanos de Moxos today. There is a link between human occupation, fire, and savanna ecosystems in the modern Llanos de Moxos.

During the wet season, the rivers become important routes for transportation and communication. Canoes and motorized launches can reach most points on the landscape, when high water levels make small rivers and even the savanna itself navigable. Cars, trucks and motorcycles cannot pass, and oxcarts, mules and horses become the only viable modes of land transportation. Even travel by light aircraft is difficult because of the lack of dry landing strips.

Subsistence activities, including agriculture, hunting, fishing and ranching, are also affected by the wet season. Much arable land is now underwater. Manioc gardens are particularly vulnerable to wet-season flooding, because the tubers rot when exposed to high soil moisture. Manioc is planted on well-drained high ground in order to survive the wet season. Another strategy for wet season agriculture is the construction of small gardens elevated on wooden platforms. Hunting becomes much easier as the area of dry land decreases, and a wide variety of animals converge on the few dry locations. Knowing that the animals are confined to dry land, some hunters keep *paca* or *jochi pintado* (*Agouti paca*) "on the hoof," waiting to hunt the animals until the meat is needed. On other occasions when the water is high, armadillos or *tatú* (*Dasypus novemcinctus*) enter ranch buildings, even kitchens, looking for shelter. Fishing during the wet season takes place throughout the landscape, as fish are present in many more locations. But the wet season creates problems for ranchers. Cattle must be herded to dry ground over long distances, and many head are lost during bad floods. High ground becomes valuable in the wet season.

The modern occupation of the Iruyañez-Omi study area can be briefly characterized as follows. The population density is quite low, with a transient population varying between 40 and 50 people in an area of 340 km^2 (.117 people/km^2–.147 people/km^2). The agricultural system is extensive cattle ranching and limited swidden farming. Cattle ranching integrates the study area into a larger market economy and the social organization of the larger nation-state.

There are two general hypotheses for the abandonment of raised fields that correspond to the Malthusian and the Boserupian views of agricultural change. These general hypotheses are used to generate testable implications for the archaeological record from the Iruyañez-Omi study area. A third hypothesis, which is less clearly related to the Malthusian and Boserupian positions, is then presented.

The first hypothesis is essentially Malthusian. It states that variation in a key environmental variable (in this case rainfall) forced the abandonment of dense settlements and intensive agriculture in the Iruyañez-Omi study area. Density of population and intensity of agriculture is limited by the environment, which according to this essentially environmentalist approach varies independently of population and technology.

Climatic change on a continental scale has been presented as an explanation of cultural change in the Amazon Basin in general, and the Llanos de Moxos in particular (Dougherty and Calandra 1981; Meggers 1994a, 1994b). In this model, the ENSO phenomenon has a periodic and catastrophic effect on rainfall in the Amazon Basin (Diaz and Markgraf 1992; Meggers 1994a; Philander 1990). These hypothetical catastrophic droughts account for discontinuities in Amazonian archaeological sequences (Meggers 1994a). This hypothesis has the virtue of making a specific prediction for evidence of occupation in the Llanos de Moxos in general, which can be applied to the Iruyañez-Omi study area in particular. According to the hypothesis, sedentary populations in the study area were dispersed by hypothetical climatic disasters at "ca. 1500, 1000, 700 and 400 B.P." (Meggers 1994a:323, see also Chapter 3). Radiocarbon dates from permanent settlement that do not overlap these points support the hypothesis, while dates that overlap or fall just after the hypothetical disasters are evidence against the hypothesis.

The second hypothesis is essentially Boserupian. It states that decline in population density explains the abandonment of dense settlements and intensive agriculture in the Iruyañez-Omi study area. Epidemics reduce population density, and the intensity of agriculture varies according to these changes. Although the environment imposes limits on agricul-

Durante la estación lluviosa, los ríos se convierten en rutas importantes para el transporte y la comunicación. Las canoas y las lanchas motorizadas pueden llegar a la mayoría de los puntos del paisaje, cuando los elevados niveles de agua hacen que los pequeños ríos e incluso la misma sabana sean navegables. Los autos, camiones y motocicletas no pueden pasar, y las carretas de bueyes, mulas y caballos se convierten en los únicos modos viables de transporte terrestre. Incluso viajar por avionetas livianas se hace difícil por la falta de pistas de aterrizaje secas.

Las actividades de subsistencia, incluyendo agricultura, caza, pesca y ganadería también se ven afectadas por la estación lluviosa. Mucha de la tierra arable está bajo agua en esta época. Los huertos de yuca son particularmente vulnerables a las inundaciones de la temporada lluviosa, porque los tubérculos se pudren cuando están expuestos a una humedad alta del suelo. La yuca se planta en terreno alto bien drenado a fin de que sobreviva a la estación lluviosa. Otra estrategia para la agricultura durante la temporada lluviosa es la construcción de pequeños huertos elevados sobre plataformas de madera. La cacería se hace mucho más fácil a medida que la tierra seca se reduce, y una gran variedad de animales convergen en unos pocos lugares secos. Con el conocimiento de que los animales están confinados a la tierra seca, algunos cazadores mantienen a las pacas o jochis pintados (*Agouti paca*) "en pie," esperando para cazar a los animales hasta que la carne se necesite. En otras ocasiones cuando el agua está alta, los armadillos o tatús (*Dasypus novemcinctus*) entran en los edificios de las estancias, incluso en las cocinas, buscando refugio. Durante la estación lluviosa, la pesca se lleva a cabo a lo largo y ancho del paisaje ya que los peces están presentes en muchos más lugares. Pero esta temporada también causa problemas a los hacendados. El ganado debe ser arreado hacia terreno seco por largas distancias, y muchas cabezas se pierden durante las inundaciones más fuertes. Las tierras secas se vuelven más valiosas en la estación lluviosa.

La ocupación moderna del área de estudio Iruyañez-Omi puede caracterizarse brevemente como sigue. La densidad de población es bastante baja, con una población flotante que varía entre 40 y 50 personas en un área de 340 km^2 (.117 personas/km^2 – .147 personas/km^2). El sistema agrícola es de ganadería extensiva y limitada agricultura de roza y quema. La ganadería integra al área de estudio en una economía de mercado mayor y en la organización social del estado-nación.

Hay dos hipótesis generales para el abandono de los campos elevados que corresponden a las visiones maltusiana y boserupiana del cambio agrícola. Estas hipótesis generales son usadas para generar implicaciones a ser probadas en relación con el registro arqueológico del área de estudio Iruyañez-Omi. Se presenta una tercera hipótesis, la cual está menos claramente relacionada con las posiciones maltusiana y boserupiana.

La primera hipótesis es esencialmente maltusiana. Afirma que la variación de una variable ambiental clave (en este caso la lluvia) forzó al abandono de asentamientos densamente poblados y de la agricultura intensiva en el área de estudio Iruyañez-Omi. La densidad de población y la intensidad de la agricultura están limitadas por el medio ambiente, el cual de acuerdo con este enfoque esencialmente ambientalista varía independientemente de la población y la tecnología.

El cambio climático a escala continental ha sido presentado como explicación para el cambio cultural en la cuenca amazónica en general, y en los Llanos de Moxos en particular (Dougherty y Calandra 1981; Meggers 1994a, 1994b). En este modelo, el fenómeno de El Niño tiene un efecto periódico y catastrófico sobre la precipitación en la cuenca amazónica (Diaz y Markgraf 1992; Meggers 1994a; Philander 1990). Estas hipotéticas sequías catastróficas dan cuenta de las discontinuidades en las secuencias arqueológicas de la Amazonía (Meggers 1994a). Esta hipótesis tiene la virtud de hacer una predicción específica en cuanto a la evidencia de ocupación en los Llanos de Moxos en general, que puede ser aplicada al área de estudio Iruyañez-Omi en particular. De acuerdo con esta hipótesis, las poblaciones sedentarias en el área de estudio se dispersaron debido a desastres climáticos en "ca. 1500, 1000, 700 y 400 antes del presente" (Meggers 1994a:323, ver también el Capítulo 3). Las fechas radiocarbónicas provenientes de asentamientos permanentes que no se sobreponen sobre estos puntos dan apoyo a la hipótesis, en tanto que las fechas que se sobreponen o caen justo antes de los desastres hipotéticos constituyen evidencia en contra de la misma.

La segunda hipótesis es esencialmente boserupiana. Establece que el descenso en la densidad de población explica el abandono de asentamientos densos y de la agricultura intensiva en el área de estudio Iruyañez-Omi. Las epidemias reducen la densidad de población, y la intensidad de la agricultura varía de acuerdo con estos cambios. A pesar de que el medio ambiente impone límites sobre la agricultura, estas limitaciones no son tan importantes como la habilidad de los agricultores para cambiar el medio ambiente por medio de la construcción de campos elevados. En esta hipótesis relativa a la población, el medio ambiente es una variable dependiente.

Las consecuencias biológicas y culturales de la conquista europea son el centro de la segunda hipótesis para el abandono de los campos elevados. En particular, dos factores pueden haber resultado en el abandono de la agricultura en campos elevados en el área de estudio Iruyañez-Omi. El primero, las epidemias de enfermedades del Viejo Mundo redujeron grandemente la población, desde principios de los años 1.500 (Block 1994; Denevan 1966). Segundo, los misioneros jesuitas pueden haber forzado a los agricultores de campos elevados a establecerse en las misiones de Exaltación y Santa Ana, cambiando el patrón de asentamiento (Block 1994). Lo que es aún más importante, el sistema de misiones introdujo nuevas herramientas, cultivos y animales. Poco después de la creación de las misiones, se establecieron nuevos sistemas agrícolas basados en herramientas de metal y en animales domésticos (Denevan 1992b, Salisbury 1962, Sharp 1952). Bajo estas ture, these limits are not as important as the ability of the raised field farmers to change the environment by building raised fields. In this populationist hypothesis, the environment is a dependent variable.

The biological and cultural consequences of the European conquest are the focus of the second hypothesis for the abandonment of raised fields. Two factors in particular may have resulted in the abandonment of raised field agriculture in the Iruyañez-Omi study area. First, epidemics of Old World diseases greatly reduced the population, beginning in the early 1500s (Block 1994; Denevan 1966). Second, Jesuit missionaries may have forced raised field farmers to settle in the Exaltación and Santa Ana missions, changing the settlement pattern (Block 1994). Most importantly, the mission system introduced new tools, crops, and animals. Alternative agricultural systems based on metal tools and domesticated animals were established soon thereafter (Denevan 1992b, Salisbury 1962, Sharp 1952). Under these new conditions, some raised field farmers in the Iruyañez-Omi study area may have decided to abandon their raised fields and move to the missions of Exaltación and Santa Ana, while others may have been forced to do so. Evidence for the construction and use of raised fields just before the conquest supports this hypothesis, while evidence for the construction and use of raised fields after the conquest weakens it. The hypothesis also depends on the reduction of population density after the conquest.

It is possible that raised fields were abandoned prior to the arrival of the Spanish and in a manner unrelated to change in climate. This third possibility could result from reasons that might be grouped under the term "cultural change." To the extent that the evidence contradicts both the climate change and the contact hypotheses, a cause of abandonment independent of the Malthusian/Boserupian debate must be developed. This "cause" is prehispanic cultural change.

This monograph evaluates these three hypotheses. Archaeological investigation provides an independent line of evidence to evaluate these hypotheses of abandonment, by placing the agricultural system in chronological context, and by analyzing its spatial organization. The system is evaluated according to the three variables of population density, agricultural intensity, and social organization.

In order to organize the presentation, the archaeological data are divided into three categories. The first category is the mapping and measurement of *raised fields* (Chapter 4), combining remote sensing and ground survey. Raised fields are found predominantly on the river levees, in the dry savanna. The second category is the survey, shovel testing, and test excavation of large occupation sites. Evidence of large occupation sites is predominantly found on the river *levees* (Chapter 5), in the dry forest. The third category is the survey and shovel testing of small occupation sites. Evidence of small occupation sites is predominantly found on the *forest islands* (Chapter 6), small areas of dry forest found in the open savanna, in association with small creeks.

nuevas condiciones, algunos de los agricultores de los campos elevados en el área de estudio Iruyañez-Omi pueden haberse decidido a abandonar sus campos elevados y mudarse a las misiones de Exaltación y Santa Ana, mientras otros pueden haber sido forzados a hacerlo. La evidencia de construcción y uso de campos elevados justo antes de la conquista apoya esta hipótesis, mientras que la evidencia para la construcción y uso de estos campos después de la conquista la debilita. La hipótesis también depende de la disminución de la densidad de población después de la conquista.

Es posible que los campos elevados hayan sido abandonados antes de la llegada de los españoles y de una manera no relacionada con un cambio climático. Esta tercera posibilidad podría resultar de razones que pueden agruparse bajo el término de "cambio cultural." En tanto que la evidencia contradice tanto la hipótesis de cambio climático como la de contacto, se debe desarrollar una causa para el abandono independiente del debate maltusiano-boserupiano. Esta "causa" es el cambio cultural prehispánico.

Esta monografía evalúa estas tres hipótesis. La investigación arqueológica provee una línea de evidencia independiente para evaluar estas hipótesis de abandono, al colocar el sistema agrícola en un contexto cronológico, y al evaluar su organización espacial. El sistema es evaluado de acuerdo a las tres variables de densidad de población, intensificación agrícola y organización social.

A fin de organizar la presentación, los datos arqueológicos se han dividido en tres categorías. La primera es el mapeo y medición de los *campos elevados* (Capítulo 4), combinando sensores remotos y reconocimiento en el terreno. Los campos elevados se encuentran predominantemente sobre los diques de los ríos, en la sabana seca. La segunda categoría es el reconocimiento, pruebas de pala y excavaciones de prueba de grandes sitios de ocupación. La evidencia de grandes sitios de ocupación se encuentra predominantemente en los *diques* de los ríos (Capítulo 5), en el bosque seco. La tercera categoría es la prospección y pruebas de pala de pequeños sitios de ocupación. La evidencia de los pequeños sitios de ocupación se encuentra predominantemente en las *islas de bosque* (Capítulo 6), pequeñas áreas de bosque seco que se encuentran en la sabana abierta, en asociación con arroyos pequeños.

Chapter 4

Raised Fields

Raised fields are defined by Denevan and Turner (1974:24) as land that has been prepared by moving soil above the natural surface of the earth to improve cultivating conditions. Found throughout the Americas, from Wisconsin to Bolivia, raised fields are a distinctive form of intensive agriculture. General reviews of research on raised fields can be found in Darch (1983), Denevan et al. (1987), Flannery (1982), and Farrington (1985). Particular studies of raised fields have been carried out in Peru (Denevan et al. 1987; Erickson 1996), Bolivia (Erickson 1980; Erickson et al. 1991; Erickson et al. 1993; Erickson et al. 1994; Kolata 1993), Ecuador (Damp 1984; Marcos 1987; Stemper 1987), Colombia (Parsons and Bowen 1966), Venezuela (Denevan and Zucchi R. 1978; Zucchi R. and Denevan 1979), Belize (Pohl et al. 1996; Turner and Harrison 1983), Mexico (Flannery 1982), and the United States (Riley and Freimuth 1979). This research has emphasized the development of raised field agricultural systems and their relationship to political complexity (Erickson 1996; Graffam 1990; Kolata 1993), their abandonment (Erickson 1988; Graffam 1990, 1992; Ortloff and Kolata 1993; Pozorski et al. 1983) and their implications for prehispanic demography (Denevan 1992a). In general, raised fields are seen as a valuable source of information on the people who built, farmed, and eventually abandoned them.

Raised fields are well described in Denevan's landmark geographical study of the Llanos de Moxos (Denevan 1966). Denevan's classification of prehispanic earthworks includes large mounds, causeways, ridged and ditched fields, mound fields, and large raised fields. The raised fields of the lower Iruyañez River are examples of "large raised fields" (Figures 5–8) Denevan defines large raised fields in the following manner: "These fields average 30 to 80 feet [9.14 to 24.38 m] in width and some are over 1,000 feet long [304.80 m]. A few cover as much as two acres [0.8094 ha]. They are spaced anywhere from 10 or 20 [3.05 to 6.09 m] to several hundred feet apart and occur in clusters of up to several hundred; some are in parallel alignments and others angle off obliquely. The height of those I saw on the ground at Santiago northwest of Exaltación ranged from 6 to 24 inches [7.69 to 61.53 cm], which is sufficient to place them above normal flood waters for most of the year." (Denevan 1966:85–86). Large raised fields are a distinct class of agricultural earthworks, and this is an accurate description of the fields along the lower Iruyañez River. Large raised fields are amenable to study and analysis because the large raised field platforms are easy to outline and measure on aerial photographs (Figure 6). The earthworks in the Iruyañez-Omi study area are all large raised fields, which means that they can easily be compared to one another.

By measuring and mapping raised fields, three major questions can be addressed. The first question concerns the intensity of cultivation in the raised field agricultural system. The second question is the population density associated with the agricultural system. The third question concerns the social organization of those populations.

Before beginning the analysis of the raised fields however, it is important to discuss 1) what the raised fields are thought to represent and 2) how they have been affected by post-abandonment transformational processes. To address the first issue, it is hypothesized, based on ethnographic analogy, experimental archaeology and historical documents, that prehispanic communal "work parties" were used to build raised fields. The analysis of raised field spatial patterns presented in this chapter supports this hypothesis. If raised fields were agricultural fields, then they are both the settings and the products of agricultural activities. Their location indicates exactly where activities such as soil preparation, planting, and harvesting took place in the past.

In comparison to artifacts, raised fields are less affected by post-depositional or post-abandonment transformations. Though platforms erode and canals fill with soils, natural processes do not move the raised fields into new patterns. Raised fields remain where they were abandoned, thereby making it possible to use their spatial patterning to study the spatial patterning of past activities.

Methodology

Raised fields on the ground can be difficult to locate (Denevan 1966; Erickson et al. 1991; Key 1961; Plafker 1963). When grasses are high, it is possible to stand on top of a raised field without noting the fact. Remote sensing resources, particularly aerial photographs, improve ground survey by making it easier to locate and measure raised fields. It is necessary to "ground-truth" aerial photographs through the coordination of remote sensing and field survey. This verifies the accuracy of the aerial photographs. Remote sensing

Capítulo 4

Campos Elevados

Los campos elevados han sido definidos por Denevan y Turner (1974:24) como terreno que ha sido preparado por medio del movimiento de suelo por encima de la superficie natural de la tierra para mejorar las condiciones de cultivo. Los campos elevados, que se encuentran a lo largo de las Américas, desde Wisconsin hasta Bolivia, son una forma distintiva de agricultura intensiva. Se pueden encontrar revisiones generales acerca de la investigación concerniente a campos elevados en Darch (1983), Denevan et al. (1987), Flannery (1982) y Farrington (1985). Se han llevado a cabo estudios particulares sobre campos elevados en Perú (Denevan et al. 1987; Erickson 1996), Bolivia (Erickson 1980; Erickson et al. 1991; Erickson et al. 1993; Erickson et al. 1994; Kolata 1993), Ecuador (Damp 1984; Marcos 1987; Stemper 1987), Colombia (Parsons y Bowen 1966), Venezuela (Denevan y Zucchi R. 1978; Zucchi R. y Denevan 1979), Belice (Pohl et al. 1996; Turner y Harrison 1983), México (Flannery 1982), y en los Estados Unidos (Riley y Freimuth 1979). Estas investigaciones han enfatizado el desarrollo de los sistemas agrícolas de campos elevados y su relación con la complejidad social (Erickson 1996; Graffam 1990; Kolata 1993), su abandono (Erickson 1988; Graffam 1990, 1992; Ortloff y Kolata 1993; Pozorski et al. 1983) y las implicaciones que habrían tenido en cuanto a la demografía prehispánica (Denevan 1992a). En general, los campos elevados son considerados como una fuente de información valiosa acerca de la gente que los construyó, los cultivó y eventualmente los abandonó.

Los campos elevados han sido bien descritos en el conocido estudio geográfico realizado por Denevan de los Llanos de Moxos (Denevan 1992a). La clasificación de Denevan de los trabajos en tierra prehispánicos incluye montículos grandes, caminos en terraplén, campos de camellones y campos zanjados, campos de montículos y campos elevados grandes. Los campos elevados del bajo río Iruyañez son un ejemplo de los "campos elevados grandes" (Figuras 5–8). Denevan define los campos elevados grandes de la siguiente manera: "Estos campos tienen un promedio de 30 a 80 pies [9.14 a 24.38 m] de ancho y algunos más de 1.000 pies de largo [304.80 m]. Unos pocos cubren tanto como dos acres (0,8094 ha]. Están espaciados desde 10 a 20 [3.05 a 6.09 m] a varios cientos de pies entre ellos y ocurren en grupos de hasta varios cientos; algunos están en alineaciones paralelas y otros están en ángulos oblicuos. La altura de aquellos que vi en el terreno en Santiago al noroeste de Exaltación varían de 6 a 24 pulgadas [7.69 a 61.53 cm], lo cual es suficiente para colocarlos por encima de las aguas normales de inundación durante la mayor parte del año." (Denevan 1966:85–86). Los campos elevados grandes son una clase distinta de trabajos en tierra agrícolas, y esta es una descripción acertada de los campos que existen a lo largo del bajo río Iruyañez. Los campos elevados grandes se prestan para su estudio y análisis porque las plataformas de estos campos son fáciles de delinear y medir en fotografías aéreas (Figura 6). Todos los trabajos en tierra en el área de estudio Iruyañez-Omi son campos elevados grandes, lo cual significa que pueden compararse fácilmente unos con otros.

Hay tres cuestiones principales que pueden ser tratadas por medio de la medición y mapeo de los campos elevados. La primera concierne a la intensidad del cultivo en el sistema agrícola de campos elevados. La segunda se refiere a la densidad de población asociada con el sistema agrícola. La tercera concierne a la organización social de aquellas poblaciones.

Sin embargo, antes de empezar el análisis de los campos elevados es importante discutir 1) qué se supone que los campos elevados representan y, 2) cómo han sido afectados por los procesos de transformación luego de su abandono. Para enfrentar la primera cuestión, se forma una hipótesis en base a la analogía etnográfica, la arqueología experimental y los documentos históricos, que se utilizaron "grupos de trabajo" comunales prehispánicos para construir los campos elevados. El análisis de los patrones espaciales de los campos elevados que se presenta en este capítulo apoya esta hipótesis. Si los campos elevados fueran campos agrícolas, entonces serían tanto el escenario como el producto de las actividades agrícolas. Su ubicación indica exactamente dónde se llevaron a cabo en el pasado actividades tales como preparación de suelo, siembra y cosecha.

En comparación con los artefactos, los campos elevados se ven menos afectados por transformaciones postdeposicionales o postabandono. A pesar de que las plataformas se erosionan y los canales se llenan con suelos, los procesos naturales no cambian los patrones de los campos elevados. Estos campos permanecen donde estaban cuando fueron abandonados, haciendo de esta manera posible usar su patrón espacial para estudiar los patrones espaciales de actividades pasadas.

Metodología

Los campos elevados pueden ser difíciles de localizar en el

Figure 5. Oblique aerial photograph of the north levee of the Iruyañez River. Raised fields appear as different shades, depending on the vegetation, flooding, and burning.
Figura 5. Fotografía aérea oblicua del dique norte del Río Iruyañez. Los campos elevados aparecen como diferentes tonos, dependiendo de la vegetación, inundación y quema.

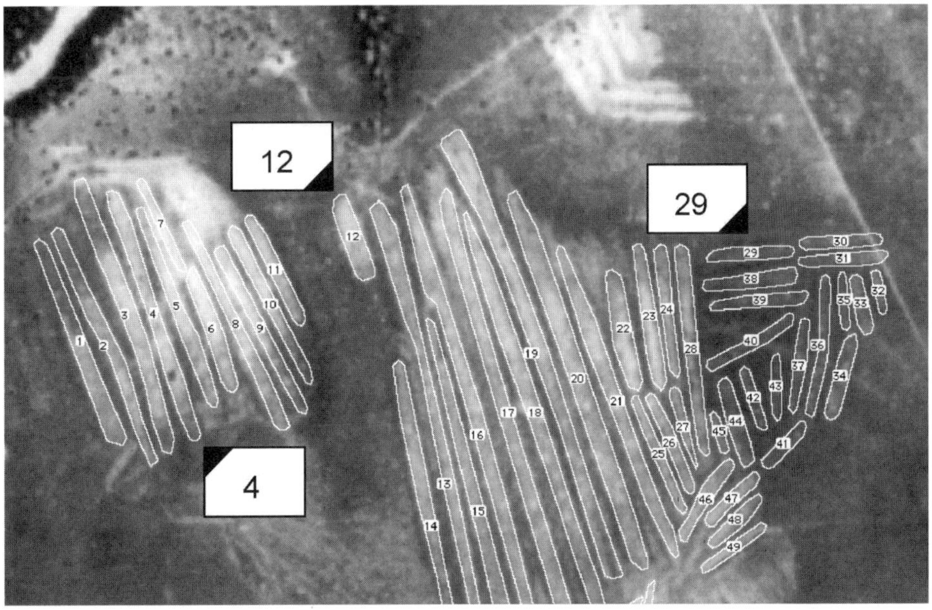

ID	area (m2)	length (m)	width (m)	orientation (deg)
4	7,825	410	24	341.06
12	3,545	135	34	339.49
29	2,326	139	21	86.70

Figure 6. Measurement of raised fields using aerial photographs. Individual fields can be measured, thanks to their size and the quality of the aerial photography carried out for oil exploration.
Figura 6. Medición de los campos elevados usando fotografías aéreas. Los campos individuales pueden medirse, gracias a su tamaño y a la calidad de la fotografía aérea producida para la exploración petrolera.

Figura 7. Campos elevados al norte del Río Iruyañez, en la Estancia Villa Nueva.
Figure 7. Raised fields north of the Iruyañez River, at Villa Nueva ranch.

Figura 8. Dos plataformas de campos elevados y un canal al norte de la Estancia Horizonte.
Figure 8. Two raised field platforms and canal to the north of Horizonte ranch.

terreno (Denevan 1966; Erickson et al. 1991; Key 1961; Plafker 1963). Cuando la hierba está alta, es posible estar parado sobre un campo elevado sin notar este hecho. Los recursos de sensores remotos, particularmente las fotografías aéreas, mejoran el reconocimiento del terreno al hacer más fácil la localización y medición de los campos elevados. Es necesario "verificar en el terreno" las fotografías aéreas a través de la coordinación de sensores remotos y reconocimiento de campo. Esto verifica la exactitud de las fotografías aéreas. La metodología de sensores remotos ayuda a mapear y medir grandes áreas de campos elevados a un costo relativamente bajo.

Identificación de los Campos Elevados

Leves cambios en elevación en la sabana cambian las condiciones del suelo dramáticamente. Esto resulta en correspondientes diferencias en cobertura vegetal, lo que hace fácil identificar y delinear los campos elevados. Por ejemplo, pastos cortos y de color claro (llamados pelo de cochi) crecen sobre algunas de las plataformas de los campos elevados, haciendo visibles a los campos elevados y dándoles la apariencia de plataformas de pasto cultivado. En otros casos, el pasto que crece en los canales que rodean los campos elevados es más verde debido al suelo más húmedo. Esto contrasta dramáticamente con los pastos de las plataformas vecinas, que son escasos y cafés. Durante la temporada seca, algunos de los suelos de las plataformas de campos elevados se secan y se ponen duros, mostrando un color pálido blanquecino a través de la escasa hierba. Esto contrasta con los cafés y verdes más oscuros de los canales adyacentes. Después de la lluvia, las diferencias en elevación pueden también dejar agua estancada en los canales, methodology helps map and measure large areas of raised fields at relatively low cost.

Identifying Raised Fields

Slight differences in elevation on the savanna change soil conditions dramatically. This results in corresponding differences in plant cover which make it easy to identify and outline raised fields. For example, short, light colored grasses (called *pelo de cochi*) grow on some raised field platforms, making the raised fields visible and giving them the appearance of cultivated stands of grass. In other cases, grass growing in the canals around the raised fields is greener due to the moister soil. This contrasts starkly with the grasses of the neighboring platforms, which are sparse and brown. During the dry season, some raised field platform soils become dry and hard, showing a pale whitish color through sparse grass. This contrasts with the darker browns and greens of the adjacent canals. After rain, the differences in elevation can also leave standing water in the canals, once again making the raised field platforms and canals more visible. In some cases, thicker vegetation such as bushes, large cacti and even trees grow on the raised field platforms. For example, trees have colonized the platforms of many of the raised fields north of Horizonte creek, especially *tusequi* (*Machaerium hirtum*) and *aliso* (*Platanus racemosa*). Between the Iruyañez and Omi rivers, some fields have *tajibo* trees (*Tabebuia* spp.) growing on them, although this is not common. These differences in vegetation greatly improve the visibility of raised fields, especially from the air.

In the field, aerial photographs were used on a daily basis to guide survey. The best aerial photographs are available from the Bolivian Military Institute of Geography in La Paz. Since World War II, oil exploration companies have made several surveys of eastern Bolivia, creating an archive of aerial photographs. The photographs range in scale from about 1:25,000 to 1:75,000 and those which cover the Iruyañez-Omi study area are at a scale of about 1:75,000. All of the raised fields on the aerial photographs were visited, and their presence was confirmed on the ground. In a few cases, raised fields were apparent on the ground that did not appear to be present on the photographs. But upon closer inspection of the photographs, these raised fields were detected. In summary, the aerial photographs proved to be a reliable guide to the location and for the most part, the number of raised fields. It is important to note however that there may be raised fields that do not appear on the aerial photographs.

Measuring Raised Fields

Raised fields are continuous across the landscape, which makes it difficult to choose appropriate units of spatial analysis. It is assumed in this analysis that each raised field can be measured as an individual unit. Individual raised field platforms are used as units of analysis because they are discrete and easy to measure on the aerial photographs. Because raised fields cover such a large part of the landscape, it is difficult to define groups of raised fields, and define a unit of study larger than the individual raised field platform. The theoretical consequences of selecting units of analysis are examined in the discussion of raised field groups below.

Aerial photographs were used to map fields, rather than measuring and mapping raised fields on the ground. The number and size of raised fields in the study area made it impractical to measure all of them on the ground. A Garmin GPS was used to locate landmarks visible on the aerial photographs and establish scale. A sample of raised fields from throughout the study area was measured using the aerial photographs. The results of the ground survey show that the aerial photographs provide reliable data on the dimensions and orientations of raised fields.

The photographs were scanned at resolutions from 150 to 2400 dots per inch, and analysis was performed on a Macintosh computer using the public domain NIH Image program. The measurement results were transferred to a spreadsheet where they were stored and analyzed (Figure 8). NIH Image was developed at the U.S. National Institutes of Health and is available on the Internet at http://rsb.info.nih.gov/nih-image/. It is a powerful image processing application, with the ability to scale images and measure features outlined by the user. There is a sizable user community on-line, and macros and plug-ins to solve a variety of problems are available.

Analysis

Using measurements of individual raised field length, width and orientation, trends in the data are interpreted as evidence of the process of design and construction for individual raised fields (Figures 9–12). Three trends were noted. First, raised fields have a limited range of variation in width, probably related to drainage. Second, raised fields have a maximum length, probably related to a combination of social and environmental constraints on construction. Finally, the variation in raised field orientation follows the cardinal directions, although it is unclear what this trend represents.

The raised field measurements are based on a computer algorithm that generates an ellipse, approximating the freehand outline of an individual raised field. This ellipse is approximately the same shape as the irregular outline of the raised field. The computer algorithm generates an ellipse with exactly the same area as that enclosed within the irregular outline. The program calculates the area of the raised field by counting the pixels that fall within the outline of the raised field, and this figure is relatively accurate. The measured length and width of the raised field is less accurate, because raised fields are not mathematically perfect ellipses. This means that the individual raised field area on the tables (measured from the counted pixels) is not equal to the length multiplied by the width (derived from the calculated ellipse). To improve the measurement of length and width, one alternative is to multiply the length and width of the ellipse by a correction haciendo nuevamente más visibles los canales y las plataformas de los campos elevados. En algunos casos, la vegetación más densa, como arbustos, grandes cactus e incluso árboles crecen sobre las plataformas de los campos elevados. Por ejemplos, los árboles han colonizado las plataformas de muchos campos elevados ubicados al norte del arroyo Horizonte, especialmente tusequi (*Machaerium hirtum*) y aliso (*Platanus racemosa*). Entre los ríos Iruyañez y Omi, hay árboles de tajibo (*Tabebuia* spp.) que crecen sobre algunos de los campos, aunque esto no es común. Estas diferencias en cuanto a vegetación mejoran grandemente la visibilidad de los campos elevados, especialmente desde el aire.

En el campo, las fotografías aéreas se usan a diario para guiar la prospección. Las mejores fotografías aéreas están disponibles en el Instituto Geográfico Militar en La Paz. Desde la Segunda Guerra Mundial, las compañías de exploración petroleras han hecho varios levantamientos del oriente boliviano, creando un archivo de fotografías aéreas. Las fotografías varían en escala desde aproximadamente 1:25.000 a 1:75.000 y aquellas que cubren el área de estudio Iruyañez-Omi están a una escala aproximada de 1:75.000. Se visitaron todos los campos elevados que aparecían en las fotografías aéreas, y su presencia se confirmó en el terreno. En unos pocos casos, campos elevados que eran evidentes en el terreno no parecían estar presentes en las fotografías. Pero al hacer una inspección más detallada de las fotos, se pudo detectar la presencia de estos campos. En resumen, las fotografías aéreas demostraron ser una guía confiable para la localización y, en la mayoría de los casos, para determinar el número de campos elevados. Sin embargo, es importante notar que pueden haber campos elevados que no aparecen en las fotografías aéreas.

Medición de los Campos Elevados

Los campos elevados aparecen de manera continua sobre el paisaje, lo que hace difícil escoger unidades de análisis espacial apropiadas. En este análisis se asume que cada campo elevado puede ser medido como una unidad individual. Las plataformas individuales de campos elevados son usadas como unidades de análisis porque son discretas y fáciles de medir en las fotografías aéreas. En vista de que los campos elevados cubren tanto del paisaje, es difícil definir grupos de campos elevados y definir una unidad de estudio mayor que las plataformas individuales. Las consecuencias teóricas de la selección de unidades de análisis se examinan en la discusión de los grupos de campos elevados que se presenta más abajo.

Las fotografías aéreas se usaron para mapear los campos, en vez de medir y mapear los campos elevados en el terreno. El número y tamaño de los campos elevados en el área de estudio hizo que no fuera práctico medirlos todos en el terreno. Se utilizó un sistema de posicionamiento geográfico marca Garmin para localizar los hitos visibles en las fotografías aéreas y establecer la escala. Se midió una muestra de campos elevados tomada de toda el área de estudio, usando las fotografías aéreas. Los resultados de la prospección en el terreno muestran que las fotografías aéreas proveen datos confiables acerca de las dimensiones y orientaciones de los campos elevados.

Las fotografías fueron escaneadas a una resolución de 150 a 2400 puntos por pulgada, y el análisis se realizó en una computadora Macintosh usando el programa NIH Image que esta en la red de dominio público. Los resultados de las mediciones fueron transferidos a una hoja de cálculo donde se guardaron y analizaron (Figura 8). El NIH Image fue desarrollado en el Instituto Nacional de la Salud de Estados Unidos, y está disponible en Internet en http://rsb.info.nih.gov/nih-image/. Este es un poderoso programa para imágenes que tiene la capacidad de determinar la escala de las mismas y medir los rasgos delineados por el usuario. Existe una gran comunidad de usuarios en línea, y hay macros y plug-ins disponibles para resolver una variedad de problemas.

Análisis

Usando las medidas de largo, ancho y orientación de los campos elevados individuales, se interpretaron las tendencias de los datos como evidencia del proceso de diseño y construcción de los campos elevados individuales (Figuras 9–12). Se notaron tres tendencias. La primera, que los campos elevados tienen un rango de variación limitado en cuanto a ancho, probablemente relacionado con el drenaje. La segunda, que los campos elevados tienen una longitud máxima, probablemente relacionada a una combinación de constreñimientos sociales y del medio ambiente sobre la construcción. Finalmente, que la variación en la orientación de los campos elevados sigue las direcciones cardinales, a pesar de que no queda claro qué es lo que esta tendencia representa.

Las medidas de los campos elevados se basan en un algoritmo de computación que genera una elipse, que se aproxima a como se delinearía a pulso un campo elevado individual. Esta elipse es de aproximadamente la misma forma que el contorno irregular del campo elevado. El algoritmo de computación general una elipse con exactamente la misma área que aquella que está contenida dentro del contorno irregular. El programa calcula el área del campo elevado contando los píxels que caen dentro del contorno del campo elevado, y esta cifra es relativamente precisa. La longitud y ancho del campo elevado son menos exactos, porque los campos elevados no son elipses matemáticamente perfectas. Esto significa que el área individual de campos elevados en las tablas (medida a partir del conteo de píxels) no es igual a la longitud multiplicada por el ancho (derivados de la elipse calculada). Para mejorar la medición de longitud y ancho, hay una alternativa que es multiplicar la longitud y el ancho de la elipse por un factor de corrección, y considerarlos como la longitud y el ancho de un rectángulo, lo que daría la misma área. Ninguna de estas aproximaciones es perfecta debido a las formas irregulares de los campos elevados. A pesar de sus defectos, el algoritmo de computación era el mejor método disponible para medir los campos elevados.

Los campos elevados varían en ancho entre 7 y 47 m, con un promedio de 19.52 m. El ancho varía menos que la longitud. El

Figure 9. Histogram of raised field area measurements. Most raised fields are under one hectare in area.
Figura 9. Histograma de las medidas del área de campos elevados. La mayoría de los campos elevados son de menos de una hectárea en área.

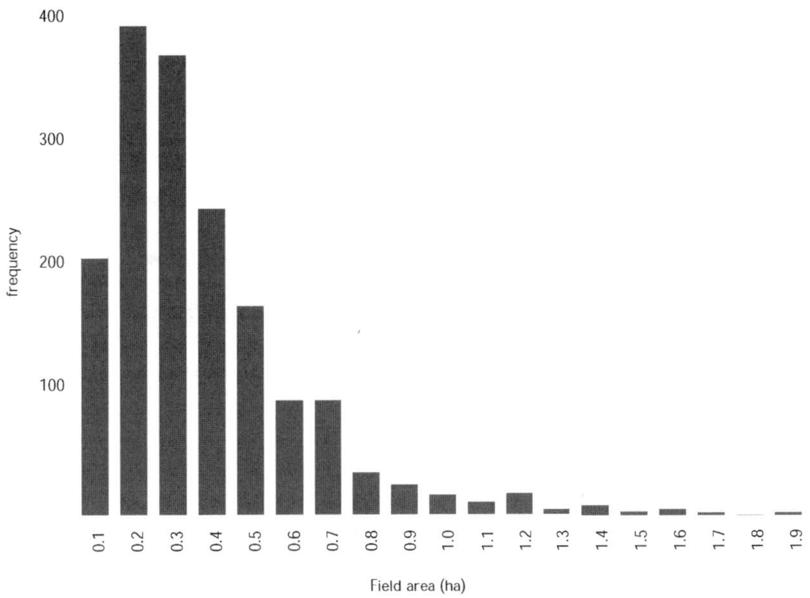

factor, and consider them to be the length and width of a rectangle, yielding the same area. Neither approximation is perfect, because of the irregular shapes of individual raised fields. Despite its flaws, the computer algorithm was the best available method to measure raised fields.

Raised fields vary in width from 7 m to 47 m with an average of 19.52 m. Width varies less than length. The coefficient of variation (a measure of variation, equal to the standard deviation divided by the mean) is 25.99 for width, compared to 67.04 for length. With a standard deviation of 5.07 m, 66% of raised fields are between 14.45 m and 24.59 m in width.

The limited range of variation in width is related to the function of improving soil conditions. The greater the width, the less difference between the drainage characteristics of a raised field and unprepared land. In fields wider than 20 m, the center of the field may be vulnerable to drying. This is apparent during the dry season today, when many fields are stripped of grass in the center, from the combination of dry conditions and the passage of cattle. Additionally, fields wider than the mean value must have required more labor to construct, because the soil was moved over longer distances to the center of the platform.

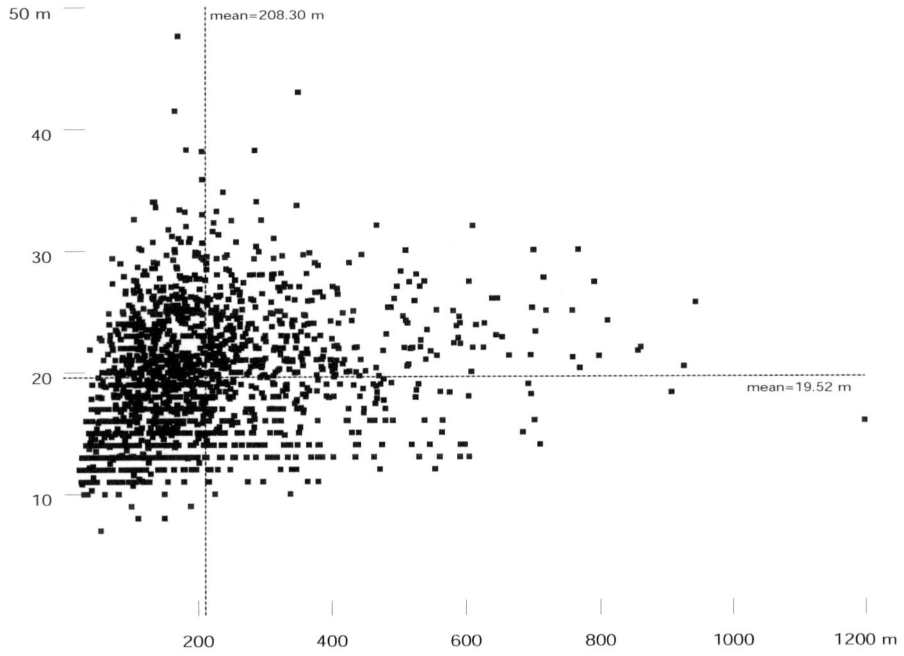

Figure 10. Distribution of the length and width of individual raised fields. Length is much more variable than is width.
Figura 10. Distribución de la longitud y ancho de los campos elevados individuales. La longitud es mucho más variable que el ancho.

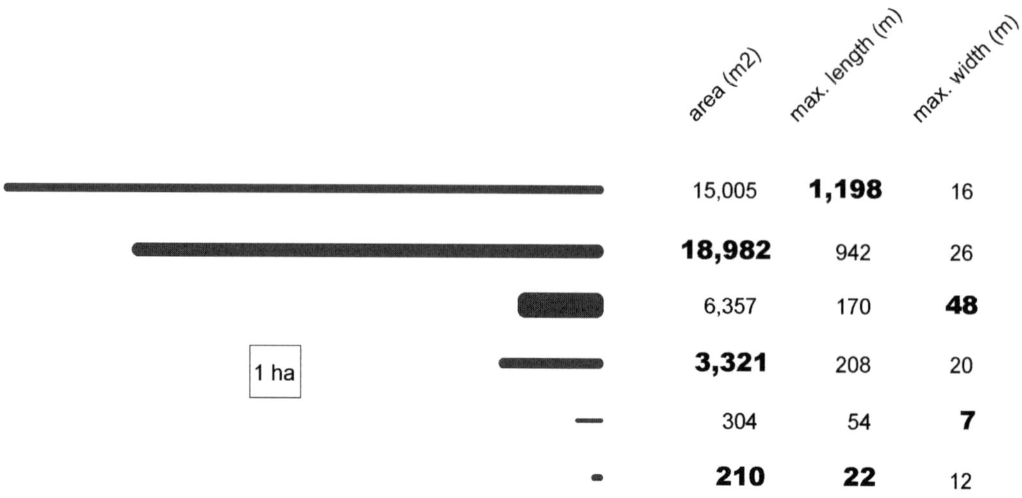

Figura 11. Rango de variación entre los campos elevados medidos. Se muestran los campos elevados más largos, los más grandes, los más amplios, "promedio", los más angostos y los más cortos.
Figure 11. Range of variation among the measured raised fields. The longest, largest, widest, "average," narrowest, smallest and shortest raised fields in the sample are shown.

coeficiente de variación (una medida de variación, igual a la desviación standard dividida para la media) es de 25.99 para el ancho, comparado a 67.04 para la longitud. Con una desviación standard de 5.07 m, el 66% de los campos elevados están entre 14.45 y 24.59 m de ancho.

El rango limitado de variación del ancho está relacionado con la función de mejorar las condiciones del suelo. A mayor ancho, menor es la diferencia entre las características de drenaje de un campo elevado y aquel de una tierra sin preparar. En campos con un ancho mayor a 20 m, el centro del campo puede ser vulnerable a secarse. Esto se hace evidente hoy en día durante la estación seca, cuando muchos de los campos se quedan sin hierba en el centro, por una combinación de condiciones de sequedad y el paso del ganado. Adicionalmente, los campos más anchos que el valor de la media deben haber requerido más mano de obra para su construcción, porque el suelo era movido a mayor distancia hasta el centro de la plataforma.

La longitud varía más que el ancho, pero esta variable también estaba restringida. Los campos varían en longitud entre 22 y 1.198 m, con un promedio de 208.30 m. Sin embargo, sólo 100 de los 1.711 campos elevados medidos, o el 6%, excedían de los 400 m de longitud. Esta tendencia se relaciona no con la habilidad de los agricultores de campos elevados para mover la tierra, sino más probablemente con una combinación de factores. La longitud máxima de una plataforma de campo elevado es una función de la duración de la temporada de construcción combinada con el máximo número de trabajadores cuya mano de obra pueda coordinarse. La construcción está limitada tanto por la estación seca como por la

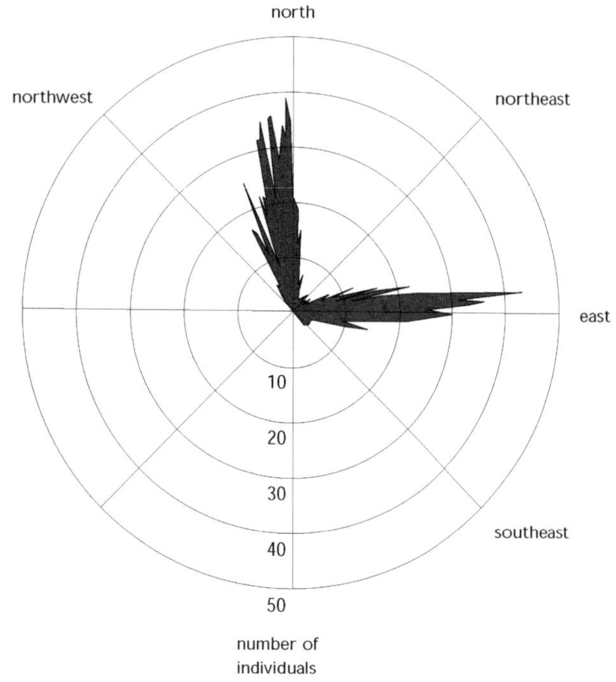

Figura 12. Gráfico de las orientaciones de los campos elevados. Los rayos grises en el gráfico representan el número de campos individuales con una orientación particular. Los ejes norte-sur y este-oeste dominan el gráfico.

Figure 12. Chart of raised field orientations. The gray rays on the chart represent the number of individual fields with that particular orientation. The north-south and east-west axes dominate the chart.

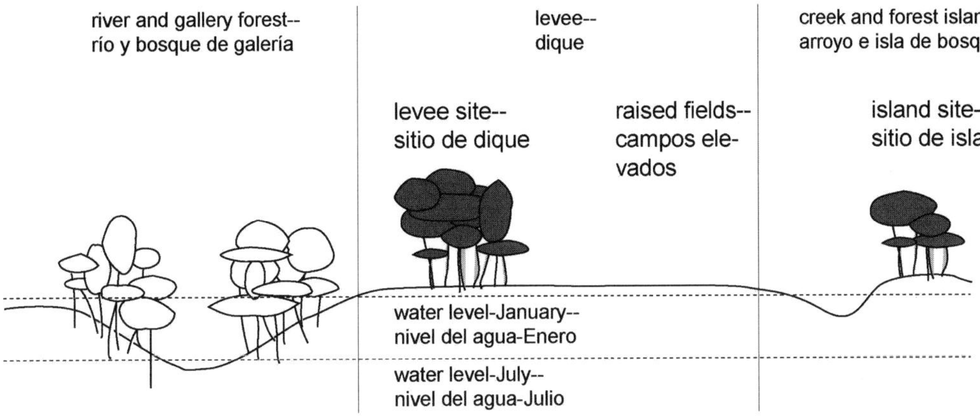

Figure 13. Schematic profile of Iruyañez landscape. Levee sites are located near the larger rivers, raised fields are located on the backslopes, and forest islands are located along the smaller, seasonal creeks.
Figura 13. Perfil esquemático del paisaje de Iruyañez. Los sitios de dique están ubicados cerca de los ríos mas grandes, los campos elevados están ubicados en los taludes y las islas de bosque están ubicadas a lo largo de arroyos estacionales más pequeños.

Length varies much more than width, but this variable was also constrained. Fields range in length from 22 m to 1,198 m, with an average of 208.30 m. However, only 100 of the 1,711 measured raised fields, or 6%, exceed 400 m in length. This trend is related not to the ability of raised field farmers to move earth, but more likely to a combination of factors. The maximum length of a raised field platform is a function of the length of the construction season combined with the maximum number of workers whose labor could be coordinated. Construction is limited by both the dry and wet seasons, each of which make soil conditions unsuitable. Construction is also limited by the amount of labor that can be coordinated.

Orientation of raised fields was also constrained. Most of the raised fields lie within 15 degrees of the cardinal directions, rotated "counter-clockwise" slightly to the west of magnetic north. Of the remaining raised field platforms, few lie along the northeast-southwest or northwest-southeast axes. This suggests strongly that raised field platforms were laid out according to the cardinal directions. What the cardinal directions signified to the raised field farmers is not clear, but there is no obvious functional reason for fields to be laid out in this way.

In sum, there are three trends in the individual raised field data from the sample. First, the raised field platforms have a limited range of variation in width, probably related to agricultural function. Second, their length is limited by the size of the social group responsible for construction and the length of a single construction season. Third, they are predominantly oriented to the cardinal directions. Although there is variation along all of these dimensions, this sample of raised fields matches Denevan's description of large raised fields (Denevan 1966:85–86).

Seasonal flooding

Within the study area, raised fields are located predominantly on the levees of the Iruyañez River, the Omi River, and the larger creeks. Raised fields that are located more than a few hundred meters from one of these large creeks are usually along the course of a seasonal creek (Figures 13–15). These locations made them less susceptible to seasonal flooding. In the study area today, canoes have easy access to the raised fields during the wet season.

Seasonal flooding in the Llanos de Moxos is the result of two related but independent processes: local rainfall and downstream flooding (Hanagarth 1993, Chapter 4). At the peak of the wet season in February 1997, about half of the study area was underwater, while in August 1997, at the height of the dry season, only the deepest parts of the river channels were still underwater. Although rainfall totals are higher in the wet season than in the dry season, this increase in rainfall does not fully explain the severity of annual flooding. For this, one must look to the increased flow of the Mamoré River, which drains a much larger area, including the Iruyañez and Omi river basins (Hanagarth 1993).

When flooding does result from a heavy rainfall, it can leave 20 or 30 centimeters of standing water on the high but poorly drained terrain. During the wet season, this standing

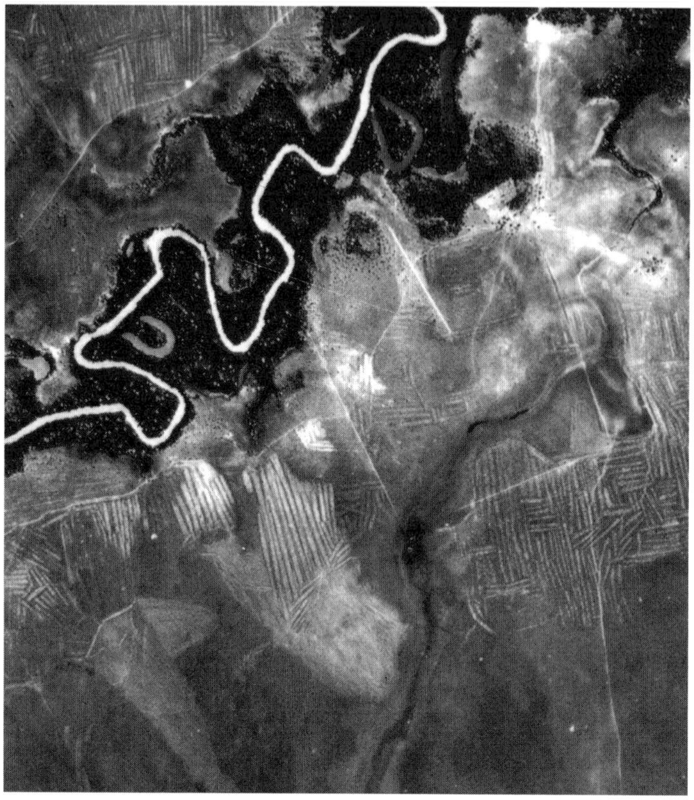

Figura 14. Campos elevados en el dique sur del río Iruyañez. Los campos aparecen como rectángulos de color claro. El norte está hacia arriba. El río Iruyañez fluye a través del cuadrante noroeste de la fotografía, con su bosque inundado circundante y lagos en herradura. El sitio San Juan está situado en el cuadrante noreste.

Figure 14. Raised fields on the south levee of the Iruyañez River. Fields appear as light colored oblongs. North is at the top. The Iruyañez River runs across the northwest quadrant of the photograph, with its attendant flooded forest and oxbow lakes. The San Juan site is located in the northeast quadrant.

lluviosa, las cuales hacen que las condiciones del suelo no sean apropiadas. La construcción también está limitada por la cantidad de mano de obra que pueda coordinarse.

La orientación de los campos elevados estaba igualmente restringida. La mayoría de los campos elevados están dentro de 15 grados de los puntos cardinales, rotados en "sentido contrario a las manecillas del reloj" levemente hacia el oeste del norte magnético. De las plataformas de campos elevados restantes, unas pocas yacen a lo largo de los ejes noreste-suroeste o noroeste-sureste. Esto sugiere fuertemente que las plataformas de campos elevados fueron ubicadas de acuerdo a los puntos cardinales. Lo que no está claro es lo que los puntos cardinales significaban para los agricultores de los campos elevados, pero no hay una razón funcional obvia para que los campos estén ubicados de esta manera.

En resumen, hay tres tendencias en los datos de los campos elevados individuales. Primero, las plataformas de campos elevados tienen un rango de variación limitado en cuanto a su ancho, probablemente relacionado con la función agrícola. Segundo, su longitud está limitada por el tamaño del grupo social responsable de la construcción y la duración de cada temporada de construcción. Tercero, estaban predominantemente orientados en relación a los puntos cardinales. A pesar de que existe variación a lo largo de todas estas dimensiones, esta muestra de campos elevados se corresponde con la descripción que hace Denevan de los campos elevados grandes (Denevan 1966:85–86).

Inundación Estacional

Dentro del área de estudio, los campos elevados estaban predominantemente ubicados sobre los diques del río Iruyañez, del río Omi, y de arroyos más grandes. Los campos elevados que están localizados a más de unos pocos cientos de metros de uno de estos grandes arroyos están usualmente a lo largo del curso de un arroyo estacional (Figuras 13–15). Esta ubicación los hacía menos susceptibles a la inundación estacional.

La inundación estacional en los Llanos de Moxos es el resultado de dos procesos relacionados aunque independientes: la precipitación local y la inundación río abajo (Hanagarth 1993, Capítulo 4). En el apogeo de la temporada lluviosa en Febrero de 1997, aproximadamente la mitad del área de estudio estaba cubierta de agua, mientras que en agosto del mismo año, en el apogeo de la estación seca, solo las partes más profundas de los canales de los ríos estaban bajo agua. A pesar de que los totales de precipitación son mayores en la temporada lluviosa que en la seca, este aumento en la lluvia no explica totalmente la severidad de la inundación anual. Para esto, se debe mirar al aumento del flujo del río Mamoré, el cual drena un área mucho mayor, incluyendo las cuencas de los ríos Iruyañez y Omi (Hanagarth 1993).

Cuando la inundación es el resultado de una fuerte lluvia, puede dejar 20 o 30 cm de agua estancada en terrenos elevados pero pobremente drenados. Durante la estación lluviosa, estas water often persists until the next heavy rain. During the dry season it drains quickly, reducing the amount of time that these areas remain underwater. In general, heavy rains do not flood the raised fields. Located on high ground, and built to a height slightly above the surrounding terrain, water drains quickly off of raised fields into the adjacent canals. Excavation results suggest that the original difference between the top of the platform and the bottom of the canal was greater than it is today, perhaps 40 or 50 centimeters (Chapter 5). If this was the case, the planting surfaces of the raised field platforms would have been even better protected from heavy rains.

The floods resulting from downstream water levels are more widespread and of much greater consequence. Between August and February, the Iruyañez and Omi rivers rise from a depth of 1–2 meters to a depth of about 15 meters, and grow from a width of 5–10 meters to a width of several hundred meters. In 1997, the floods were severe along the lower Omi River, with the highest water levels recorded since 1982. At the height of the floods during the first two weeks in April, raised fields marked the few areas of dry land near the confluence of the Omi and the Iruyañez rivers. The location of these fields on high ground close to the river epitomizes the pattern typical of the entire study area. By virtue of their elevated location and construction, raised fields are well protected from both kinds of floods.

Land Use

The location of the raised fields on the levees near the river was important for the ease of transport of agricultural products. In the wet season, canoes could have reached the fields directly, and transported agricultural yields along the river. By way of analogy, a skilled canoeist today can move about 500 kg of cargo in a dugout canoe, an amount that cannot be rivaled by draft animals, or even (in many cases) by motorized vehicles.

The existence of fields on high ground and the further elevation of the planting surface suggests the type of crops probably grown there. Since root crops such as manioc will rot if exposed to ground water, raised fields provide ideal soil conditions. This inference is supported by the fact that manioc is mentioned in the earliest Jesuit accounts from the area, both as a crop grown outside the missions and as a part of mission agriculture (Eder 1985; Eguiluz and Torres S. 1884; Zapata 1906).

The same levees on which raised fields were built are used today by modern cattle ranchers during the wet season for cattle trails, and airplane landing strips. Both of these features of the modern landscape are found on top of prehispanic raised fields. Cattle trails are found along the Iruyañez River, especially in the territory of San Juan Ranch, Villa Nueva Ranch, and San Pedro Ranch. These trails are maintained by cattle, horse, oxcart and foot traffic. In the study area, airstrips are found on raised field platforms (5 examples) or on a treeless levee next to a group of raised fields (1 example). Another airstrip is located in a low flat area next to the Cerro Ranch, but this airstrip can be used only in the dry season. The two criteria that govern the placement of modern airstrips are elevation and smoothness of the terrain. An airstrip must first be flat and level, but if it is to function for even as little as six months out of the year, it must also be on high ground. In general, raised fields make excellent airstrips because little effort is required to prepare them for use. One rancher described the process as limited to the toppling of several termite mounds.

Both modern and prehispanic land use focus on the river levees, taking advantage of the high ground, albeit in different ways. The next section examines the evidence for agricultural intensity that can be gleaned from the raised field data.

Investment of Labor

A raised field platform is the end product of a construction process. Among other tasks, the construction of a field required the farmers to select a location, decide on a size and shape, coordinate labor, and build the field. By measuring the dimensions of a raised field, it is possible to measure the amount of earth that was moved in the process of its construction. Labor estimates for raised field construction are applied to the data for raised field area. The data show that small groups of people could have built all of the raised fields in the study area.

An estimate of the amount of labor required to build raised fields follows the examples of Denevan (1982) and Mathewson (1987). In order to reach an estimate, it is necessary to address three separate problems. First, a projection of the amount of labor required (measured in person-days) per unit volume of earth must be generated. Second, the raised field or group of raised fields must be defined, and an accurate measure of the volume of earth moved must be used. The area covered by raised fields must be converted into a volume of earth moved, because labor estimates are based on labor per unit of earth moved. Finally, an estimate must be made of the amount of time that was required to build the field or fields. From these three intermediate results it is possible to estimate the number of people involved in raised field construction for individual fields, for groups of fields, and for the entire study area. It is important to note that these calculations apply only to the construction of raised fields and do not consider the issue of raised field maintenance.

The first variable in the equation is an estimate of labor rate, the amount of earth that one person can move in a given period of time. Several estimates are presented here, based on published archaeological experiments. The experiments used different methodologies, and so their results were all converted to a figure for the volume of earth that one person moves in one day of work. It is assumed that the earth used to construct a given raised field platform was excavated from the adjacent canals.

For example, if raised fields measured 40 cm from the top

aguas estancadas persisten frecuentemente hasta la siguiente lluvia fuerte. Durante la temporada seca se drenan rápidamente, reduciendo la extensión de tiempo que estas áreas permanecen bajo agua. En general, las lluvias fuertes no inundan los campos elevados. Al estar ubicados en terreno alto, y haber sido construídos a una altura levemente mayor que el terreno circundante, el agua drena rápidamente de los campos elevados hacia los canales adyacentes. Los resultados de las excavaciones sugieren que la diferencia original entre la cima de la plataforma y el fondo del canal era mayor de lo que es ahora, tal vez de 40 o 50 cm (Capítulo 5). Si este fuera el caso, las superficies para sembrar sobre las plataformas de los campos elevados habrían estado mejor protegidos de las fuertes lluvias.

Las inundaciones resultantes de los niveles de agua río abajo son más generalizadas y de mayores consecuencias. Entre agosto y febrero, los ríos Iruyañez y Omi aumentaron de una profundidad de 1 a 2 metros a una profundidad de alrededor de 15 metros, y crecieron de un ancho de 5 a 10 metros a un ancho de varios cientos de metros. En 1997, las inundaciones fueron severas a lo largo del bajo río Omi, con el mayor nivel de agua registrado desde 1982. En el clímax de las inundaciones durante las dos primeras semanas de abril, los campos elevados señalaban las pocas áreas de terreno seco cerca de la confluencia de los ríos Omi e Iruyañez. La ubicación de estos campos sobre terreno elevado cercano al río resume el patrón típico de toda el área de estudio. En virtud de su situación elevada y su construcción, los campos elevados están bien protegidos de ambas clases de inundaciones.

Uso del Suelo

La ubicación de los campos elevados sobre los diques cercanos al río era importante para facilitar el transporte de los productos agrícolas. En la estación lluviosa, las canoas pueden haber llegado a los campos directamente, y transportado los productos agrícolas a lo largo del río. Por analogía, un canoero hábil hoy en día puede mover alrededor de 500 kg de carga en una canoa, una cantidad sin rival en comparación a animales de carga, o incluso (en muchos casos) a vehículos motorizados.

La existencia de campos en terreno alto y la elevación adicional de la superficie de cultivo sugiere el tipo de productos que se cultivaban ahí. En vista de que los cultivos de raíces tales como la yuca se pudrirían si estuvieran expuestos al agua estancada, los campos elevados proveían condiciones de suelo ideales. Esta inferencia se ve apoyada por el hecho de que la yuca se menciona en los relatos jesuitas más tempranos para el área, tanto como un cultivo que se hacía fuera de las misiones como parte de la agricultura que en ellas se realizaba (Eder 1985; Eguiluz y Torres S. 1884; Zapata 1906).

Los mismos diques sobre los cuales los campos elevados fueron construídos son utilizados actualmente por los modernos ganaderos durante la temporada lluviosa a manera de senderos para ganado y como pistas de aterrizaje. Estos dos rasgos del paisaje moderno se encuentran sobre campos elevados prehispánicos. Los senderos para ganado se encuentran a lo largo del río Iruyañez, especialmente en el territorio de la Estancia San Juan, Estancia Villa Nueva y Estancia San Pedro.

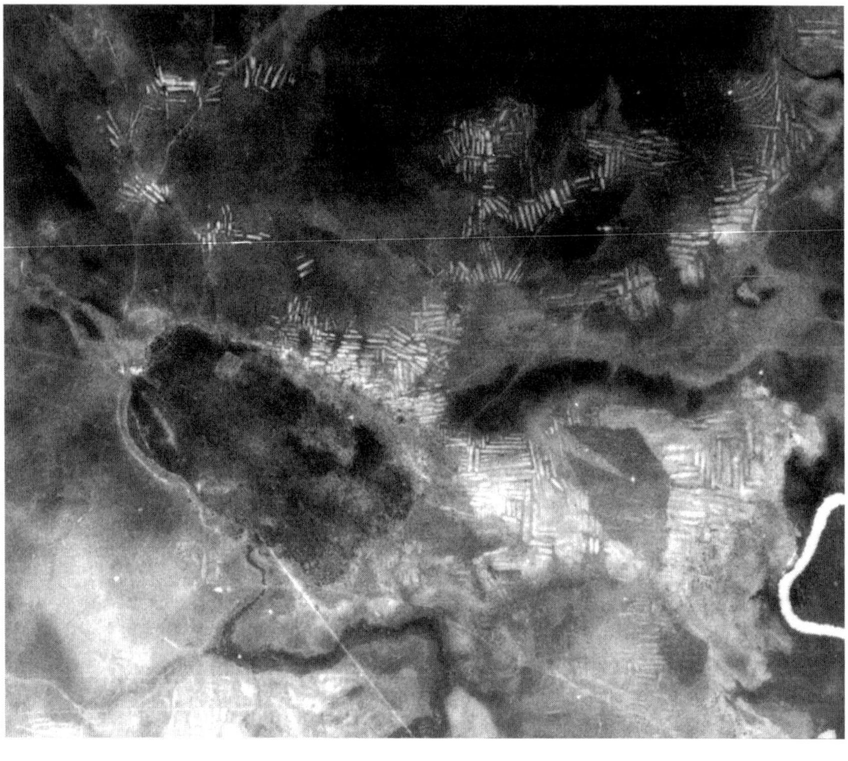

Figura 15. Campos elevados cerca de la Estancia Cerro. Los campos aparecen como rectángulos de color claro. El norte está arriba. El río Iruyañez puede apenas ser visto a lo largo del borde este de la fotografía. El sitio Cerro está ubicado dentro del óvalo oscuro en el cuadrante suroeste.

Figure 15. Raised fields near the Cerro ranch. Fields appear as light colored oblongs. North is at the top. The Iruyañez River can just be seen along the east edge of the photograph. The Cerro site is located within the dark oval in the southwest quadrant.

of the platform to the bottom of the canal (see Chapter 5), this means that a total of 200 m^3 of earth would have to be moved in order to build a raised field platform 10 m by 100 m, (10 m by 100 m by 20 cm). The excavation of this earth would produce a canal next to the platform, and the total area covered by the canal and the platform would be 2,000 m^2. The 20 cm excavated from the canal would be used to form the platform, for a total of 40 cm difference in elevation between the bottom of the canal and the top of the platform. Five pairs of these fields and canals would equal one hectare. This would create a total of 5,000 m^2 of planting surface on raised field platforms or 10,000 m^2 of platforms and canals—the result of moving 1,000 m^3 of earth.

Modern raised field construction in the Llanos de Moxos has produced three separate calculations of labor rates (Erickson et al. 1993). The original experimental values were adjusted to correct for the different dimensions of the large raised fields, which vary from those built in the experiments. The original experimental fields were built to a height of one meter (the difference in elevation between the bottom of the canal and the top of the platform). These results are calibrated for the fields in the study area by reducing the figure for height to 40 cm, which reduces the volume of soil moved per hectare. The experimental construction of raised fields in the Llanos de Moxos was done using metal tools (including long handled, metal bladed digging sticks, large hoes and shovels). The results of experiments using wooden tools for earthen construction are available from other published experiments.

Six additional estimates of the amount of labor required to construct 1 hectare of raised fields are available from the archaeological literature, after making the adjustments described below (Atkinson 1961; Denevan 1966, 1982; Erasmus 1965; Erickson 1996; Golson and Steensburg 1985; Puleston 1977). Following the lead of Erasmus, one person-day is assumed to consist of five hours of effective work. Erasmus noted that the sixth hour of work was markedly less efficient and probably not cost effective, due to tropical heat and humidity.

Three estimates were calculated from Erasmus' two experiments in Mexico using wooden digging sticks and baskets. The first experiment, listed as "Erasmus I", involved the excavation and transportation of earth across distances of 50 m and 100 m. A modification of this first experiment was made ("Erasmus Ia"); increasing the estimate of earth moved per person-day on the assumption that raised field construction required earth to be moved across distances shorter than 50 m. A third estimate was produced by Erasmus' second experiment, the often-cited figure of 2.6 m^3 per person-day.

This figure closely corresponds to that generated by Puleston's experimental construction of raised fields, 2.7 m^3 of earth per-person day. This experiment was based on the use of metal tools. It was also made under specific soil conditions, moving marl soils in the Yucatan (Puleston 1977).

Another set of figures was generated from Denevan's estimate that a single person-day of work represents the movement of 1.06 m^3 of earth (Denevan 1982). Denevan's estimate was produced by taking Puleston's experimental value of 2.7 m^3 of earth per person-day and multiplying by the ratio obtained by Erasmus for metal tools versus wooden tools.

Golson and Steensburg (1985) present another estimate of work rates using wooden tools to move earth. This estimate converts to 2.575 m^3 per person-day.

Finally, a figure was also generated from the formula published by R. J. C. Atkinson, who based his earthmoving calculations for a bank and ditch on the amount of earth moved and the cross section of the bank and ditch. Interestingly, Atkinson's method (which used metal tools) produced an estimate close to those from Denevan's research, and from Erasmus' first experiment. For the analysis in this chapter, a compromise figure of 1,000 person-days per hectare is used, because the two estimates of construction with wooden tools (Denevan and Puleston, and Erasmus Ia) are in close agreement with this figure.

The second variable is the area covered by raised fields. Estimates of area are presented for individual fields, groups of fields, and for all fields in the study area. These estimates are based on the measurement of raised fields from scanned aerial photographs, described previously. Estimates of construction time are made for the largest measured field in the study area, the hypothetical "average" field in the study area (Table 2 and Table 3 left side), and for the estimated total number of fields in the study area (Table 3 right side). The "average" field is based on the descriptive statistics of the measured sample of individual raised fields in the study area. The estimate for total fields in the study area is based on the measured sample of fields, extrapolating to the entire study area on the basis of raised fields visible on aerial photographs. A total of 10 km^2 of raised field platforms (or 2.9% of the total area of 340 km^2) is estimated for the Iruyañez-Omi study area.

The third question is the amount of time that was required for construction. At the scale of the individual field, it is assumed for this analysis that the construction was completed in a single episode in order to take advantage of optimum soil conditions. Although the weather is almost always suitable for raised field construction, soil conditions are not so reliable. In the dry season, the savanna soils are hard and difficult to work. In the wet season, the same clay soils are saturated, becoming heavy, sticky and likewise difficult to work. Extrapolating from rainfall (Hanagarth 1993:66), the periods of time when soil conditions are optimal for raised field construction are short, on the order of 5–20 days. It is assumed that individual fields were built in single episodes of between 5 and 20 days. A conservative estimate of the total amount of time in a given year with suitable conditions for construction is 60 days per year, in several such episodes. In addition to the rainfall data from the Llanos de Moxos (Hanagarth 1993), these estimates are based on experience building raised fields in the Llanos de Moxos (Erickson et al. 1994), and observation of soil condi-

Estos senderos se mantienen por el tráfico a pie y de ganado, caballos y carretas de bueyes. En el área de estudio, las pistas de aterrizaje se encuentran sobre plataformas de campos elevados (5 ejemplos) o sobre un dique sin árboles contiguo a un grupo de campos elevados (1 ejemplo). Otra pista de aterrizaje está ubicada en un área baja y plana al lado de la Estancia Cerro, pero esta pista sólo puede utilizarse en la temporada seca. Los dos criterios que rigen la ubicación de pistas modernas son la elevación y que tan llano es el terreno. Una pista debe primeramente ser plana y nivelada, pero si ha de funcionar por lo menos seis meses al año, debe también estar en terreno elevado. En general, los campos elevados hacen excelentes pistas de aterrizaje ya que se requiere poco esfuerzo para prepararlos para su uso. Un hacendado describió el proceso como no más que el tumbar unos cuantos montículos hechos por las termitas.

Tanto el uso de la tierra moderno como el prehispánico se centra en los diques de los ríos, aprovechando el terreno elevado, aunque de diferente manera. La siguiente sección examina la evidencia para la intensificación agrícola que se puede observar a partir de los datos de los campos elevados.

Inversión de Mano de Obra

Una plataforma de campo elevado es el producto final de un proceso de construcción. Entre otras tareas, la construcción de un campo requiere que los agricultores seleccionen una ubicación, decidan el tamaño y la forma, coordinen la mano de obra y construyan el campo. Al medir las dimensiones de un campo elevado, es posible medir la cantidad de suelo que fue movido en el proceso de su construcción. A los datos para el área de campos elevados se han aplicado cálculos en relación con la mano de obra necesaria para la construcción. Los datos muestran que todos los campos elevados del área de estudio pueden haber sido construídos por grupos pequeños de gente.

El cálculo de la cantidad de mano de obra necesaria para construir campos elevadas sigue los ejemplos de Denevan (1982) y Mathewson (1987). A fin de llegar a un cálculo, es necesario enfocar tres problemas separados. Primero, se debe generar una proyección de la cantidad de mano de obra requerida (medida en personas-días) por unidad de volumen de tierra. Segundo, se debe definir el campo elevado o grupo de campos elevados, y se debe usar una medida exacta del volumen de tierra movido. El área cubierta por los campos elevados debe convertirse a un volumen de tierra movida, ya que los cálculos de mano de obra se basan en trabajo por unidad de tierra movida. Finalmente, se debe hacer un cálculo de la cantidad de tiempo que se requirió para construir el campo o campos. A partir de estos tres resultados intermedios es posible calcular el número de personas involucradas en la construcción de campos elevados individuales o grupos de campos, y de campos en toda el área de estudio. Es importante notar que estos cálculos se aplican sólo a la construcción de campos elevados y no consideran el tema del mantenimiento de los campos.

La primera variable en la ecuación es un cálculo del índice de mano de obra, la cantidad de tierra que una persona puede mover en un periodo de tiempo dado. Varios cálculos se presentan aquí, basados en experimentos arqueológicos publicados. Los experimentos usaron diferentes metodologías, y por lo tanto todos los resultados fueron convertidos a una cifra para el volumen de tierra que una persona mueve en un día de trabajo. Se asume que la tierra usada para construir una plataforma de campo elevado fue excavada de los canales adyacentes.

Por ejemplo, si los campos elevados medían 40 cm desde la cima de la plataforma hasta el fondo del canal (ver Capítulo 5), estos significa que un total de 200 m^3 habrían tenido que ser movidos a fin de construir una plataforma de campo elevado de 10 por 100 m, (10 m por 100 m por 20 cm). La excavación de esta tierra produciría un canal al lado de la plataforma, y el área total cubierta por el canal y la plataforma sería de 2.000 m^2. Los 20 cm excavados del canal habrían sido usados para formar la plataforma, dando un total de 40 cm de diferencia de altura entre el fondo del canal y la cima de la plataforma. Cinco pares de estos campos y canales serían igual a una hectárea. Esto crearía un total de 5.000 m^2 de superficie de cultivo sobre las plataformas elevadas o 10.000 m^2 de plataformas y canales, resultantes del movimiento de 1.000 m^3 de tierra.

La construcción moderna de campos elevados en los Llanos de Moxos ha producido tres cálculos separados para la tasa de mano de obra (Erickson et al. 1993). Los valores experimentales originales se ajustaron para corregir las diferentes dimensiones de los campos elevados grandes, que pueden variar de aquellos construídos en los experimentos. Los campos experimentales originales fueron construídos a una altura de un metro (la diferencia en elevación entre el fondo del canal y la cima de la plataforma.) Estos resultados se han calibrado para los campos en el área de estudio reduciendo la cifra de altura a 40 cm, lo que reduce el volumen de suelo removido por hectárea. La construcción experimental de campos elevados en los Llanos de Moxos fue realizada usando herramientas metálicas (incluyendo bastones de cavar con cuchilla de metal y de mango largo, azadones grandes y palas con cuchilla de metal y de mango largo). Los resultados de los experimentos que usaron herramientas de madera para construcciones de tierra están disponibles en las publicaciones sobre otros experimentos.

Los seis cálculos adicionales de la cantidad de mano de obra requerida para construir una hectárea de campos elevados están disponibles en la literatura arqueológica, después de hacer los ajustes descritos más abajo (Atkinson 1961; Denevan 1966, 1982; Erasmus 1965; Erickson 1996; Golson y Steensburg 1985; Puleston 1977). Siguiendo a Erasmus, se asume que una persona-día consiste de cinco horas de trabajo efectivo. Erasmus notó que la Sexta hora de trabajo era marcadamente menos eficiente y probablemente no era efectiva en términos de costos, debido al calor y humedad tropical.

En los dos experimentos que Erasmus llevó a cabo en Méxi-

RAISED FIELD SUMMARY STATISTICS —
RESUMEN DE LAS ESTADISTICAS PARA LOS CAMPOS ELEVADOS

n=1711

	area (m^2)—área	length (m^2)—longitud	width (m^2)—ancho
Mean—Media	3,321.76	208.30	19.52
Median—Mediana	2,638.09	169.73	19.20
Mode—Moda	1,990.62	163.85	19.07
Standard Deviation—Desviación Estándard	2,565.91	139.64	5.07
Sample Variance—Varianza de la Muestra	6,583,894.35	19,500.31	25.74
Range—Rango	18,772.30	1,175.70	40.43
Minimum—Mínimo	210.10	22.48	7.19
Maximum—Máximo	18,982.40	1,198.18	47.62
Sum—Total	5,683,531.20	356,402.33	33,397.58
Count—Conteo	1,711	1,711	1,711
Coefficient of Variation—Coeficiente de Variación	77.25	67.04	25.99

Table 2. Summary statistics for the sample of 1,711 raised fields.
Tabla 2. Resumen de las estadísticas para la muestra de 1.711 campos elevados.

tions in the Iruyañez-Omi study area.

It is perhaps reasonable to assume that a single raised field was constructed in one episode, but the period of time that was required to construct all the raised fields in the study area is much more difficult to gauge. At one extreme, it is possible to estimate the period of time that the area was occupied, based on settlement data. The radiocarbon data suggest that raised fields were constructed at two points in time, which are 900 years apart (Chapter 5). If this is the case, then 900 years is a good estimate for the maximum amount of time that was required to build all of the raised fields in the study area. This figure of 900 years of chronological time equals 54,000 work days, on the assumption of 60 total work days per year. It may have required less time, but with data currently available it cannot be shown to have required more.

Although the range of estimates of work rate is large (Table 3), they all support the hypothesis that small numbers of people could have built the raised fields in the Iruyañez-Omi study area. For example, the largest of the raised fields (about 1.8 ha) could have been built by a group of 100 people in a single episode of 20 days. This demonstrates that a small group could have completed the largest individual task on the landscape in a single construction season. The average raised field in the study area could have been built by a group of 17 people in a single episode of 20 days. Given a span of 900 years and a construction season of 60 days per year, a group of 67 people could have constructed all of the raised fields in the Iruyañez-Omi study area. Even if the highest estimate of labor costs is doubled, the labor needed to build all of the raised fields in the Iruyañez-Omi study area is not beyond the capacity of a group of 252 people to build in 900 years (Table 3). The labor that was invested in the construction of raised fields is one aspect of the agricultural system that can be quantified on the basis of field measurements and estimates of labor rates. These calculations suggest that the raised fields in the Iruyañez-Omi study area were relatively easy to build.

Agricultural Production

Raised field measurements can be combined with the labor rates to estimate the number of people that were involved in the construction process. The same raised field measurements can be combined with estimates of the production yield per unit area of raised field platforms. This forms a basis for discussion of subsistence and surplus production.

The amount of food that can be produced per unit area of raised fields is best estimated by using local production figures. Yields from swidden fields in the region are generally high. T'simane (Chimane) agricultural yields are presented in Table 4 (Piland 1997). The mean annual production of manioc per hectare in the Department of the Beni from 1991 through 1997 was 8.82 metric tons per hectare (INE 1992). The figure of 18 metric tons of manioc per hectare from T'simane farmers confirms that agricultural yields in the Llanos de Moxos can be high.

Information on yields from experimental raised fields comes from agronomic studies at the Biological Station of the Beni (Arce Z. 1993; Perez C. 1997). In one year, the raised fields yielded roughly 25 metric tons of manioc per hectare. Notably, the crops on the experimental fields also survived a flood that wiped out crops in conventional slash and burn fields.

RAISED FIELD LABOR REQUIREMENTS—
REQUISITOS DE MANO DE OBRA PARA LOS CAMPOS ELEVADOS

Comparison of Estimates—Comparación de Cálculos

		Average Field Area (ha)— Area Promedio de Campos (ha)	Time (days)— Tiempo (días)	All Fields Area (ha)— Area de Todos los Campos (ha)	Time (days)— Tiempo (días)	
		0.33	20	1,000	15,000	
	Workdays/ha— Días de Trabajo/ha					References— Referencias
Erickson I	640	211	11	640,000	43	Erickson 1994
Erickson II	544	180	9	544,000	36	Erickson 1994
Erickson III	461	152	8	460,800	31	Erickson 1994
D/P	943	311	16	943,200	63	Denevan 1966, Puleston 1977
Erasmus I	1,513	499	25	1,512,800	101	Erasmus 1965
Erasmus Ia	1,056	348	17	1,056,000	70	Erasmus 1965
Erasmus II	770	254	13	879,600	51	Erasmus 1965
Atkinson	1,893	625	31	1,892,800	126	Atkinson 1961
G/S	776	256	13	776,000	52	Golson and Steensburg 1985
Estimate— Cálculo	1,000	330	17	1,000,000	67	
	Workdays/ha— Días de Trabajo/ha	Workdays— Días de Trabajo	People— Personas	Workdays— Días de Trabajo	People— Personas	

Tabla 3. Cálculo de mano de obra requerida para la construcción de campos elevados. Los cálculos se basan en una amplia literatura sobre arqueología experimental.
Table 3. Estimates of labor required for raised field construction. The estimates are based on a large literature of experimental archaeology.

co se realizaron tres cálculos usando bastones de cavar de madera y cestas. El primer experimento, llamado "Erasmus I", consistió de la excavación y transporte de suelo a través de distancias de 50 y 100 m. Se hizo una modificación del primer experimento ("Erasmus Ia"), aumentando el cálculo de tierra movida por persona-día bajo el supuesto de que la construcción de campos elevados requería que la tierra fuese movida a distancias menores que 50 m. Se produjo un tercer cálculo en un segundo experimento de Erasmus, la cifra de 2.6 m^3 por persona-día frecuentemente citada.

Esta cifra concuerda estrechamente con aquella generada por la construcción experimental de campos elevados por parte de Puleston, 2.7 m^3 de tierra por persona-día. Este experimento se basó en el uso de herramientas de metal. También se realizó bajo condiciones de suelo específicas, moviendo suelos de greda en Yucatán (Puleston 1977).

Otro conjunto de cifras fueron generadas del cálculo de Denevan de que un día de trabajo de una sola persona representa el movimiento de 1.06 m^3 de tierra (Denevan 1982). El cálculo de Denevan fue producido a partir del valor experimental de Puleston de 2.7 m^3 de tierra por persona-día multiplicado por la razón obtenida por Erasmus para las herramientas de metal versus las de madera.

Golson y Steensburg (1985) presentan otro cálculo de tasas de trabajo usando herramientas de madera para mover tierra. Este cálculo se convierte en 2.575 m^3 por persona-día.

Finalmente, otra cifra fue también generada a partir de la fórmula publicada por R. J. C. Atkinson, quien basó sus cálculos de movimiento de tierra para un banco con zanja en la cantidad de tierra movida y el corte transversal del banco y zanja. Interesantemente, el método de Atkinson (que usó herramientas de metal) produjo un cálculo cercano a aquel de la investigación realizada por Denevan, y a aquel del primer experimento de Erasmus. Para el análisis de este capítulo, se ha usado la cifra de 1.000 personas-día por hectárea, porque los dos cálculos para la construcción con herramientas de madera (de Denevan y Puleston, y de Erasmus Ia) están cercanamente de acuerdo con esta cifra.

La segunda variable es el área cubierta por los campos elevados. Los cálculos de área se presentan para los campos individuales, grupos de campos y para todos los campos en el área de estudio. Estos cálculos se basan en la medición de los cam-

CHIMANE AGRICULTURAL YIELDS
from Piland (1997)

Crop—Cultivo	Number of Varieties—Número de Variedades	Yield per Hectare—Rendimiento por Hectárea
Yuca—Yuca	>30	18.1 metric tons—toneladas métricas
Maize—Maíz	3	1.2 metric tons—toneladas métricas
Platano–Plátano	6	1,150 bunches—racimos
Rice—Arroz	7	2.7 metric tons—toneladas métricas

Table 4. Varieties and yields of crops in T'simane slash-and-burn agriculture, from Piland(1997). Yuca is both the most productive and the most diverse crop.
Tabla 4. Variedades y producción de los cultivos en la agricultura de roza y quema de los T'simane, a partir de Piland (1997). La yuca es el cultivo más productivo así como el más diverso.

Production figures can be used to estimate carrying capacity. One such estimate is that .202 ha (.5 acres) of farmland under manioc cultivation, producing 10.90 MT (12 tons) per year (accounting for losses), would sustain one person in the Llanos de Moxos (Denevan 1966:90 based on Carneiro 1960:231). Based on the estimate of 10 km^2 for all of the raised field platforms in the study area, roughly 5,000 people could have been supported by the fields, if they were all in production (Table 5). In a footnote, Denevan (1966:231) estimates carrying capacity based on 1/5 of the fields being used at any one point in time.

The analogy can be stretched further, using the data from Llanos de Moxos agricultural production to modify Carneiro's and Denevan's estimates of carrying capacity. If Arce's (1993) data for production are used, the estimate of area required to support a person is halved, to roughly 0.1 ha per person, which converts to an estimate of roughly 10,000 people for the study area. If Piland's (1997) data for production are used in place of Carneiro's data, the estimate of area required equals about 0.15 hectares, which converts to an estimate of roughly 7,500 people. The range of these estimates suggests that the number of people who were supported by the system was less than 10,000 people.

An estimate of population based on a single line of evidence is necessarily imprecise. To improve this estimate, settlement data will have to be included, which are discussed in Chapters 5 and 6. However, the prehispanic population in the entire study area was clearly much higher than the current population, which varies between 10 and 40 people.

Social Organization

As mentioned above, it is hypothesized that communal work parties were used to build individual raised fields. This hypothesis is based on three lines of evidence. The first is research on intensive agriculture around the world, which shows that farmers tend to organize communal labor in similar ways. The second line of evidence is the collection of early historical record from the Llanos de Moxos. Finally, the third line of evidence is the relationship between the estimates of labor requirements and carrying capacity for raised fields.

Communal Labor

In most agricultural systems, yields are used not only to feed farmers and their dependents, but also as payment for communal labor. The coordination of this labor is accomplished by means of "work parties" (Netting 1993; Stone 1996). In examples from different environments and cultural contexts, small communities of farmers have been shown to pool their labor to perform labor-intensive agricultural tasks such as harvesting crops and constructing buildings. Since these tasks need to be completed in a short amount of time, the amount of labor required is often beyond the capacity of an individual farming household. Therefore, communal work parties are often brought together from several households to complete the task. As payment, the work party is usually provided with food and drink (usually including alcohol) in exchange for their agricultural labor. Since this practice is part of intensive agriculture around the world, it is likely that prehispanic raised field farmers also used work parties.

The existence of such work parties in the Llanos de Moxos is suggested by early historical sources. A limited number of primary sources have been published from the Llanos de Moxos and the lower Iruyañez River in particular. These accounts describe aspects of agricultural practice in the missions and allude to agricultural practices that predate the establishment of the missions. For example, the historical record shows that indigenous peoples used surplus production in communal ritual. In particular, Eder (1985:116) briefly describes rituals in which agricultural products were used in order to placate the supernatural forces associated with the jaguar. Also, Eder describes communal feasts in which eating, drinking and dancing took place over many days, with people celebrating in groups defined by ethnic identity ("etnias") (Eder 1985:285). Eder's account establishes that farmers in the Llanos de Moxos used agricultural products in their religious and communal rituals.

ESTIMATES OF CARRYING CAPACITY—
CALCULOS DE CAPACIDAD DE CARGA
Iruyañez-Omi Study Area—Area de Estudio Iruyañez-Omi

		A Area/Person— Area/Persona	B Area/Person— Area/Persona	
Measured Fields—Campos Medidos		2,020	1,010	m^2
Total Area (ha)—Area total (ha)	568	2,814	5,627	people—personas
Number of Fields—Número de Campos	1,711			
Estimated Fields—Campos Calculados		2,020	1,010	m^2
Total Area (ha)—Area total (ha)	1,000	4,950	9,901	people—personas
Number of Fields—Número de Campos	3,030			
1/5 Capacity—1/5 de Capacidad		2,020	1,010	m^2
Total Area (ha)—Area total (ha)	200	990	1,980	people—personas
Number of Fields—Número de Campos	606			

Tabla 5. Cálculos de capacidad de carga y población.
Table 5. Estimates of carrying capacity and population.

pos elevados a partir de fotografía aéreas escaneadas, descrita previamente. Los cálculos para el tiempo de construcción son hechos para el campo más grande de los medidos en el área de estudio, el campo "promedio" hipotético en el área de estudio (Tabla 2 y Tabla 3 lado izquierdo), y para el número total calculado de campos en el área de estudio (Tabla 3 lado derecho). El campo "promedio" está basado en la estadística descriptiva de la muestra medida de campos elevados individuales en el área de estudio. El cálculo para el total de campos en el área de estudio se basa en la muestra de campos medidos, extrapolándola a toda el área de estudios en base a los campos elevados visibles en las fotografías aéreas. Se calcula un total de 10 km^2 de plataformas de campos elevados (o el 2.9% del área total de 340 km^2) para el área de estudio Iruyañez-Omi.

La tercera pregunta es la cantidad de tiempo que se requirió para la construcción. A la escala del campo individual, se asume para este análisis que la construcción se completó en un sólo episodio a fin de tomar ventaja de las condiciones óptimas del suelo. A pesar de que el clima es casi siempre apropiado para la construcción de campos elevados, las condiciones del suelo no siempre son tan confiables. Durante la estación seca, los suelos de la sabana son duros y difíciles de trabajar. En la estación lluviosa, esos mismos suelos arcillosos están saturados, se vuelven pesados, pegajosos e igualmente difíciles de trabajar. Extrapolando los datos acerca de la precipitación (Hanagarth 1993:66), los periodos en que las condiciones del suelo son óptimas para la construcción de campos elevados son cortos, en el orden de 5 a 20 días. Se asume que los campos individuales fueron construidos en episodios únicos de entre 5 y 20 días. Un cálculo conservador de la cantidad total de tiempo en un año determinado con condiciones adecuadas para la construcción es de 60 días por año, en varios episodios de ese tipo. Adicionalmente a los datos sobre precipitación en los Llanos de Moxos (Hanagarth 1993), estos cálculos se basan en la experiencia de construir campos elevados en los Llanos de Moxos (Erickson et al. 1994), y en la observación de las condiciones del suelo en el área de estudio Iruyañez-Omi.

Tal vez es razonable asumir que un sólo campo elevado se construyó en un episodio, pero el periodo de tiempo que se requirió para construir todos los campos en el área de estudio es mucho más difícil de calcular. En el un extremo, es posible calcular el periodo de tiempo que el área estuvo ocupada en base a los datos relativos a los asentamientos. Los datos radiocarbónicos sugieren que los campos elevados fueron construídos en dos momentos en el tiempo, los cuales están separados por 900 años (Capítulo 5). Si este fuera el caso, entonces 900 años es un buen cálculo para el tiempo máximo que se requirió para construir todos los campos elevados en el área de estudio. Esta cifra de 900 años de tiempo cronológico equivale a 54.000 días de trabajo, asumiendo un total de 60 días de trabajo por año. Es posible que haya requerido de menos tiempo, pero con los datos disponibles hasta el momento, no podemos demostrar que se haya requerido de más.

A pesar de que el rango de cálculos para la tasa de trabajo es grande (Tabla 3) estos apoyan la hipótesis de que un número pequeño de gente puede haber construido los campos elevados en el área de estudio Iruyañez-Omi. Por ejemplo, el más grande de los campos elevados (cerca de 1.8 ha) pudo haber sido construido por un grupo de 100 personas en un sólo episodio de 20 días. Esto demuestra que un grupo pequeño podría haber completado la tarea individual mayor en el paisaje en una sóla temporada de construcción. Un campo elevado promedio en el área de estudio puede haber sido construido por un grupo de 17 personas en un sólo episodio de 20 días. Dado el lapso de 900 años y una temporada de construcción de 60 días por año, un grupo de 67 personas podría haber construido todos los campos elevados en el área de estudio Iruyañez-Omi. Aún si se duplicara el cálculo más alto de costos de mano de obra, no se ne-

Another historical source, more directly related to the lower Iruyañez River, is Eguiluz' (Eguiluz and Torres S. 1884) account of the first five mission outposts established in the Llanos de Moxos. Written in 1696, it includes a description of the missionary activity of Zapata, who traveled along the Mamoré and Iruyañez rivers. Eguiluz' account demonstrates that among the inhabitants of that specific region, surplus production was used to support elaborate communal ceremonies. For example, Eguiluz recounts the travels of Zapata in 1695:

> ...and entering a large, well-formed town, with a plaza and streets, he discovered all of the people together at the door of a temple dedicated to the Devil, to whom they were offering sacrifices, placing all of their gods in the doorway of the temple, curiously dressed with feathers, with colorful garments, entirely worked....Ahead of these were many quarters of meat from deer, brocket deer, rabbit and rhea, placed in their platters, with a bonfire in the middle, which burns continually, day and night, and all of the people were gathered around the sacrifice ((Eguiluz and Torres S. 1884:35–36, translation by the author).

The account clearly shows an example of resources being spent on activities that are not directly related to subsistence. Therefore, agricultural surplus was necessary to sustain this activity.

Further evidence can be found in one of Zapata's published letters, which briefly recounts an earlier trip to visit the Cayuvava in 1693. Zapata was stationed at the Mission of San Javier in the 1690s, and the area described in his letter corresponds to the west bank of the Mamoré River, including the lower Iruyañez River. In the letter, he makes a revealing comment concerning the relationship between communal feasting and agricultural labor:

> Having kept these Indians *from their drunken parties, which were payments to those who helped them clear their fields and build their houses,* I have changed them by giving them food to eat. And thus, the Indian comes to tell the priest that *his relatives have helped him clear his field or build his house*, and the priest gives him half of a young bull or more so that he may celebrate with his relatives, and feed them, and not have a drunken party. I have observed this kind of party.... Outside of the ordinary sin, they have committed other sins in order to take their revenge at these drunken parties, and there are many deaths among them. *This hasn't happened in a long time, and they have learned that it is better to eat at another's expense, than to drink at one's own.* This is lucky for us, to avoid so many sins at once (Zapata 1906:27–28, emphasis added, translation by the author).

These observations constitute evidence that the native Mojeños (in particular the inhabitants of the Mamoré district that included the lower Iruyañez River) used communal labor for projects such as clearing fields and building houses. In the missions, banning parties changed this practice.

To summarize, Eder and Eguiluz' accounts suggest that public religious rituals were a part of native Mojeño life before the missions, while Zapata's letter suggests that some rituals helped coordinate agricultural labor. Combined, this historical information suggests a pattern similar to that described by Netting for intensive agriculture more generally.

Labor Organization

The relationship between labor requirements and the carrying capacity of raised fields suggests that raised fields might be organized at an intermediate scale. For example, at the smallest scale, the carrying capacity of one field (3 people) is smaller than the labor requirement for the construction of that field (20 people). In contrast, at the largest scale, the carrying capacity of all of the fields (thousands of people) is much greater than the labor requirement for the construction of any one field (20 people). This suggests that there is a point at which the carrying capacity of a group of fields is roughly the same as the labor requirement to build one of the raised fields in the group. Based on the general ethnographic evidence, the specific historical evidence and the experimental data it is suggested that the raised field agricultural system might have been organized into groups of between 20 and 100 people. Observed groups of raised fields within the Iruyañez-Omi study area were used to test this hypothesis.

The archaeological record of raised field platforms on the landscape were used to "test" for the existence of these social units. Groups of raised fields, defined according to specific spatial criteria, will be argued to correspond to groups of people that performed communal agricultural labor, based on the results of experimental archaeology and agricultural experiments. The carrying capacity of the groups of fields will be estimated, as will the labor requirements for building their component raised fields. Support for the hypothesis will be seen if the groups of raised fields defined by spatial criteria are of a size within the ability of the corresponding group of people to construct in a single construction season. Similarly, the raised fields should be large enough to support that hypothetical group of people. The evidence will be considered for individual fields, and for groups of fields, and then the hypothesis will be evaluated.

Individual Raised Fields

The smallest unit in the agricultural system is the individual raised field. The identification of these units is strong, because the individual raised field platforms have clear boundaries. As will be shown, it is reasonable to believe that farmers thought of individual raised fields as discrete units of agricultural land.

For example, the placement of raised fields and the canals between them suggests that raised fields were built individually. This is illustrated by two points. First, the examination of profiles across several roughly parallel raised fields shows that the distance between platforms is quite variable. This suggests that the raised fields were not placed on the landscape in order to maximize the area of land under cultivation. Second, the existence of many empty spaces within groups of fields, as well as the existence of irregularly shaped spaces suggests that the fields are not placed on the landscape in a uniform manner. Overall, their placement suggests that they were built individually.

cesitaría más de 252 personas para construir todos los campos elevados del área de estudio Iruyañez-Omi en 900 años (Tabla 4). La mano de obra que se invirtió en la construcción de los campos elevados es un aspecto del sistema agrícola que puede ser cuantificado en base a la medición de los campos y los cálculos de mano de obra requerida. Estos cálculos sugieren que los campos elevados en el área de estudio Iruyañez-Omi fueron relativamente fáciles de construir.

Producción Agrícola

La medición de los campos elevados puede combinarse con las tasas de mano de obra para calcular el número de gente que estuvo involucrada en el proceso de construcción. Las mismas mediciones de los campos elevados pueden combinarse con los cálculos de rendimiento por unidades de área de las plataformas de los campos elevados. Esto forma la base para la discusión acerca de la producción de subsistencia y la producción de excedente.

La cantidad de alimento que puede producirse por unidad de área de campos elevados se calcula de mejor manera utilizando cifras de producción local. El rendimiento de los campos de roza y quema de la región es generalmente alto. El rendimiento agrícola de T'simane (Chimane) se presenta en la Tabla 4 (Piland 1997). La producción media anual de yuca por hectárea en el Departamento del Beni desde 1991 hasta 1997 fue de 8.82 toneladas métricas por hectárea (INE 1992). La cifra de 18 toneladas métricas de yuca por hectárea de los agricultores de T'simane confirma que el rendimiento agrícola en los Llanos de Moxos puede ser alto.

La información acerca del rendimiento de los campos elevados experimentales proviene de los estudios agronómicos realizados en la Estación Biológica del Beni (Arce Z. 1993; Pérez C. 1997). En un año, los campos elevados rindieron 25 toneladas métricas de yuca por hectárea. Es de notar que los cultivos de los campos experimentales también sobrevivieron una inundación que arrasó los cultivos de los campos de roza y quema convencionales.

Las cifras de producción pueden usarse para estimar capacidad de carga. Uno de tales cálculos es que 0.202 ha (0.5 acres) de tierras de labranza dedicadas al cultivo de yuca, que producen 10.90 TM (12 toneladas) por año (contando las pérdidas), podrían mantener a una persona en los Llanos de Moxos (Denevan 1966:90 basándose en Carneiro 1960:231). En base al cálculo de 10 km^2 para todas las plataformas de campos elevados en el área de estudio, aproximadamente 5.000 personas podrían haber sido mantenidas por estos campos, si todos hubieran estado en producción (Tabla 5). En una nota al pie de página, Denevan (1966:231) calcula la capacidad de carga en base a que 1/5 de los campos estuvieran siendo usados en un momento dado.

La analogía puede estirarse aún más, usando los datos de la producción agrícola de los Llanos de Moxos para modificar los cálculos de la capacidad de carga de Carneiro y Denevan. Si se usa los datos de producción de Arce (1993), el cálculo del área requerida para mantener a una persona se reduce a la mitad, a aproximadamente 0.1 ha por persona, que se convierte en un cálculo de 10000 personas para el área de estudio. Si se usan los datos de producción de Piland (1997) en lugar de los datos de Carneiro, el cálculo del área requerida es de alrededor de 0.15 hectáreas, lo que da un cálculo aproximado de 7.500 personas. El rango de estos cálculos sugiere que el número de gente que eran mantenidas por este sistema era de menos de 10000.

El cálculo de la población en base a una sóla línea de evidencia va a ser necesariamente inexacto. Para mejorar este cálculo, se necesita incluir los datos acerca de los asentamientos, los cuales se discuten en los capítulos 5 y 6. Sin embargo, la población prehispánica en toda el área de estudio era claramente mucho mayor que la población actual, la cual varía entre 10 y 40 personas.

Organización Social

Como se ha mencionado más arriba, se ha formulado la hipótesis de que se usaron grupos de trabajo comunal para la construcción de campos elevados individuales. Esta hipótesis se base en tres líneas de evidencia. La primera es la investigación acerca de la agricultura intensiva alrededor del mundo, que muestra que los agricultores tienden a organizar el trabajo comunal de maneras similares. La segunda línea de evidencia es la colección de registros históricos tempranos de los Llanos de Moxos. Finalmente, la tercera línea de evidencia es la relación entre los cálculos de requisitos de mano de obra y la capacidad de carga para los campos elevados.

Trabajo Comunal

En la mayoría de los sistemas agrícolas, el rendimiento se usa no sólo para alimentar a los agricultores y sus dependientes, sino también como pago para el trabajo comunal. La coordinación de este trabajo se lleva a cabo por medio de grupos de trabajo (Netting 1993; Stone 1996). En los ejemplos de diferentes medio ambientes y contextos culturales, se ha observado que las pequeñas comunidades de agricultores aúnan su trabajo para llevar a cabo tareas agrícolas que requieren trabajo intensivo, tales como la cosecha de los cultivos y la construcción de edificios. En vista de que estas tareas necesitan terminarse en un corto periodo de tiempo, la cantidad de mano de obra requerida está frecuentemente fuera de la capacidad de un hogar individual de agricultores. Por lo tanto, frecuentemente se organizan grupos de trabajo comunales para reunir a varios hogares para completar la tarea. Como pago, generalmente se provee al grupo de trabajo de comida y bebida (incluyendo usualmente alcohol) a cambio de su mano de obra agrícola. Como esta práctica es parte de la agricultura intensiva en todo el mundo, es probable que los agricultores prehispánicos de los campos elevados hayan también usado grupos de trabajo.

Further evidence for the individual construction of raised fields is seen in the lack of earthworks that connect raised fields. This lack of any larger agricultural infrastructure is a distinctive aspect of the "large raised field" landscape. For example, there are no earthworks in the study area that connect raised fields together into larger groups. There are no canals or causeways, which would have required higher inputs of labor than raised fields, and affected more than one raised field. Though fields are usually located within thirty or forty meters of one another, they do not depend on one another for water or for drainage. For example, there is no evidence for any mechanism by which farmers living upstream could control the water supply of farmers downstream. There are no structures that impound water, and no structures that improve drainage for more than one field. Though it would have been easy to restrict drainage by building connecting earthworks between fields, thereby closing off canals, no evidence of such constructions exists. No raised field in the study area depends on any other field or any other construction for drainage or for irrigation. The system required little or no water management, and communal decision making was not necessary for the everyday functioning of the system.

The agricultural landscape was designed to drain water, and not to impound it. This is not the case with many areas of raised fields in the Llanos de Moxos, where water control features have been described (Denevan 1966; Erickson et al. 1991; Erickson et al. 1993; Erickson et al. 1994). In the Iruyañez-Omi study area, there are no structures that restrict or control drainage. Although water remains in the canals near the platforms, this water enters through the uncontrolled processes of rainfall or flooding, and the exit of this water from the canal is similarly uncontrolled.

In short, spatial analysis of individual raised fields suggests that they were meaningful basic units of agricultural land. First, three patterns in the measurement data describe their fairly regular dimensions and orientations. Second, their arrangement suggests that each raised field was placed on the landscape individually, as evidenced by the great variation in the distances between raised fields and the shape of the "negative space" between raised fields. Finally, the lack of agricultural infrastructure such as canals or causeways in association with the raised fields suggests that communal decision making processes were not necessary in their construction and use.

Raised Field Groups

It is hypothesized that raised fields were organized into groups. The evidence for these groups of raised fields is the orientation and size of neighboring individual raised fields. It is further hypothesized that these groups of raised fields supported groups of people who made decisions concerning the coordination of labor using communal work parties for the construction of individual fields. If this were the case, it follows that groups of raised fields correspond to social groups, with the size of these social groups being approximated by estimating the amount of labor required to build individual member fields, and by estimating the carrying capacity of the group of raised fields.

There are many criteria which might be used to group individual raised fields. As Denevan noted, large raised fields are often found in groups with parallel alignments (Denevan 1966:85–86). This trait can be measured and groups can be defined according to two criteria. First, all raised fields in a group must share approximately the same orientation (i.e. within a range of 25°). Second, the raised fields in a group must be contiguous, within 30 to 40 m of one another. Note that raised fields arranged end-to-end were not considered contiguous. Following these two criteria, a sample of 30 groups of raised fields was taken, and the measurements of their individual member raised fields were compiled. The total number of groups of raised fields in the study area is not known, although almost all raised fields could be grouped with at least one other field.

Though it was possible to define these 30 groups of raised fields with relative ease using the criteria of similar orientation and contiguity, the arbitrary nature of this process needs to be emphasized. In contrast to the definition and identification of individual fields, which are clearly defined on the ground and in aerial photographs, the definition of groups of raised fields is less precise.

In particular, raised fields could be grouped using many methods, and even within a single method, there will always be ambiguous cases. Furthermore, this ambiguity is compounded by the lack of direct chronological data concerning the date of individual fields. In other words, it is not known whether the members of a spatially related group of fields were constructed or used at the same time. For example, the placement of several groups of raised fields suggests that they may be superimposed on other groups. In the future, if raised fields are shown to be superimposed, this would force the reconsideration of the history of the raised field landscape.

The most significant source of ambiguity is the possibility that more raised fields are present in the study area than are described here. Since no two aerial photographs show the same raised field with the same clarity, the possibility arises that more raised field platforms may exist.

For each group of raised fields, the measurements for length, width, area and orientation of member fields were compiled. The descriptive statistics for these groups of raised fields are presented in Table 6. Aerial photographs of three examples of these groups are presented in Figures 16 through 18, and the measurement data for the groups of fields is presented in Tables 7 through 9. Individual raised fields vary widely in terms of area, and the 30 groups of raised fields also vary widely in area. The groups average about 5 ha in total raised field platform area, with a range from .6 ha to 17.4 ha. The number of raised fields in a group ranges from 3 to 32.

Groups of raised fields can be ranked according to the largest member field in each group. The groups whose largest

La existencia de tales grupos de trabajo en los Llanos de Moxos es sugerida por fuentes históricas tempranas. Se ha publicado un limitado número de fuentes primarias sobre los Llanos de Moxos y el bajo Río Iruyañez en particular. Estos relatos describen aspectos de la práctica agrícola en las misiones y aluden a las prácticas agrícolas que anteceden al establecimiento de las misiones. Por ejemplo, el registro histórico muestra que los indígenas usaban la producción de excedente en rituales comunales. Eder (1985:116), en particular, describe brevemente rituales en los cuales se usaban productos agrícolas a fin de aplacar las fuerzas sobrenaturales asociadas con el jaguar. También describe fiestas comunales en las cuales se comía, bebía y bailaba por muchos días, con la gente celebrando en grupos definidos por etnias (Eder 1985:285). El relato de Eder establece que los agricultores de los Llanos de Moxos usaban los productos agrícolas en sus rituales religiosos y comunales.

Otra fuente histórica, relacionada más directamente con el bajo río Iruyañez, es la del relato de Eguiluz (Eguiluz y Torres S. 1884) acerca de las primeras cinco bases misioneras establecidas en los Llanos de Moxos. El relato, escrito en 1696, incluye la descripción de la actividad misionera de Zapata, quien viajó a lo largo de los ríos Mamoré e Iruyañez. La narración de Eguiluz demuestra que entre los habitantes de esa región específica el excedente de la producción se usaba para patrocinar ceremonias comunales elaboradas. Por ejemplo, Eguiluz cuenta sobre los viajes de Zapata en 1695:

> ...y habiendo entrado en un pueblo muy grande, puesto en forma, con plaza y calles, halló á toda la gente de él junto á la puerta de un templo dedicado al demonio, á quien actualmente estaban ofreciendo sacrificios, puestos sus dioses todos en la puerta del templo, vestidos muy curiosamente de plumas, con unas mantas vistosas, todas labradas....y delante de ellos muchos cuartos de carne de ciervos, venados, conejos y avestruces puestos en sus palanganas, con una hoguera de fuego el medio, que continuamente arden de dia y de noche, y todo el pueblo alrededor del sacrificio. (Eguiluz y Torres S. 1884:35–36)

Esta narración muestra claramente un ejemplo de cómo los recursos se gastaban en actividades que no estaban directamente relacionadas con la subsistencia. Por lo tanto el excedente agrícola era necesario para sostener esta actividad.

Se puede encontrar evidencia adicional en una de las cartas de Zapata publicadas, la cual narra brevemente un viaje más temprano para visitar a los Cayuvavas en 1693. Zapata estaba estacionado en la Misión de San Javier en la década de 1690, y el área descrita en su carta corresponde a la ribera occidental del río Mamoré, incluyendo el bajo río Iruyañez. En la carta, él hace un comentario revelador acerca de la relación entre las fiestas comunales y el trabajo agrícola:

> Habiendo quitado *las borracheras de estos indios, que la hacián por paga de los que les ayudaban á carpir sus chacras y hacer sus casas*, se han conmutado en darles de comer; y así viene el indio á avisar al Padre que *le han carpido su chacra ó hecho su casa sus parientes*, y se les da medio novillo ó más para que festeje á los suyos y les dé de comer y no haíga borrachera. Y esto lo tengo yo notablemente observado.... pues, fuera de pecado común, hacían otros de vengarse los sentimientos en las borracheras, y había muchas muertes entre ellos; *pero esto hace mucho tiempo que no se usa, y ellos han conocido que es mejor comer á costa agena que no dar de beber á la suya*, y á nosotros nos está más á cuento de esa suerte y evitar tanto pecado junto. (Zapata 1906:27–28, énfasis añadido)

Estas observaciones constituyen evidencia de que los mojeños nativos (en particular los habitantes del distrito Mamoré que incluía el bajo río Iruyañez) usaban el trabajo comunal para proyectos tales como la limpieza de los campos y la construcción de viviendas. En las misiones, la prohibición de celebrar fiestas cambió esta práctica.

Para resumir, las narraciones de Eder y Eguiluz sugieren que los rituales religiosos públicos era parte de la vida mojeña nativa antes de las misiones, mientras que la carta de Zapata sugiere que algunos rituales ayudaban a coordinar los trabajos agrícolas. Esta información histórica, en conjunto, sugiere un patrón similar al descrito por Netting para la agricultura intensiva de una manera más general.

Organización de la Mano de Obra

La relación entre los requisitos de mano de obra y capacidad de carga de los campos elevados sugiere que estos campos pueden haber sido organizados a una escala intermedia. Por ejemplo, a la escala más pequeña, la capacidad de carga de un campo (3 personas) es menor que el requisito de mano de obra para la construcción de ese campo (20 personas). En contraste, a la escala más grande, la capacidad de carga de todos los campos (miles de personas) es mucho mayor que la mano de obra requerida para la construcción de cualquier campo (20 personas). Esto sugiere que hay un punto en el cual la capacidad de carga de un grupo de campos es aproximadamente igual al requisito de mano de obra para construir uno de los campos elevados en el grupo. En base a la evidencia etnográfica general, la evidencia histórica específica y los datos experimentales, se sugiere que el sistema agrícola de campos elevados puede haber sido organizado entre grupos de 20 a 100 personas. Para probar esta hipótesis se usaron grupos observados de campos elevados en el área de estudio Iruyañez-Omi .

El registro arqueológico de las plataformas de los campos elevados en el paisaje se usó para comprobar la existencia de estas unidades sociales. Se argumenta que los grupos de campos elevados, definidos de acuerdo a criterios espaciales específicos, corresponden a grupos de gente que llevaban a cabo labores agrícolas comunales, en base a los resultados de la arqueología experimental y a experimentos agrícolas. Se calculará la capacidad de carga de los grupos de campos así como también se calculará la mano de obra requerida para la construcción de los campos elevados componentes. Se verá la sustentación de la hipótesis si los grupos de campos elevados definidos por criterios espaciales son de un tamaño que esté dentro de la habilidad del grupo de gente correspondiente para construirlos en una sóla temporada de construcción. De manera similar, los campos elevados deberían ser lo suficientemente grandes para mantener a ese grupo hipotético de gente. Se

RAISED FIELD GROUPS—GRUPOS DE CAMPOS ELEVADOS
Group Statistics-Estadísticas de los Grupos

Total—Total	1,491,88		995					350	
Mean—Media	7	6,515	33	28	22			12	18
Stand.Dev.—Desv.Estánd.	49,730		32	13	12			8	11
	47,877								

ID—Identificación	m^2	m^2	People—Personas	Days—Días	People—Personas		m^2	Fields—Campos	Days—Días
A	**B**	**C**	**D**	**E**	**F**	**G**	**H**	**I**	**J**
1	174,314	13,292	116	11	44	2.6228	5,447	32	5
2	25,260	3,979	17	24	13	1.2697	3,609	7	21
3	13,356	3,498	9	39	12	0.7636	2,226	6	25
4	12,407	3,008	8	36	10	0.8249	2,481	5	30
5	61,820	9,634	41	23	32	1.2834	5,620	11	14
6	**148,400**	**16,381**	**99**	**17**	**55**	**1.8119**	**8,729**	**17**	**9**
7	125,748	11,699	84	14	39	2.1498	4,491	28	5
8	13,709	3,150	9	34	11	0.8704	2,742	5	30
9	16,403	3,775	11	35	13	0.8690	2,050	8	19
10	**12,591**	**2,339**	**8**	**28**	**8**	**1.0766**	**2,098**	**6**	**25**
11	6,391	2,626	4	62	9	0.4868	2,130	3	50
12	10,779	2,547	7	35	8	0.8464	1,540	7	21
13	12,780	3,891	9	46	13	0.6570	3,195	4	37
14	25,262	3,162	17	19	11	1.5981	1,684	15	9
15	39,118	5,441	26	21	18	1.4379	4,346	9	17
16	61,127	6,828	41	17	23	1.7905	3,596	17	8
17	24,891	6,840	17	41	23	0.7278	3,111	8	15
18	21,745	7,975	14	55	27	0.5453	5,436	4	38
19	18,407	3,590	12	29	12	1.0254	3,068	6	6
20	53,800	6,307	36	18	21	1.7061	3,165	17	8
21	**55,038**	**6,399**	**37**	**17**	**21**	**1.7201**	**3,058**	**18**	**8**
22	26,313	4,612	18	26	15	1.1410	3,289	8	19
23	102,040	9,208	68	14	31	2.2164	4,437	23	7
24	47,013	8,601	31	27	29	1.0932	5,877	8	15
25	77,401	11,757	52	23	39	1.3167	7,036	11	14
26	70,833	6,831	47	14	23	2.0738	3,373	21	7
27	16,657	4,144	11	37	14	0.8038	2,776	6	25
28	23,084	5,321	15	35	18	0.8677	3,847	6	25
29	29,511	5,593	20	28	19	1.0552	3,689	8	19
30	165,689	13,013	110	12	43	2.5466	6,373	26	6

A - group identification number
B - total area of all the fields in the group
C - area of the largest field in the group
D - carrying capacity, based on Carneiro (1960), Denevan (1966), Arce (1993)
E - number of days to build largest field, based on column D
F - number of people to build largest field in 30 days
G - column D divided by column F
H - mean area of the fields in the group
I - number of fields in the group
J - number of people to build largest field in 30 days

Table 6. Raised field groups, sorted by carrying capacity and labor requirements. The three examples are highlighted.
Table 6. Grupos de campos elevados, clasificados según capacidad de carga y requisitos de mano de obra. Los tres ejemplos están resaltados.

RAISED FIELD GROUP 6—GRUPO 6 DE CAMPOS ELEVADOS
Individual Field Statistics—Estadísticas de los Campos Individuales

Total—Total	148,400					
Count—Conteo	17					
Maximum—Máximo	16,381	861	34			
Average—Promedio	8,729.39	437.49	25.04			
Minimum—Mínimo	1,640	119	17			
ID—Identificación	Area—Area	Length—Longitud	Width—Ancho	Orientation—Orientación		
	m^2	m	m	Degrees—Grados	Minutes—Minutos	Seconds—Segundos
27	1,640	119	17	343	23	60
26	2,770	166	21	335	28	12
25	2,807	196	18	335	43	48
24	3,430	203	22	352	51	36
12	3,545	135	34	339	29	24
23	4,400	222	25	350	48	36
22	4,614	182	32	348	19	12
28	6,038	323	24	353	22	48
14	9,073	520	22	347	53	24
21	9,970	493	26	338	52	48
15	11,140	591	24	345	44	24
18	13,076	639	26	340	58	48
17	13,971	719	25	343	30	36
16	14,888	758	25	343	26	60
13	15,187	861	22	346	48	36
20	15,469	610	32	340	25	12
19	16,381	701	30	339	34	12

Tabla 7. Resumen de las estadísticas correspondientes al grupo 6 de campos elevados.
Las medidas de los campos individuales se incluyen debajo.
Table 7. Summary statistics for raised field group 6. Measurements for individual fields are included below.

considerará la evidencia para los campos individuales, y para grupos de campos, y así se evaluará la hipótesis.

Campos Elevados Individuales

La unidad más pequeña en el sistema agrícola es el campo elevado individual. La identificación de estas unidades es sólida porque las plataformas de los campos elevados individuales tienen claros límites. Como se va a demostrar, es razonable creer que los agricultores consideraban a los campos elevados individuales como unidades discretas de terreno agrícola.

Por ejemplo, la ubicación de los campos elevados y los canales entre ellos sugiere que los campos elevados fueron construídos individualmente. Esto se ilustra con dos puntos. El primero, el examen de los perfiles a lo largo de varios campos elevados casi paralelos muestra que la distancia entre plataformas es bastante variable. Esto sugiere que los campos elevados no fueron colocados en el paisaje a fin de maximizar el área de terreno bajo cultivo. Segundo, la existencia de muchos espacios vacíos entre grupos de campos, así como la existencia de espacios con formas irregulares, sugiere que los campos no fueron colocados en el paisaje de una manera uniforme. Por sobre todo, su ubicación sugiere que fueron construídos individualmente.

Se observa evidencia adicional para la construcción de campos elevados individuales en la falta de trabajos en tierra que conecten los campos elevados. Esta falta de una infraestructura agrícola más grande es un aspecto distintivo del paisaje de "campos elevados grandes". Por ejemplo, no hay trabajos en tierra en el área de estudio que conecten los campos elevados en grupos mayores. No hay canales o caminos en terraplén, los que hubieran requerido mayores aportaciones de mano de obra que los campos elevados, y hubieran afectado a

RAISED FIELD GROUP 10—GRUPO 10 DE CAMPOS ELEVADOS Individual Field Statistics—Estadísticas de los Campos Individuales						
Total—Total	12,591					
Count—Conteo	6					
Maximum—Máximo	2,339	192	21			
Average—Promedio	2,098.49	152.95	17.72			
Minimum—Mínimo	1,804	126	14			
ID— Identificación	Area— Area	Length— Longitud	Width— Ancho	Orientation— Orientación		
	m^2	m	m	Degrees— Grados	Minutes— Minutos	Seconds— Segundos
2	1,804	134	17	78	11	24
3	1,917	126	19	80	2	60
6	2,084	192	14	84	52	48
5	2,189	164	17	85	21	36
1	2,258	140	21	86	16	48
4	2,339	162	18	81	59	24

Table 8. Summary statistics for raised field group 10. Measurements for individual fields are included below.
Tabla 8. Resumen de las estadísticas para el grupo 10 de campos elevados.
Las medidas de los campos individuales se incluyen debajo.

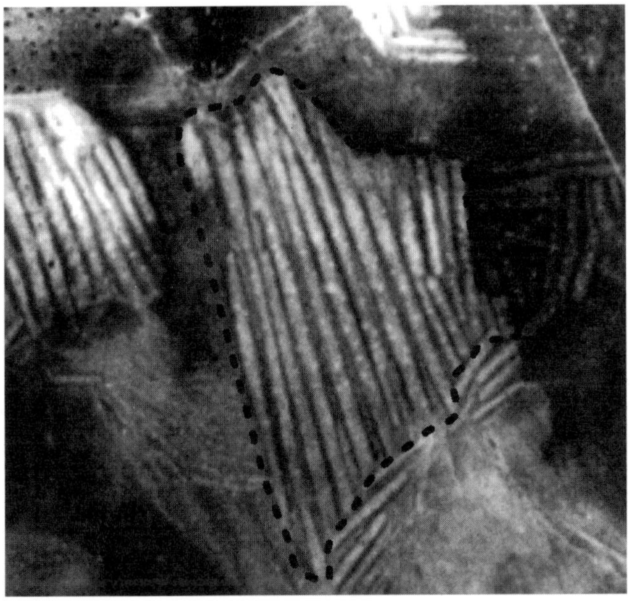

Figure 16. Raised field group 6, south levee, Iruyañez river, San Juan ranch. The dotted line encircles the individual fields in the group.
Figura 16.Grupo 6 de campos elevados, dique sur, río Iruyañez, Estancia San Juan. La línea de puntos rodea los campos individuales en el grupo.

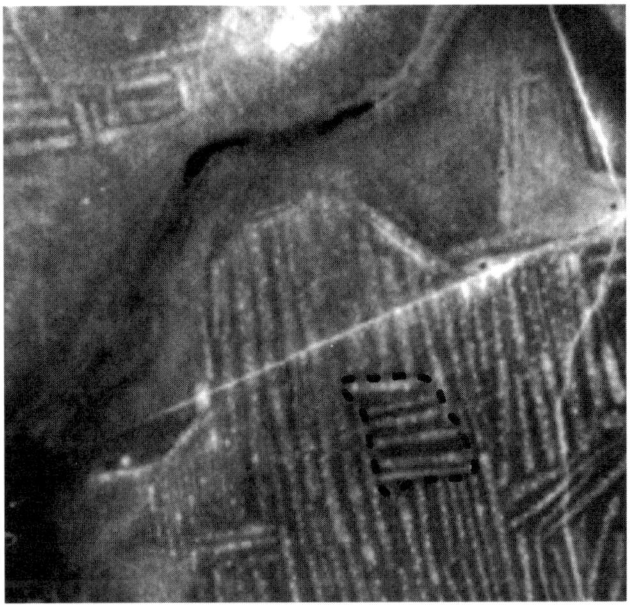

Figure 17. Raised field group 10, San Juan creek, San Juan ranch. The dotted line encircles the individual fields in the group.
Figura 17. Grupo 10 de campos elevados, arroyo San Juan, Estancia San Juan. La línea de puntos rodea los campos individuales en el grupo.

más de un campo elevado. A pesar de que los campos están usualmente ubicados dentro de treinta o cuarenta metros uno de otro, no dependen entre ellos para irrigación o drenaje. Por ejemplo, no hay evidencia de ningún mecanismo por el cual los agricultores que vivían aguas arriba podían controlar la provisión de agua de los agricultores aguas abajo. No hay estructuras que incautaran agua, ni estructuras que mejoraran el drenaje para más de un campo. Aunque hubiera sido fácil restringir el drenaje por medio de la construcción de trabajos en tierra que conectaran los campos, y por lo tanto cerrando los canales, no hay evidencia de que tales construcciones hayan existido. Ninguno de los campos elevados en el área de estudio depende de ningún otro campo o construcción para su drenaje o irrigación. El sistema requería poco o nada de manejo de agua, y no se habría necesitado de una toma de decisiones comunal para el diario funcionamiento del sistema.

El paisaje agrícola fue diseñado para drenar agua, mas no para incautarla. Este no es el caso en muchas de las áreas de campos elevados en los Llanos de Moxos, donde se han descrito rasgos para el control del agua (Denevan 1966; Erickson et al. 1991; Erickson et al. 1993; Erickson et al. 1994). En el área de estudio Iruyañez-Omi no hay estructuras para restringir o controlar el drenaje. A pesar de que el agua permanece en los canales cerca de las plataformas, esta agua entra a través de procesos no controlados de lluvia o inundación, y sale del canal de una forma similarmente no controlada.

En resumen, el análisis espacial de los campos elevados individuales sugiere que estos fueron unidades básicas significativas de terreno agrícola. Primero, hay tres patrones en los datos de medidas que describen sus dimensiones y orientaciones como bastante regulares. Segundo, su ordenamiento sugiere que cada campo elevado fue colocado en el paisaje de manera individual, como se evidencia por la gran variación de distancias entre los campos elevados y la forma de los "espacios negativos" entre campos elevados. Finalmente, la falta de infraestructura agrícola como canales o caminos en terraplén en asociación con los campos elevados sugiere que para su construcción no fueron necesarios procesos de toma de decisión comunales.

Grupos de Campos Elevados

Se formula la hipótesis de que los campos elevados fueron organizados en grupos. La evidencia para estos grupos de campos elevados es la orientación y tamaño de campos elevados individuales vecinos. También se formula la hipótesis de que estos grupos de campos elevados mantenían a grupos de gente, los mismos que tomaban decisiones concernientes a la coordinación de la mano de obra usando grupos de trabajo comunal para la construcción de campos individuales. Si este fuera el caso, entonces los grupos de campos elevados corresponden a grupos sociales, con el tamaño de estos grupos sociales siendo aproximado al calcular la cantidad de mano de obra requerida para construir campos de miembros individuales, y calculando la capacidad de carga del grupo de campos elevados.

Hay muchos criterios que pueden ser usados para agrupar los campos elevados individuales. Como Denevan anotó, los campos elevados grandes se encuentran frecuentemente en grupos con alineaciones paralelas (Denevan 1966:85–86). Este rasgo puede ser medido y se pueden definir grupos de acuerdo con dos criterios. Primero, todos los campos elevados de un grupo deben compartir aproximadamente la misma orientación (i.e. dentro de un rango de 25°). Segundo, los campos elevados de un grupo deben estar contiguos, entre 30 a 40 m uno de otro. Nótese que los campos elevados arreglados de extremo a extremo no fueron considerados como que estuvieran contiguos. Siguiendo estos dos criterios, se tomó una muestra de 30 grupos de campos elevados, y se compilaron las medidas de sus campos miembros individuales. El número total de grupos de campos elevados en el área de estudio no se conoce, aunque casi todos los campos elevados pueden ser agrupados con otro campo por lo menos.

Aunque fue posible definir estos 30 grupos de campos elevados con relativa facilidad usando los criterios de orientación similar y contigüidad, es necesario enfatizar la naturaleza arbitraria de este proceso. En contraste con la definición e identificación de campos individuales, los cuales están claramente definidos en el terreno y en fotografías aéreas, la definición de los grupos de campos elevados es menos precisa.

En particular, los campos elevados podrían ser agrupados usando muchos métodos, y aún dentro de un sólo método, siempre habrán casos ambiguos. Además, esta ambigüedad se agrava por la falta de datos cronológicos directos concernientes a las fechas de los campos individuales. En otras palabras, no se conoce si los miembros de un grupo de campos espacialmente relacionados fueron construídos o usados al mismo tiempo. Por ejemplo, la colocación de varios grupos de campos elevados sugiere que pueden haber sido superimpuestos sobre otros grupos. En el futuro, si los campos elevados demuestran estar superimpuestos, esto podría forzar a una revaluación de la historia del paisaje de campos elevados.

La fuente de ambigüedad más significativa es la posibilidad de que más campos elevados estén presentes en el área de estudio que los que se describen aquí. En vista de que no hay dos fotografías aéreas que muestren el mismo campo elevado con la misma claridad, surge la posibilidad de que puedan existir m as plataformas de campos elevados.

Se compilaron las medidas de longitud, ancho, área y orientación de campos miembros para cada grupo de campos elevados. Las estadísticas descriptivas para estos grupos de campos elevados se presentan en la Tabla 6. Las fotos aéreas de tres ejemplos de estos grupos se presentan en las figuras 16 a 18, y los datos de medidas para los grupos se presentan en las Tablas 7 a 9. Los campos elevados individuales varían ampliamente en términos de área, y los treinta grupos de campos elevados también varían grandemente en área. Los grupos promedian unas 5 ha en área total de plataforma de campo elevado, con un rango entre .6 ha a 17.4 ha. El número de campos elevados en un grupo varía de 3 a 32.

RAISED FIELD GROUP 21—GRUPO 21 DE CAMPOS ELEVADOS
Individual Field Statistics—Estadísticas de los Campos Individuales

Total—Total	55,038	3,279				
Count—Conteo	18					
Maximum—Máximo	6,399.18	340.33	25.81			
Average—Promedio	3,057.65	182.17	20.58			
Minimum—Mínimo	1,416.32	110.76	15.47			
ID—Identificación	Area—Area	Length—Longitud	Width—Ancho	Orientation—Orientación		
	m^2	m	m	Degrees—Grados	Minutes—Minutos	Seconds—Segundos
84	1,416	111	16	79	24	0
69	1,749	132	17	84	5	24
68	1,797	115	20	270	5	24
70	1,890	153	16	83	42	0
71	1,958	157	16	84	46	48
72	1,979	163	15	86	46	12
77	2,023	120	21	274	15	0
88	2,088	154	17	83	38	24
73	2,287	157	19	87	31	12
85	2,428	166	19	82	29	24
87	2,781	139	26	85	5	24
86	2,788	177	20	85	39	36
79	4,266	210	26	271	11	24
80	4,592	236	25	88	31	48
82	4,647	237	25	89	18	36
78	4,702	245	24	273	59	24
81	5,247	266	25	272	11	60
83	6,399	340	24	87	29	24

Table 9. Summary statistics for raised field group 21. Measurements for individual fields are included below.
Tabla 9. Resumen de estadísticas para el grupo 21 de campos elevados.
Las medidas de los campos individuales se incluyen abajo.

member fields are the largest tend to be the groups with the largest total area (Table 6). To construct a large raised field, a social unit would likely draw on the labor of people from outside the social unit. The correlation of large raised fields with large raised field groups reflects the higher costs of construction. The average area of an individual raised field from the 30 groups in the sample is larger than the average area of a raised field in the global sample. The average area of a raised field in the sample of 30 groups (a total of 350 fields) is 4,262.53 m^2, while the average area of a raised field in the entire sample (a total of 1,711 fields) is 3,321.76 m^2 (Table 2). This also suggests that larger social groups were building larger raised fields.

Using the measured total area of each raised field group and combining it with the estimate of raised field carrying capacity, the raised field groups have an average carrying capacity of 33 people. The standard deviation of the 30 carrying capacities is large, 32 people, and the values range between 4 and 116 people. Taking the measured area of the largest raised field in each group, and combining it with the estimates of labor required for raised field construction, an estimate is made of the number of workers required to build the largest raised field for each raised field group, in a period of 30 days. The number of workers required ranges from 8 to 55 workers.

For each group of raised fields, the projected carrying capacity is compared to the projected number of people required to build the largest field (Table 6). The ratio between carrying capacity and labor requirements represents the ability of the social group associated with that raised field group to build its raised fields. These groups of raised fields could have supported groups of people large enough to construct most of their member raised fields in a short period of time. Some field

Los grupos de campos elevados pueden clasificarse de acuerdo al campo miembro más grande de cada grupo. Los grupos cuyos campos miembros son los más grandes tienden a ser los grupos con el área total mayor (Tabla 6). Para construir un campo elevado grande, una unidad social posiblemente atraería la mano de obra de gente de fuera de esa unidad social. La correlación de los campos elevados grandes con los grupos grandes de campos elevados refleja costos de construcción más altos. El área promedio de un campo elevado individual de los 30 grupos en la muestra es mayor que el área promedio de un campo elevado en la muestra global. El área promedio de un campo en la muestra de 30 grupos (un total de 350 campos) es 4262.53 m^2, mientras que el área promedio de un campo elevado en la muestra total (un total de 1711 campos) es de 3321.76 (Tabla 2). Esto también sugiere que los campos elevados más grandes fueron construídos por grupos sociales más grandes.

Usando el área total medida de cada grupo de campos elevados y combinándola con el cálculo de capacidad de carga de los campos elevados, los grupos de campos elevados tienen una capacidad de carga promedio de 33 personas. La desviación estándar de las 30 capacidades de carga es grande, 32 personas, y los valores varían entre 4 y 116 personas. Tomando el área medida del campo elevado más grande de cada grupo, y combinándola con los cálculos de mano de obra requerida para la construcción de campos elevados, se calcula el número de trabajadores requeridos para construir el campo elevado más grande para cada grupo de campos elevados, en un periodo de 30 días. El número de trabajadores requerido varía entre 8 y 55 personas.

Para cada grupo de campos elevados, se compara la capacidad de carga proyectada con el número proyectado de gente requerido para construir el campo más grande (Tabla 6). La razón entre capacidad de carga y los requisitos de mano de obra representa la habilidad del grupo social asociado a ese grupo de campos elevados para construir sus campos. Estos grupos de campos elevados podrían haber mantenido grupos de gente suficientemente grandes para construir la mayoría de sus campos elevados miembros en un corto periodo de tiempo. Algunos grupos de campos podrían haber mantenido grupos sociales suficientemente grandes para construir cualquier campo elevado en un corto periodo de tiempo. Otros grupos de campos podrían haber mantenido grupos sociales que probablemente cooperaban con otros a fin de construir sus campos elevados. Hay una gran variación en el tamaño de los grupos de campos elevados, así como también hay gran variación en el tamaño de los campos elevados individuales.

Este análisis no describe los grupos sociales que existieron en el pasado. Hay muchos factores desconocidos en cada uno de los cálculos como para que los resultados finales sean interpretados como algo más que conjeturas acerca del tamaño real de los grupos sociales. Sin embargo, la gama de resultados a partir de los cálculos de producción y mano de obra, combinada con los patrones espaciales de los campos elevados, es ilustrativa. La combinación de estas líneas de evidencia sugiere que el sistema agrícola estuvo organizado a una escala intermedia entre el campo individual y el área de estudio.

El análisis espacial de grupos de campos elevados apoya la hipótesis generada a partir de 1) investigación etnográfica acerca de la agricultura intensiva, 2) documentos históricos de los Llanos de Moxos, y 3) la relación entre los requerimientos de mano de obra proyectados y la capacidad de carga de los campos elevados. En otras palabras, las unidades sociales de entre 20 y 100 personas probablemente construyeron campos elevados en grupos contiguos que corresponden a unidades so-

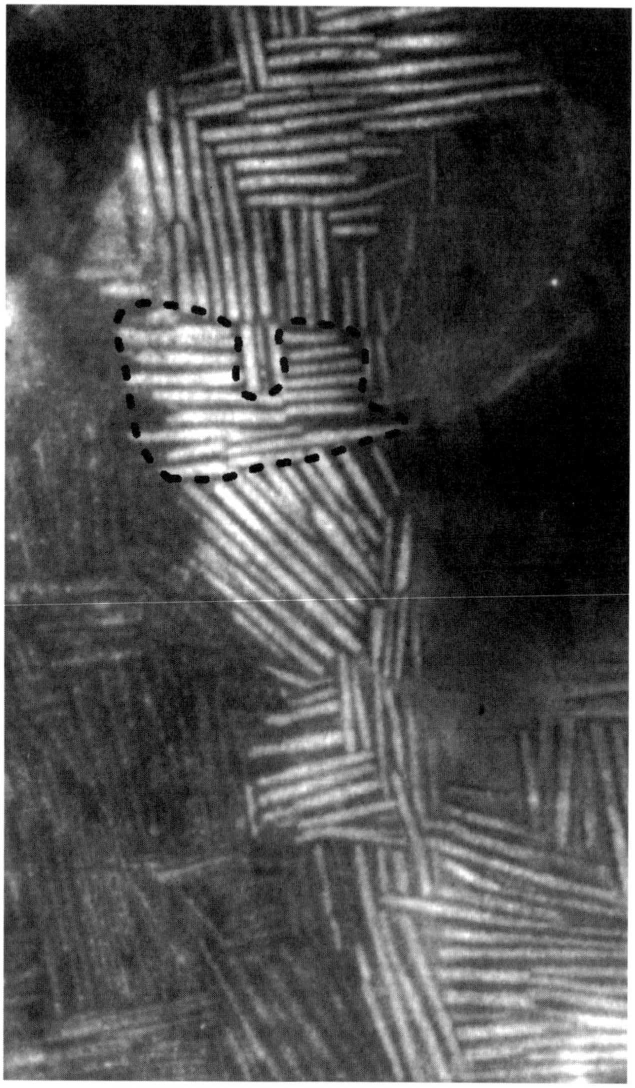

Figura 18. Grupo 21 de campos elevados, entre los ríos Iruyañez y Omi, Estancia San Juan. La línea de puntos rodea los campos individuales en el grupo.

Figure 18. Raised field group 21, between Iruyañez and Omi rivers, San Juan ranch. The dotted line encircles the individual fields in the group.

groups could have supported social groups large enough to construct any raised field in a short period of time. Other field groups could have supported social groups that probably co-operated with others in order to build their raised fields. There is great variation in the size of the raised field groups, just as there is great variation in the size of the individual raised fields.

This analysis does not describe social groups that existed in the past. There are too many unknown factors in each of the estimates for the final results to be interpreted as anything more than guesses of the size of actual social groups. However, the range of results from the production and labor estimates, combined with the spatial patterns of the raised fields, is instructive. The combination of these lines of evidence suggests that the agricultural system was organized at a scale intermediate between the individual field and the study area.

The spatial analysis of groups of raised fields supports the hypothesis generated from 1) ethnographic research on intensive agriculture, 2) early historical documents from the Llanos de Moxos, and 3) the relationship between projected labor requirements and carrying capacity of raised fields. In other words, social units of between 20 and 100 people likely built raised fields in contiguous groups that correspond to prehispanic social units. Groups of raised fields have been defined using spatial criteria. By using projections of labor requirements and carrying capacity, these groups of raised fields have been correlated to hypothetical social groups. These inferred social groups have been shown to vary widely in size, but to correspond roughly to the number of people that could have built an average raised field in a single construction season. This suggests that social units of between 20 and 100 people were responsible for the construction of groups of raised fields. The next chapter reviews evidence of settlement and its implications for agricultural intensity, population density, and social organization.

ciales prehispánicas. Los grupos de campos elevados han sido definidos usando criterios espaciales. Por medio del uso de proyecciones de requerimientos de mano de obra y de capacidad de carga, estos grupos de campos elevados han sido correlacionados con grupos sociales hipotéticos. Estos grupos sociales que se han inferido muestran una amplia variación en cuanto a tamaño, pero corresponden aproximadamente con el número de personas que podrían haber construido un campo elevado promedio en sólo una temporada de construcción. Esto sugiere que unidades sociales de entre 20 y 100 personas fueron las responsables de la construcción de los grupos de campos elevados. El siguiente capítulo hace una revisión de la evidencia de los asentamientos y sus implicaciones para la intensidad agrícola, densidad de población y organización social.

Chapter 5

Levees

The evidence of settlement on the river levees in the Iruyañez-Omi study area suggests that population density in the prehispanic past was at least 100 times higher than it is today. Deposits of anthrosols are present on the river levees. Radiocarbon analysis of samples from two levee sites demonstrates that the study area was occupied at two points in time separated by about 900 years. Survey and test excavation suggest that these two sites are associated with raised fields. Raised field farmers occupied the levee sites.

The geomorphological definition of a levee is straightforward. McIntyre states: "The low banks that keep the stream in its channel during normal flow are easily overrun during high water. These banks, called *natural levees*, exist because, as the river overflows its channel, its velocity is suddenly checked and heavy deposition occurs here along the channel margin" (McIntyre et al. 1991:335). Originally deposited by the Beni River, the levees of the Iruyañez and Omi rivers are extensive. The geomorphological definition of levee is expanded here to include areas of high ground, which were not necessarily formed by alluvial deposition.

This definition of levee excludes the flooded gallery forests, which line the Iruyañez and Omi rivers. They lie within the river channel of the original Beni River. Subject to annual inundation, these forested areas are distinct from the adjacent dry forests of the higher levees. Within the Iruyañez-Omi study area, both raised fields and the levee sites discussed in this chapter are located on levees.

In contrast to raised fields, which are visible on aerial photographs, evidence of settlement in the Iruyañez-Omi study area was recovered by ground survey and test excavation. Shovel test excavations were used to test for the presence or absence of anthrosols, a distinctive soil type that indicates past human occupation.

Anthrosols

Anthrosols are soils with high organic content and many associated artifacts (usually sherds) found in various geomorphological contexts. Smith's (1980) review of evidence of anthrosols from many sites in the Amazon Basin includes a general definition of *terra preta*:

> In the Brazilian Amazon, black earth with potsherds is referred to as terra preta do índio (Indian black earth) and is recognized as a soil type. Terra preta is an *anthrosol*, characterized by a distinctive anthropogenic epipedon. Intermixed potsherds and celts are a major distinguishing feature of the soil. Dark soils rarely occur without the influence of man in Amazonia; alluvial soils rich in organic matter are an exception. But Indian black earth is found on a variety of soil types and geomorphological surfaces, and retains its sooty color even under intense leaching (Smith 1980:553–554, emphasis added).

A similar definition is used by Denevan, who states : "Terra preta... is an anthropic soil of prehistoric origin, black or dark brown, rich in organic material, and laden with cultural material (ceramics, bones, ash) (Denevan 1996:664)." Anthrosols are soils resulting from human activity, and the definition of anthrosols requires the use of criteria from both soil science and archaeology. The term "anthrosol" is used here in place of "terra preta," or "terra preta do índio."

Because of the extent and distribution of anthrosols throughout the Amazon Basin, their definition and interpretation is essential to the history and ecology of the entire region. The thick deposits of dark, organically rich soil that line the levees of the main tributaries of the Amazon River are difficult to explain without invoking human factors. In some places the depth and extent of these anthrosol deposits is impressive (Denevan 1996; Roosevelt 1993). One site listed by Smith (1980:560) is 4 km long and extends for 200 m from the banks of the Amazon River. The modern city of Santarem is located on another deposit of anthrosol.

The interpretation of anthrosols is disputed. At issue is whether they represent the accumulation of debris from long and continuous occupation by sedentary peoples or from repeated occupation and abandonment by more mobile groups (DeBoer et al. 1996; Meggers 1992b, 1995). For example, the accumulation rate for anthrosol has been estimated at 1,000 years/m (Smith 1980) and 100 years/m (Evans 1964:footnote 64, cited in Smith 1980). Survey along the rivers of the Upper Amazon makes it clear that the definition of anthrosol applies not only to sites along the main channels, but also to sites along smaller rivers (Eden 1984; Herrera et al. 1992). Smith (1980) demonstrates that anthrosols are a robust indicator for the past occupation of a location. Archaeological testing for anthrosols is one way to locate and outline locations occupied in the past. Testing for anthrosols depends on specific criteria for evaluating the results of test excavation.

Criteria

An anthrosol is defined here as a soil with high organic content and the presence of sherds and burned clay. This definition

Capítulo 5

Diques

La evidencia de asentamientos sobre los diques fluviales en el área de estudio Iruyañez-Omi sugiere que la densidad de población en el pasado prehispánico era de por lo menos 100 veces más alta que hoy en día. Hay depósitos de antrosoles presentes en los diques fluviales. Los análisis radiocarbónicos de muestras de dos sitios de diques demuestran que el área de estudio estuvo ocupada en dos momentos en el tiempo, separados por alrededor de 900 años. La prospección y excavaciones de prueba sugieren que estos dos sitios están asociados con los campos elevados. Los agricultores de los campos elevados ocuparon sitios de dique.

La definición geomorfológica de un dique es sencilla. McIntyre escribe: "Los bancos bajos que mantienen el arroyo en su canal durante el flujo normal son fácilmente invadidos durante la crecida. Estos bancos, llamados *diques naturales*, existen debido a que, a medida que el río se sale de su canal, su velocidad es repentinamente frenada y ocurre aquí una deposición pesada a lo largo del margen del canal" (McIntyre et al. 1991:335). Los diques de los ríos Iruyañez y Omi, originalmente depositados por el río Beni, son extensos. La definición geomorfológica de un dique se expande aquí para incluir áreas de terreno elevado que no son necesariamente formadas por deposición aluvial.

Esta definición de dique excluye los bosques de galería inundados, que bordean los ríos Iruyañez y Omi. Ellos quedan dentro del canal del río Beni original. Estas áreas boscosas, sujetas a inundaciones anuales, son distintas de los bosques secos adyacentes de los diques más altos. Dentro del área de estudio Iruyañez-Omi, tanto los campos elevados como los sitios de diques discutidos en este capítulo están localizados sobre diques.

En contraste con los campos elevados, los cuales son visibles en las fotografías aéreas, se recuperó evidencia de asentamientos en el área de estudio Iruyañez-Omi por medio de una prospección en el terreno y excavaciones de prueba. Las excavaciones de pruebas de pala fueron usadas para determinar la presencia o ausencia de antrosoles, un tipo de suelo distintivo que indica ocupación humana en el pasado.

Antrosoles

Los antrosoles son suelos con un alto contenido orgánico y muchos artefactos asociados (usualmente tiestos), que se encuentran en varios contextos geomorfológicos. La revisión de Smith (1980) de la evidencia de antrosoles de muchos sitios de la cuenca amazónica incluye una definición general de la *terra preta*:

> En la Amazonía brasileña, la tierra negra con tiestos es llamada terra preta do Indio (tierra negra de indio) y es reconocida como un tipo de suelo. La terra preta es un *antrosol*, caracterizado por un epipedón antropogénico distintivo. Un rasgo característico del suelo lo constituyen los tiestos y hachas entremezclados. Los suelos oscuros raramente ocurren sin la influencia del hombre en la Amazonía; los suelos aluviales ricos en materia orgánica son una excepción. Pero la tierra negra de indio se encuentra en una variedad de tipos de suelos y de superficies geomorfológicas, y retiene su color de hollín incluso bajo lixiviación intensa (Smith 1980:553–554, énfasis añadido).

Denevan usa una definición similar, y escribe: "Terra preta... es un suelo antrópico de origen prehistórico, negro o café oscuro, rico en material orgánico, y cargado de material cultural (cerámica, huesos, ceniza)" (Denevan 1996:664). Los antrosoles son suelos que resultan de la actividad humana, y la definición de antrosoles requiere del uso de criterios tanto de la ciencia del suelo como de la arqueología. El término "antrosol" es usado aquí en lugar de "terra preta" o "terra preta do índio."

En vista de la extensión y distribución de antrosoles a través de la cuenca amazónica, su definición e interpretación es esencial para la historia y ecología de toda la región. Los gruesos depósitos de suelo oscuro, orgánicamente rico que bordean los diques de los principales tributarios del río Amazonas son difíciles de explicar sin invocar factores humanos. En algunos lugares la profundidad y extensión de estos depósitos de antrosoles es impresionante (Denevan 1996; Roosevelt 1993). Un sitio indicado por Smith (1980:560) tiene 4 km de largo y se extiende por 200 m desde los bancos del río Amazonas. La ciudad moderna de Santarem está localizada sobre otro depósito de antrosol.

La interpretación de los antrosoles es polémica. En juego está el hecho de si representan la acumulación de escombros producto de una larga y continua ocupación de gente sedentaria o de repetidas ocupaciones y abandonos por grupos más móviles (DeBoer et al. 1996; Meggers 1992b, 1995). Por ejemplo, la tasa de acumulación para un antrosol ha sido calculada en 1000 años/m (Smith 1980) y 100 años/m (Evans 1964:nota al pie de página 64, citado en Smith 1980). La prospección a lo largo de los ríos de la Alta Amazonía deja en claro que la definición de antrosol se aplica no solo a sitios a lo largo de los canales principales, sino también a sitios a lo largo de is applied to shovel test and test excavation data from the Iruyañez-Omi study area using three criteria. The first criterion is dark soil color. Soil color is easily measured and is a rough indicator of organic content in soil. A Munsell color chart was used to quantify soil color in the field. Dark soil color is defined as 10 YR 2/1 (Very Dark Grey), 10 YR 3/1 (Dark Grey) or 10 YR 3/2 (Very Dark Greyish Brown). In the soils of the Iruyañez-Omi study area, the contrast between dark gray soils and lighter, redder soils is easy to recognize. The distinction between dark grey soils and the hard clay subsoils is even easier to recognize.

The presence of burned clay is the second criterion for the definition of an anthrosol. These are irregular lumps of clay (usually 3 cm across or smaller) that are burned but not fired. Although burned clay can resemble fired sherds, it is a separate class of evidence. Burned clay closely resembles the burned soils produced in modern raised hearths and fireplaces.

Abandoned modern ovens are composed of burned clay, which closely resembles the burned clay recovered in excavation. Today, hearths and ovens are often made of blocks cut from termite mounds. The termite mounds are hard and can be cut into brick-shaped pieces. A single modern hearth was observed to be made up of more than 10 kg of such material. An oven (which is entirely enclosed) is made up of more than 50 kg of the same material. The burned clay recovered in excavation is interpreted as evidence of hearths or fireplaces.

Residents of the Iruyañez-Omi study area use the Spanish term *cascajo* to refer to these pieces of burned clay, as well as to sherds. The same term refers to irregular iron concretions as large as 2 or 3 cm in diameter with a yellowish to reddish color, which are often found in the soils of the Iruyañez-Omi study area. These concretions are superficially similar to burned clay and sherds. For this discussion, *cascajo* will be used to refer exclusively to iron concretions.

The presence of sherds is the third criterion for anthrosols. The presence of sherds is unmistakable evidence of human activity. The presence of sherds does not by itself make a soil an anthrosol, however. The presence of all three criteria: dark color, burned clay, and sherds, is evidence for high organic content and the presence of artifacts. High organic content and the presence of artifacts define an anthrosol in both Smith's (1980) and Denevan's (1996) definitions.

This definition and the criteria which make it operational are used to interpret the result of test excavations. Test excavations were of two types: shovel tests in transects, and larger trench excavations.

Shovel Tests

Transects of shovel tests were excavated in levees to locate and define deposits of anthrosols. Transects ranged from 75 m to 1140 m in length. Long transects provide comparative data over large areas and permit soils to be compared across environments. For example, transects were sometimes extended into areas of raised fields, or from the dry forest into the savanna, placing soils data in a larger context.

Transects were laid out on the cardinal directions, using a prominent feature as a datum point. Shovel tests were excavated every 15 m. In rare cases the shovel test was not excavated exactly on the interval, because of trees or other obstacles. The offset was never more than one meter. In several cases trails were cut through forest vegetation to permit the excavation of the shovel tests.

Shovel tests are circular excavations about 50 cm in diameter. They were excavated to a point 10 cm into the subsoil. Subsoil is defined by its high clay content, and the presence of *cascajo*. All soil was screened through 1 cm wire mesh. Soil strata were briefly described, according to color, texture, and the presence of other features such as roots, burrows and surface sherds.

In all shovel tests at least 10 cm of subsoils were excavated. In no shovel tests was another soil layer present below the subsoil. As a result, 5 cm of subsoil rather than 10 cm were excavated from the larger trench excavations.

Trench Excavations

Trench excavations were carried out for two reasons. First, trenches were excavated to find evidence associating occupation sites with raised fields. Second, trenches were excavated to find evidence placing occupation sites in chronological context. The association of evidence of settlement and raised fields helps to place raised fields in chronological context. In pursuit of this goal, four trenches were excavated on the property of two ranches, San Juan and Cerro.

Trench excavations are rectangular excavations of two types. Raised field trenches are 6 m by .5 m, and intersect the platform and canal of one raised field. Regular trenches are 2 m by 2 m, and were located in areas of dark soil and dense concentrations of sherds and charcoal, located by shovel test excavations. Both types of trenches were excavated according to natural stratigraphy, using a surveying transit to control elevation. All soil was screened through 1 cm wire mesh, and all artifacts were recovered. Soil layers were described, noting color, texture, interfaces with other soil strata, and natural features such as roots and burrows. Wet soil samples were used for all soil colors.

The San Juan Site

The forested levee at the San Juan Ranch covers roughly 24 ha. Viewed from above, it has an uneven, dumbbell-like shape (Figure 19). It is located on the south bank of the Iruyañez River near the mouth of the San Juan Creek. The site is within 500 m of many large raised fields on both sides of the Iruyañez River. Across the river to the north are some of the largest raised fields in the study area. Across the San Juan Creek to the south is the largest continuous expanse of raised fields in the los ríos más pequeños (Eden 1984; Herrera et al. 1992). Smith (1980) demuestra que los antrosoles son un indicador robusto de ocupación pasada en un lugar. Las pruebas arqueológicas en busca de antrosoles son una manera de localizar y delinear las ubicaciones ocupadas en el pasado. La búsqueda de antrosoles depende de criterios específicos para evaluar los resultados de las excavaciones de prueba.

Criterios

Un antrosol se define aquí como un suelo de alto contenido orgánico y la presencia de tiestos y arcilla quemada. Esta definición se aplica a datos obtenidos de pruebas de pala y excavaciones de pruebas del área de estudio Iruyañez-Omi usando tres criterios. El primero es el color oscuro del suelo. El color del suelo es medido fácilmente y es un indicador aproximado del contenido orgánico del suelo. Se usó una tabla de colores Munsell para cuantificar el color del suelo en el campo. El color oscuro del suelo es definido como 10 YR 2/1 (Gris Muy Oscuro), 10 YR 3/1 (Gris Oscuro) o 10 YR 3/2 (Café Grisáceo Muy Oscuro). En los suelos del área de estudio Iruyañez-Omi es fácil reconocer el contraste entre suelos grises oscuros y suelos más claros y rojos.

La presencia de arcilla quemada es el segundo criterio para la definición de un antrosol. Estos son terrones irregulares de arcilla (usualmente de un diámetro de 3 cm o menos) que están quemados pero no horneados. A pesar de que la arcilla quemada puede parecerse a tiestos horneados, es un tipo de evidencia separada. La arcilla quemada se parece bastante a suelos quemados producidos en fogones elevados y hogares.

Los hornos modernos abandonados están compuestos de arcilla quemada, que se parece bastante a la arcilla quemada recuperada en las excavaciones. Hoy en día, los fogones y hornos se hacen frecuentemente de bloques cortados de montículos de termitas. Los montículos de termitas son duros y pueden ser cortados en pedazos a manera de ladrillos. Se observó que un sólo fogón moderno estaba hecho con más de 10 kg de dicho material. Un horno (el cual es totalmente cerrado) está hecho de más de 50 kg del mismo material. La arcilla quemada recuperada en excavaciones se interpreta como evidencia de fogones u hogares.

Los residentes del área de estudio Iruyañez-Omi usan el término cascajo para referirse a esos pedazos de arcilla quemada, así como a los tiestos. El mismo término se refiere a concreciones irregulares de hierro tan grandes como de 2 o 3 cm en diámetro y de un color de amarillento a rojizo, las cuales se encuentran frecuentemente en los suelos del área de estudio Iruyañez-Omi. Estas concreciones son superficialmente similares a la arcilla quemada y a los tiestos. Para esta discusión, el término cascajo se usará para referirse exclusivamente a las concreciones de hierro.

La presencia de tiestos es el tercer criterio para los antrosoles. La presencia de tiestos es evidencia inequívoca de actividad humana. Sin embargo, la presencia de tiestos no hace por si sola un antrosol. La presencia de los tres criterios: color oscuro, arcilla quemada y tiestos, es evidencia de un alto contenido orgánico y la presencia de artefactos. El alto contenido orgánico y la presencia de artefactos define a un antrosol tanto en la definición de Smith (1980) como en la de Denevan (1996).

Esta definición y los criterios que la hacen operacional son usados para interpretar los resultados de las excavaciones de prueba. Las excavaciones de prueba fueron de dos tipos: pruebas de pala en transectos y trincheras de excavación más grandes.

Pruebas de Pala

Se excavaron transectos de pruebas de pala en diques para localizar y definir depósitos de antrosoles. Los transectos iban desde 75 m hasta 1140 m de longitud. Los transectos largos proveen datos comparativos en áreas grandes y permiten comparar suelos a través de diferentes ambientes. Por ejemplo, a veces los transectos se extendían hasta áreas de campos elevados, o desde el bosque seco hasta la sabana, colocando a los suelos en un contexto mayor.

Los transectos fueron establecidos en las direcciones cardinales, usando algún rasgo prominente como punto de referencia. Las pruebas de pala se excavaron cada 15 m. En raros casos una prueba de pala no se excavó en el intervalo exacto, debido a árboles u otros obstáculos. La desviación nunca fue mayor a un metro. En varios casos se abrieron trochas a través de la vegetación de bosque para permitir la excavación de las pruebas de pala.

Las pruebas de pala son excavaciones circulares de alrededor de 50 cm de diámetro. Eran excavadas hasta un punto 10 cm por debajo de la superficie, en el subsuelo. El subsuelo se define por su alto contenido de arcilla, y la presencia de cascajo. El suelo se tamizó en malla de alambre de 1 cm. Los estratos de suelo fueron brevemente descritos, de acuerdo a color, textura, y la presencia de otros rasgos tales como raíces, madrigueras y tiestos en superficie.

Se excavaron por lo menos 10 cm de subsuelos en todas las pruebas de pala. En ninguna de las pruebas de pala había otra capa de suelo presente por debajo del subsuelo. Como resultado, en las excavaciones de trincheras más grandes se excavaron 5 cm de subsuelo en vez de 10 cm.

Excavaciones de Trincheras

Las excavaciones de trincheras se llevaron a cabo por dos razones. Primero, las trincheras se excavaron para encontrar evidencia que asociara sitios de ocupación con campos elevados. Segundo, las trincheras se excavaron para encontrar evidencia que colocara los sitios de ocupación en un contexto cronológico. En la persecución de esta meta, se excavaron cuatro trincheras en las propiedades de dos estancias, San Juan y Cerro.

Las excavaciones de trincheras eran excavaciones rectangulares de dos tipos. Las trincheras de campos elevados eran

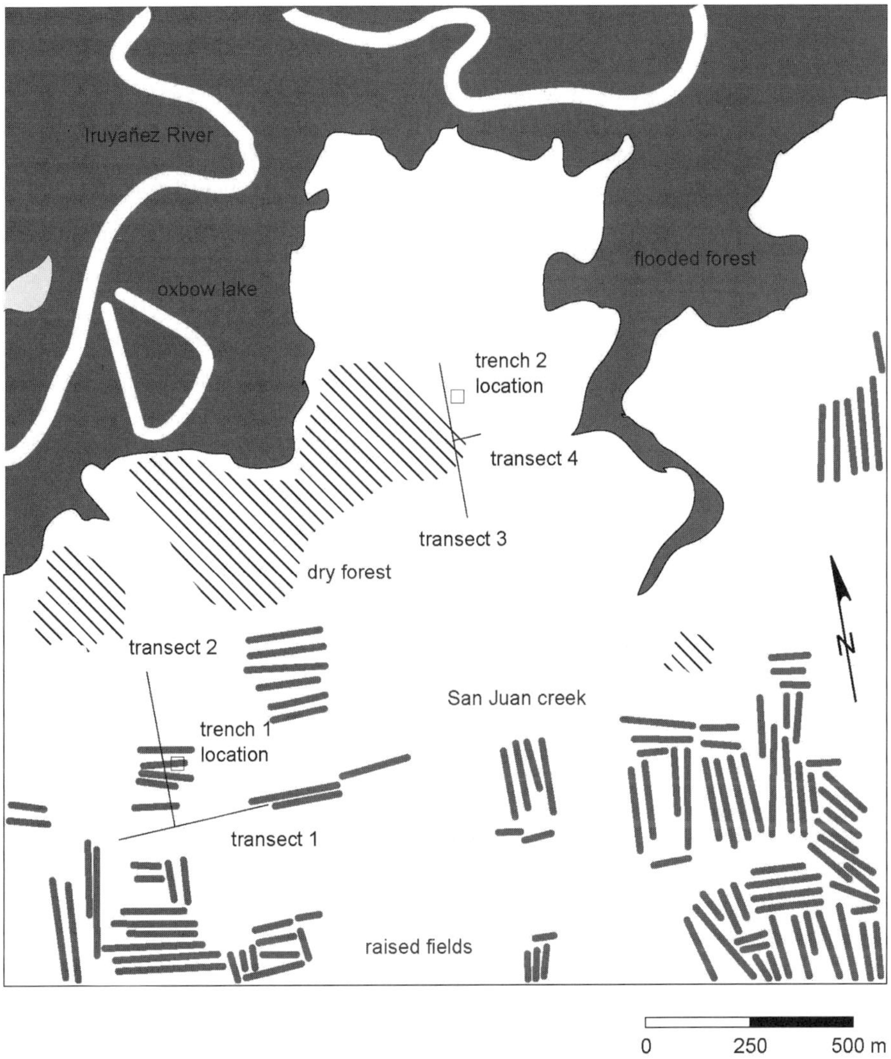

Figure 19. Location of transects 1-4, San Juan site. Compare to figure 14.
Figura 19. Ubicación de los transectos 1-4, sitio San Juan. Compare con la figura 14.

study area.

Until recently, the largest ranching establishment in the study area occupied the San Juan site. Several abandoned buildings are located along the southeastern edge of the levee. The palm forest that covers the San Juan levee includes stands of motacú palm (*Attalea phalerata*), which is used for thatch and for fodder, and a stand of mango trees (*Mangifera indica*), which are used for fattening pigs as well as for human consumption. A scatter of sherds made up of fabric- and basket-impressed sherds was found near the eastern edge of the levee. Fabric-, basket- and leaf-impressed pottery is known from modern potters and from ethnographic examples (Nordenskiöld 1979).

Transects

At the San Juan Ranch, four shovel test transects were excavated. These transects ranged in length from 75 m to 375 m. Two of them were placed so that they extended across a small group of raised fields, into the savanna and through a dense scatter of surface sherds (Figure 19: transects 1 and 2). Sherds were recovered in all four transects, but there were no dark soils or burned clay.

The other two transects at San Juan ranch intersected the forested levee and continued for a short distance into the savanna on three sides (Figure 19: transects 3 and 4). Today, the levee is covered with palm forest and abandoned modern agricultural fields, including a mango grove. A dense deposit of sherds was intersected by the north end of transect 3, located well below the ground surface (about 40 cm), a deposit that did not correspond to surface remains.

Transects 1 and 2 sampled raised field soils both from canals and platforms, as well as a dense scatter of surface sherds. Using the southwest corner of the San Juan Ranch airstrip as a reference point, 20 shovel tests were placed in a 300 m transect, one every 15 m bearing due west. From shovel test Number 16 in this line, another line of 19 shovel tests was excavated in a 285 m transect bearing due north, again with shovel tests every 15 m (Figure 19).

Of the total of 39 shovel tests in transects 1 and 2, the 5 shovel tests that yielded sherds were contiguous, in association with a surface scatter of sherds. No artifacts were recovered in the *sarteneja* to the south of the raised field platforms.

One of this group of 5 shovel tests was located within a dense deposit of surface sherds about 10 m by 5 m. Several kilograms of sherds were recovered from this shovel test alone, and the deposit extended from the surface to about 20 cm below the surface. The majority of the fragments recovered from this shovel test were painted. Because of its density, the surface deposit of sherds might have been associated with ceramic manufacture, or perhaps ritual breakage of ceramics.

The results from transects 3 and 4 indicate that in this case buried sherds are not directly associated with surface sherds. Some sherds were recovered from inside the woods, but most sherds were recovered in excavation from the savanna immediately outside the woods. This contrasts with the Cerro site, de 6 m por .5 m, y cortaban la plataforma y el canal de un campo elevado. Las trincheras regulares eran de 2 m por 2 m, y estaban localizadas en áreas de suelo oscuro y concentración densa de tiestos y carbón, que habían sido localizadas con las excavaciones de pruebas de pala. Ambos tipos de trincheras fueron excavadas de acuerdo a la estratigrafía natural, usando un teodolito de tránsito para controlar la elevación. Todo el suelo fue tamizado en malla de alambre de 1 cm, y todos los artefactos se recuperaron. Se describieron las capas de suelo, anotando color, textura, interfases con otros estratos de suelo y los rasgos naturales tales como raíces y madrigueras. Se usaron muestras de suelo húmedas para todos los colores de suelo.

El Sitio San Juan

El dique con bosque en la estancia San Juan cubre aproximadamente 24 ha. Visto desde arriba, tiene una forma desigual, como de una pesa (Figura 19). Está ubicado en la ribera sur del río Iruyañez, cerca de la desembocadura del arroyo San Juan. El sitio está a 500 m de muchos campos elevados grandes a ambos lados del río Iruyañez. Al otro lado del río hacia el norte, hay algunos de los campos elevados más grandes del área de estudio. Al otro lado del arroyo San Juan hacia el sur, está la extensión continua más grande de campos elevados en el área de estudio.

Hasta muy recientemente, el sitio San Juan estaba ocupado por el establecimiento de ganadería más grande del área de estudio. Varios edificios abandonados se ubican a lo largo del borde suroriental del dique. El bosque de palmeras que cubre el dique de San Juan incluye bosques de palma motacú (*Attalea phalerata*), que se utiliza para techado y para forraje, y un bosque de árboles de mango (*Mangifera indica*), que se usa para engordar cerdos así como para el consumo humano. Se encontró una dispersión de tiestos compuesta de tiestos con impresión de textiles y cestería cerca del borde oriental del dique. De ejemplos de alfareros modernos y etnográficos se conoce cerámica con impresión de textiles, cestería y hojas (Nordenskiöld 1979).

Transectos

Se excavaron cuatro transectos de pruebas de pala en la Estancia San Juan. Estos transectos variaban en longitud entre 75 m y 375 m. Dos de ellos se colocaron de manera que se extendieran cruzando un grupo pequeño de campos elevados, hacia la sabana, y a través de una densa dispersión de tiestos en superficie (Figura 19: transectos 1 y 2). Se recuperaron tiestos en los cuatro transectos, pero no hubieron suelos oscuros ni arcilla quemada.

Los otros dos transectos en la Estancia San Juan cruzaban el dique con bosque y continuaban por una corta distancia hasta dentro de la sabana por tres de sus lados (Figura 19: transectos 3 y 4). Actualmente el dique está cubierto con bosque de palmeras y campos agrícolas modernos abandonados, incluyendo un huerto de mangos. El extremo norte del transecto 3 atravesó un denso depósito de tiestos, ubicado muy por debajo de la superficie del terreno (alrededor de 40 cm), depósito que no correspondía a restos de superficie.

Los transectos 1 y 2 muestrearon suelos de campos elevados, tanto en los canales como en las plataformas, así como una densa dispersión de tiestos en superficie. Usando la esquina suroeste de la pista de aterrizaje de la Estancia San Juan como punto de referencia, se colocaron 20 pruebas de pala en un transecto de 300 m, una cada 15 m con orientación hacia el oeste. Desde la prueba de pala número 16 en esta línea se excavó otra línea de 19 pruebas de pala en un transecto de 285 m hacia el norte, nuevamente con pruebas de pala cada 15 m (Figura 19).

Del total de 39 pruebas de pala en los transectos 1 y 2, las 5 pruebas que proveyeron tiestos eran contiguas, en asociación con una dispersión de tiestos en superficie. No se recuperaron artefactos en la sarteneja al sur de las plataformas de campos elevados.

Una de este grupo de 5 pruebas de pala fue ubicada dentro de un depósito denso de tiestos en superficie de alrededor de 10 m por 5 m. Se recuperaron varios kilogramos de tiestos solamente de esta prueba, y el depósito se extendía desde la superficie hasta unos 20 cm por debajo de la superficie. La mayoría de los fragmentos recuperados de esta prueba de pala eran pintados. Debido a su densidad, el depósito de tiestos de superficie puede haber estado asociado con la manufactura de cerámica, o tal vez con la rompimiento ritual de cerámica.

Los resultados de los transectos 3 y 4 indican que en este caso los tiestos enterrados no están directamente asociados con los tiestos de superficie. Algunos tiestos se recuperaron de dentro de los bosques, pero la mayoría de los tiestos se recuperaron en excavación de la sabana inmediatamente fuera de los bosques. Esto contrasta con el sitio Cerro, así como con la mayoría de los sitios de islas de bosque a lo largo de toda el área (Capítulo 6).

Trinchera 1—Sitio San Juan

Ubicación y Metodología

La trinchera 1 se ubicó en una plataforma y canal de campo elevado directamente al sur de la Estancia San Juan y directamente al oeste de la pista de aterrizaje (Figura 20). Esta excavación tuvo tres propósitos: 1) definir la estructura de la plataforma de un campo elevado, 2) probar la asociación del sitio San Juan con los campos elevados, y 3) colocar tanto el sitio como los campos en un contexto cronológico.

El eje longitudinal de esta plataforma de campo elevado está orientado a 95° 10', y la trinchera estaba orientada a 5° 10', cruzando la plataforma y canal adyacente. La mitad de la trinchera quedaba en la plataforma y la mitad en el canal al norte de esta. El campo tenía menos de 30 cm de alto, y la determinación del límite entre la plataforma y el canal no es precisa. La trinchera fue excavada de acuerdo a la estratigrafía natural, y las elevaciones se registraron con un tránsito. El punto de referencia se colocó a 11 m de la esquina suroriental de la

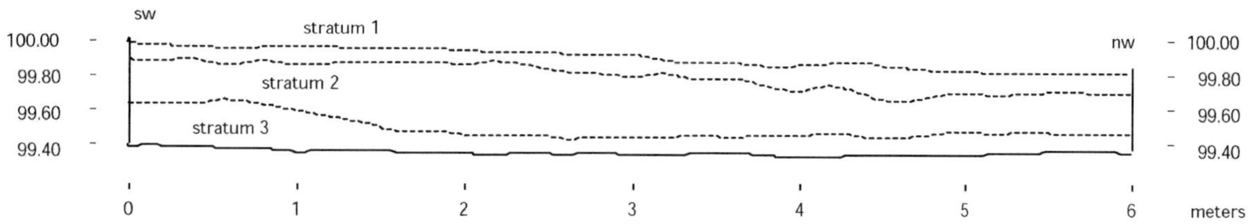

Figure 20. Trench 1 west profile associated with San Juan site.
Figura 20. Perfil oeste de la trinchera 1 asociado con el sitio San Juan.

as well as most forest island sites throughout the study area (Chapter 6).

Trench 1—San Juan Site

Location and Methodology

Trench 1 was located in a raised field platform and canal directly south of San Juan ranch and directly west of the airstrip (Figure 20). This excavation had three purposes: 1) to define the structure of a raised field platform, 2) to test the association of the San Juan site with raised fields, and 3) to place both the site and the fields in chronological context.

The long axis of this raised field platform is oriented at 95° 10', and the trench was oriented at 5° 10', crossing the platform and adjacent canal. Half of the trench lay in the platform and half in the canal to the north. The field is less than 30 cm tall, and determination of the boundary between the platform and the canal is not precise. The trench was excavated according to natural stratigraphy, and elevations were recorded with a transit. The datum was located 11 m from the southeast corner of the trench, at an angle of 248° 11' from the corner. The trench was 6 m long by .5 m wide, and the trench was excavated to a point 5 cm into the subsoil, a depth of 62 cm below the surface. All soil was screened through 1 cm screen.

Trench 1—Results

Stratum 1 began at the ground surface and extends from a maximum elevation of 100.01 m to a minimum of 99.64 m throughout the trench (Figure 20). In the south end of the trench, in the raised field platform, the soil was a dark grayish brown silt loam. Towards the center of the trench, the color was very dark grayish brown, and in the north end of the trench, in the raised field canal, the color was very dark gray. This change in color was gradual. Moving from south to north, the soil on the surface gradually became slightly moister. Some small roots from grasses were present, and in some places these roots were dense. Insect burrows were also present, both ant nests and termite mounds. The interface between Stratum 1 and Stratum 2 below was gradual and smooth. There were many cracks in the soil, from the drying of the clay soil. More cracks were present in the north end of the trench than in the south end of the trench. Sherds were present in Stratum 1, near to the interface with Stratum 2.

Stratum 2 was immediately below Stratum 1 and also extended throughout the trench from a maximum elevation of 100.00 m to a minimum of 99.45 m. Similar to the soil of Stratum 1, this soil changed color throughout the trench. To the south, the soil was a yellowish brown silt loam. Farther to the north, it was a brown silt loam. Throughout the stratum, clay content decreased with depth. Roots were not present in the stratum. Some insect burrows, from both ants and termites, were present. The interface with Stratum 1 above was gradual and smooth. The interface with Stratum 3 below was more abrupt, with a smooth contour. Yellowish stains from *cascajo* were present. This stratum was less compact than Stratum 1. Some of the cracks that were visible in Stratum 1 continued into Stratum 2. More of these cracks were located on the north side than on the south side. Sherds were present in this stratum near the interface with Stratum 1.

Stratum 3 was immediately below Stratum 2 and also extended throughout the trench, from a maximum elevation of 99.64 m to a minimum of 99.35 m. This soil was light brownish gray clay loam, with reddish stains from *cascajo*. Roots were not present, but there were some insect burrows from ants and termites. The cracks from Strata 1 and 2 do not penetrate to Stratum 3. The interface with Stratum 2 above was abrupt, with a smooth contour. No sherds were recovered from Stratum 3.

Trench 1—Interpretation

Strata 1 and 2 are interpreted as the soils of the raised field platform, which have eroded into the canal. They were probably originally taken from the adjacent canal, and used to form the platform. The original level of the savanna could not be clearly distinguished in the profile. Strata 1 and 2 include the soil that was excavated from the canal and used to construct the platform, but the original height of the platform cannot be determined exactly.

trinchera, a un ángulo de 248° 11' desde la esquina. La trinchera tenía 6 m de largo por .5 de ancho, y fue excavada hasta un punto 5 cm dentro del subsuelo, una profundidad de 62 cm por debajo de la superficie. Todo el suelo fue tamizado en una malla de 1 cm.

Trinchera 1—Resultados

El estrato 1 comenzó en la superficie y se extendió desde una elevación máxima de 100.01 m hasta una mínima de 99.64 cm a lo largo de toda la trinchera (Figura 20). En el extremo sur de la trinchera, en la plataforma del campo elevado, el suelo era una greda limosa café grisácea oscura. Hacia el centro de la trinchera, el color era café grisáceo muy oscuro, y en el extremo norte, en el canal del campo elevado, el color era gris muy oscuro. Este cambio de color fue gradual. Yendo de sur a norte, el suelo de la superficie se fue haciendo gradualmente levemente más húmedo. Había presencia de pequeñas raíces y hierbas, y en algunos lugares esta raíces eran densas. También estaban presentes horadaciones de insectos, tanto nidos de hormigas como montículos de termitas. La interfase entre el Estrato 1 y el Estrato 2 debajo del primero era gradual y suave. Hay muchas grietas en el suelo, producto de cuando el suelo de arcilla se seca. Habían más grietas en el extremo norte de la trinchera que en el extremo sur. Habían tiestos presentes en el Estrato 1, cerca de la interfase con el Estrato 2.

El Estrato 2 estaba inmediatamente debajo del Estrato 1 y también se extendía a todo lo largo de la trinchera desde una elevación máxima de 100.0 m hasta una mínima de 99.45 m. Este suelo, de manera similar al del Estrato 1, cambiaba de color a lo largo de la trinchera. Hacia el sur, el suelo era una greda limosa café amarillenta. Más hacia el norte, era una greda limosa café. A lo largo del estrato, el contenido de arcilla disminuía con la profundidad. No habían raíces presentes en el estrato. Había presencia de algunas horadaciones de insectos, tanto de hormigas como de termitas. La interfase con el Estrato 1 de arriba era gradual y suave. La interfase con el Estrato 3 de abajo era más abrupta, con un contorno suave. Había presencia de manchas amarillentas del cascajo. Este estrato era menos compacto que el Estrato 1. Algunas de las grietas que estaban visibles en el Estrato 1 continuaban dentro del Estrato 2. Se encontraron más de estas grietas en el lado norte que en el lado sur. Los tiestos estaban presentes en este estrato cerca de la interfase con el Estrato 1.

El Estrato 3 estaba inmediatamente debajo del Estrato 2 y también se extendía a lo largo de la trinchera, desde una elevación máxima de 99.64 m hasta una mínima de 99.35 m. Este suelo era una greda arcillosa color gris pardusco claro, con manchas rojas del cascajo. No habían raíces, pero si habían horadaciones de insectos de hormigas y termitas. Las grietas del Estrato 1 y 2 no penetraban en el Estrato 3. La interfase con el Estrato 2 era abrupta, con un contorno suave. No se recuperaron tiestos del Estrato 3.

Trinchera 1—Interpretación

Los Estratos 1 y 2 se interpretan como los suelos de la plataforma de un campo elevado, que se erosionaron hacia el canal. Probablemente fueron tomados originalmente del canal adyacente y usados para formar la plataforma. El nivel original de la sabana no se podía distinguir claramente en el perfil. Los Estratos 1 y 2 incluyen el suelo que fue excavado del canal y usado para construir la plataforma, pero la altura original de la plataforma no puede determinarse con exactitud.

Al momento de la construcción, la diferencia entre la plataforma y el canal debe haber sido mayor que en el presente, y era probablemente menos de 50 cm. Si la diferencia hubiera sido alguna vez mayor a 50 cm, el límite entre el Estrato 2 y 3 sería más bajo en el extremo correspondiente al canal en la trinchera que lo que se ve.

Los cambios de color del Estrato 1 al Estrato 2 son el resultado de leves diferencias en la humedad del suelo correspondientes a las diferencias en elevación. El Estrato 3 es el subsuelo, datando de antes de la construcción de la plataforma y el canal. El subsuelo es similar a otros subsuelos encontrados a través de toda el área de estudio.

Aunque la diferencia entre la plataforma y el canal es hoy en día menor a 30 cm, esta elevación cambia muchas de las características del suelo. Esta plataforma de campo elevado mejoró las condiciones para el cultivo al mejorar el drenaje del agua de lluvia. La ubicación de este campo elevado en terreno más alto mejoró las condiciones para el cultivo al mejorar el drenaje del agua del río.

Los tiestos que se recuperaron de la plataforma confirman que es un rasgo artificial. Su pintura en líneas finas indica que datan del periodo prehispánico. También se asocian tentativamente con los tiestos encontrados y fechados en la Trinchera 2. Los tiestos no estaban enterrados profundamente, y es posible que no estén en un contexto primario.

Trinchera 2—Sitio San Juan

Trinchera 2—Ubicación y Metodología

La Trinchera 2 estaba ubicada 3 metros al oeste del Transecto C, cerca de dos pruebas de pala donde se encontró un denso depósito de tiestos (Figura 21). En las pruebas de pala, los tiestos se localizaron a profundidades de 36 a 48 cm debajo de la superficie. La trinchera estaba orientada al eje del norte magnético. Se excavó de acuerdo a la estratigrafía natural, y las elevaciones se registraron usando un tránsito. El punto de referencia estaba ubicado 3 m al este de la esquina sureste de la trinchera. La trinchera medía 2 m por 2 m y fue excavada hasta 5 cm dentro del subsuelo, una profundidad máxima de 68 cm bajo superficie (Figura 22). Esta excavación tenía dos propósitos: ayudar a definir la estructura de un depósito de antrosol, y colocar al sitio en un contexto cronológico.

Trinchera 2—Resultados

El Estrato 1, comenzando desde la superficie del terreno, se extendía a lo largo de la trinchera desde una elevación máxima de 100.08 m hasta un mínimo de 99.88. Era una greda limosa café grisácea oscura. Habían sólo unas pocas raíces pequeñas

At the time of construction, the difference between platform and canal must have been greater than at present, and was probably less than 50 cm. If the difference were once greater than 50 cm, the boundary of Strata 2 and 3 would be lower in the canal end of the trench than it is.

The changes in color from Stratum 1 to Stratum 2 are the result of slight differences in soil moisture corresponding to differences in elevation. Stratum 3 is the subsoil, predating the construction of the platform and canal. The subsoil is similar to other subsoils encountered throughout the study area.

Even though the difference between the platform and canal is today less than 30 cm, this elevation changes many of the soil characteristics. This raised field platform improved conditions for cultivation by improving drainage of rainwater. The location of this raised field on higher ground improved conditions for cultivation by improving the drainage of water from the river.

The sherds that were recovered from the platform confirm that it is an artificial feature. Because of their fine-lined painting, they indicate that it dates to the prehispanic period. They also tentatively associate it with the sherds found and dated in Trench 2. The sherds are not deeply buried, and it is possible that they are not in primary context.

Trench 2—San Juan Site

Trench 2—Location and Methodology

Trench 2 was located 3 meters due west of Transect C, near two shovel tests in which a dense deposit of sherds was found (Figure 21). In the shovel tests, sherds were located at depths from 36 to 48 cm below the surface. The trench was oriented to the magnetic north axis. It was excavated according to natural stratigraphy, and elevations were recorded using a transit. The datum was located 3 m due east of the southeast corner of the trench. The trench measured 2 m by 2 m and was excavated 5 cm into the subsoil, a maximum depth of 68 cm below the surface (Figure 22). This excavation had two purposes: to help define the structure of an anthrosol deposit, and to place the site in chronological context.

Trench 2—Results

Stratum 1, beginning from the ground surface, extended throughout the trench from a maximum elevation of 100.08 m to a minimum of 99.88 m. It was a dark grayish brown silt loam. There were only a few small roots from grasses. The surface was slightly uneven. The interface with Stratum 2 below was gradual, and had a smooth contour. There were cracks from the drying of the soil in Stratum 1, every 15 or 20 cm. There were some yellowish *cascajo* soils that became visible only when the soil was dry. Sherds were present in Stratum 1.

Stratum 2 was located directly below Stratum 1, and also extended throughout the trench. This stratum ranged in elevation from a maximum of 99.93 m to a minimum of 99.60 m. It was a brown silt loam. Slightly more clay was present in Stratum 2 than in Stratum 1. Few roots were present in this stratum. The interface with Stratum 1 above was gradual and smooth. The cracks in the soil continued into Stratum 2, where they occur every 20 or 30 cm. Yellowish *cascajo* stains, as well as some orange *cascajo* stains were present. Sherds were also present in Stratum 2. The largest sherds in this layer were from the base of this stratum, and were associated with bits of wood charcoal.

Stratum 3 was located directly below Stratum 2, and also extended throughout the trench. It extended from a maximum elevation of 99.62 m to a minimum of 99.45 m. It was a light gray silty clay loam, with many yellowish *cascajo* stains. The interface with stratum 2 above was gradual and smooth, as was the interface with stratum 4 below. Artifacts and charcoal were recovered from Stratum 3. Several sherds from fine-lined painted pottery were recovered.

Stratum 4 was a light grayish brown clay loam, with a fine blocky structure. It had many yellowish red *cascajo* stains. It extended from a maximum elevation of 99.38 m to a minimum of 98.94 m. Cracks were not present in the soil. The interface with Stratum 3 above was gradual and smooth. The bottom of this stratum was the termination of the excavation. There were some sherds in this stratum, near the interface with Stratum 3 above.

Trench 2—Interpretation

Stratum 1 is interpreted as the A Horizon. The sherds that are present in this stratum may have been present originally in the lower strata and moved upwards through the actions of burrowing animals.

Stratum 2 is interpreted together with Stratum 3 as an area where garbage was disposed. The sherds do not have a clear spatial pattern. For example, the sherds are not all oriented horizontally, which would suggest a living floor. Neither Stratum 2 nor Stratum 3 represents a living floor.

Stratum 4 is interpreted as the natural subsoil. It has the same color and texture as the subsoils that were encountered in shovel tests from Transects 1 and 2 and throughout the study area.

The cultural remains from this trench are interpreted as a garbage disposal area, associated with an occupation of the forested levee. The shovel test results indicated that sherds were scattered on three sides of the levee. This levee is now forested, and the prehispanic sherds lie just outside the modern woods, in a transition zone between the forest and savanna. The modern vegetation in this zone includes trees, bushes and grasses.

Trench 2—Radiocarbon results

A total of 7 radiocarbon age determinations were made using charcoal samples from Trench 2 (Figure 23; Table 10). Beta Analytic, Inc. processed two of the samples, and the University of Arizona Accelerator Mass Spectrometry (AMS) Laboratory processed five. Of the 7 samples, one was processed using extended count methods, and the other 6 were

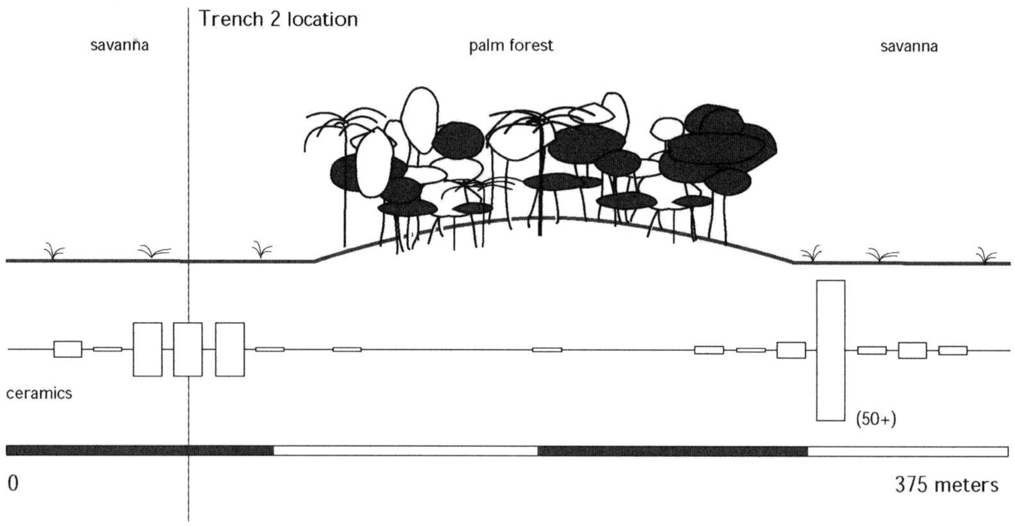

Figura 21. Ubicación de la trinchera 2 en relación al transecto 3, sitio San Juan.
Las barras representan el número de tiestos recuperados en las pruebas de pala del transecto.
Figure 21. Location of trench 2 in relation to transect 3, San Juan site
The bars represent the number of potsherds recovered in the shovel tests of the transect.

de hierbas. La superficie era levemente desigual. La interfase con el Estrato 2, debajo, era gradual, y tenía un contorno suave. Habían grietas debido a lo que el suelo del Estrato 1 se seca, cada 15 o 20 cm. Habían algunos suelos amarillentos de cascajo que se hacían visibles sólo cuando el suelo estaba seco. Habían tiestos presentes en el Estrato 1.

El Estrato 2 estaba localizado directamente debajo del Estrato 1, y también se extendía a lo largo de la trinchera. Este estrato variaba en elevación desde un máximo de 99.93 m a un mínimo de 99.60 m. Era una greda limosa café. Había levemente más arcilla presente en el Estrato 2 que en el Estrato 1. Habían pocas raíces presentes en este estrato. La interfase con el Estrato 1 superior era gradual y suave. Las grietas en el suelo continuaban dentro del Estrato 2, donde ocurrían cada 20 o 30 cm. Las manchas amarillentas de cascajo, así como algunas anaranjadas de cascajo, también estaban presentes. Habían tiestos presentes en el Estrato 2. Los tiestos más grandes en esta capa estaban en la base de la misma, y estaban asociados con pedazos de carbón de madera.

El Estrato 3 estaba localizado directamente debajo del Estrato 2, y también se extendía a lo largo de la trinchera. Iba desde una elevación máxima de 99.62 m a una mínima de 99.45 m. Era una greda arcillo-limosa de color gris claro, con muchas manchas amarillentas de cascajo. La interfase con el

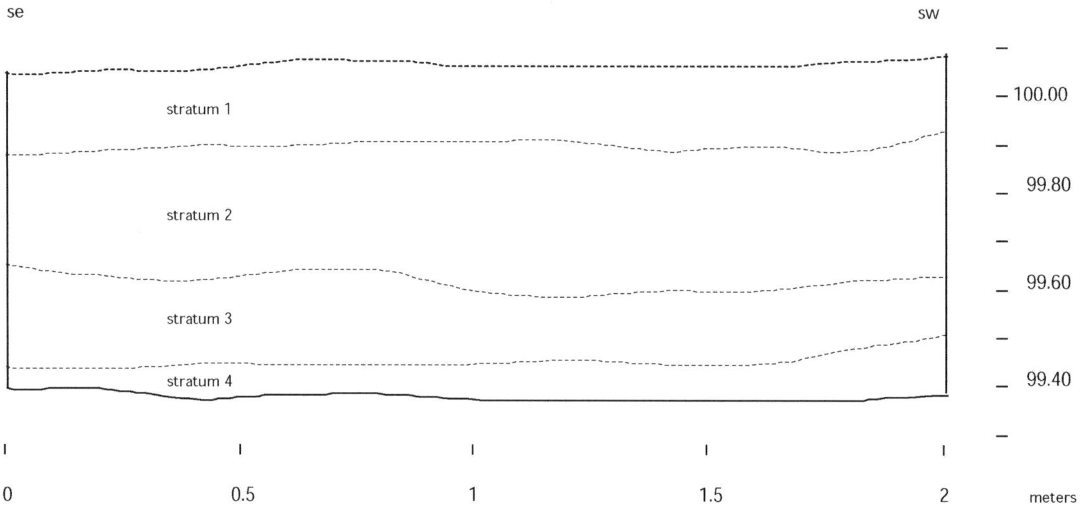

Figura 22. Perfil sur de la trinchera 2, sitio San Juan.
Figure 22. Trench 2 south profile, San Juan site.

processed using the AMS technique. The dates cluster into two groups, one made up of 5 dates, and the other of 2 dates. The dates from the group of 2 calibrate to 4894 cal B.C. through 4509 cal B.C. and 4714 cal B.C. through 4467 cal B.C. The group of five dates calibrate to cal A.D. 446 through cal A.D. 665, cal A.D. 426 through cal A.D. 637, cal A.D. 414 through cal A.D. 613, cal A.D. 410 through cal A.D. 622, and cal A.D. 418 through cal A.D. 623. The two groups of dates are separated by about 5,000 years.

The earlier dates are surprising because all 7 samples were recovered from within 13 cm of one another in the vertical dimension and within an area of less than 4 m^2. One of the early dates was recovered from the subsoil (Stratum 4), and the other was recovered in Stratum 3 within 15 cm of the interface between Stratum 3 and Stratum 4. The early dates are interpreted as the result of a grass fire, rather than a domestic fire. It is possible that humans set this fire, but without further evidence, it is unwise to pursue this line of argument.

The other group of five dates calibrate to the fifth, sixth and seventh centuries A.D. These dates are associated with the sherds recovered from the trench. The five dates overlap from cal A.D. 446 through cal A.D. 613, an interval of 167 years. The later dates are interpreted as the remains of domestic fires, associated with sherds in the context of a garbage disposal area.

The San Juan site represents a community of raised field farmers who lived along the Iruyañez River during the sixth century A.D. The people living at the San Juan site made and used pottery painted with fine lined geometric designs. Sherds of fine lined pottery were found in Trench 1, suggesting that the people who produced the pottery used the raised fields, as well. The size of the occupied area at the San Juan site cannot be accurately determined without more shovel testing, but it was probably greater than 1 ha and less than the total of 24 ha of high ground.

Dark colored anthrosols are not present at the San Juan site. However, the density of recovered sherds suggests that the site was permanently occupied. The archaeological evidence from the San Juan site differs from that recovered at the Cerro site (Table 11).

The Cerro Site

The Cerro site is named for a rock formation approximately 40 m high and 10 ha in extent, which is surrounded by about 110.77 ha of forested high ground (Figure 24). The Cerro rock formation is the highest point for many kilometers. The surrounding high ground has been occupied continuously throughout local memory. A permanent stream (Cerro Creek) lies along the southwest side, and the Iruyañez River lies three kilometers to the south. The entire forested "levee" at Cerro contains evidence of modern occupation, in the form of slash-and-burn fields, abandoned slash-and-burn fields, trails, abandoned houses and mango groves.

Transects

Two transects of shovel tests were excavated at right angles in order to sample a large area of the levee. Transect 1 extended due east of a brick-lined well at the modern Cerro ranch, and extended through the levee into the savanna. Its total length was 615 m. Beginning from where Transect 1 exited the forest,

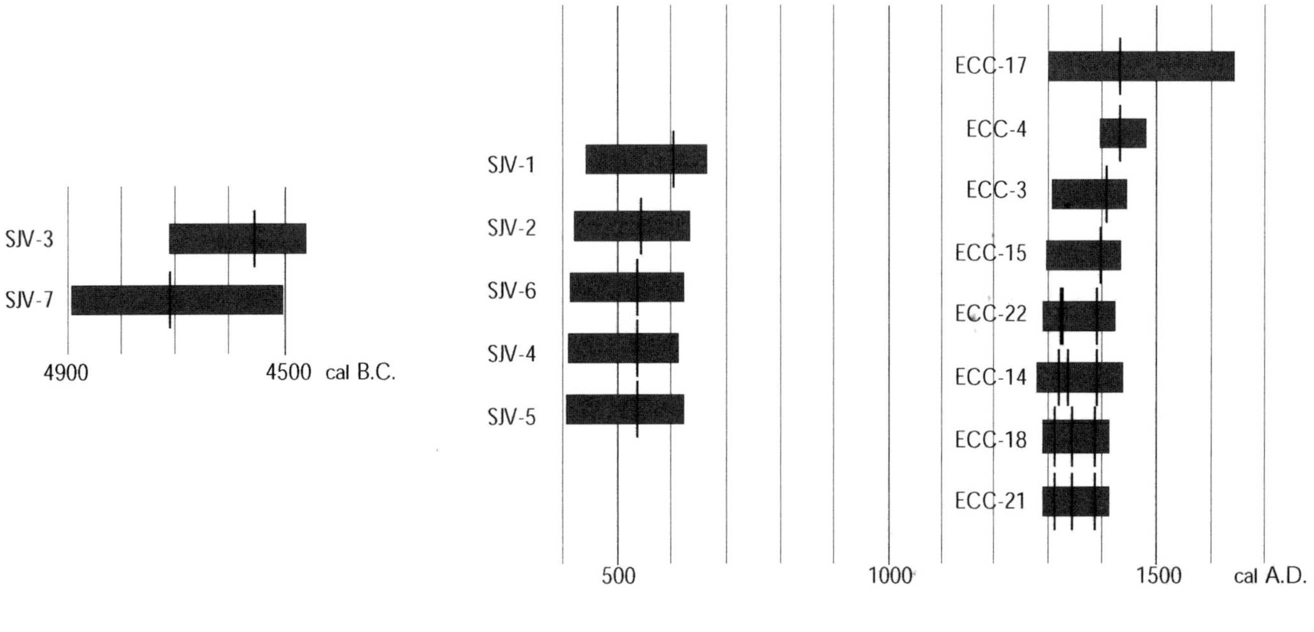

Figure 23. Calibrated radiocarbon dates from trench 2 and trench 3, the San Juan and Cerro sites. The dark lines represent intercepts.
Figura 23. Fechas calibradas de radiocarbono de las trincheras 2 y 3, sitios San Juan y Cerro.
Las líneas oscuras representan intervalos.

RADIOCARBON AGES AND CALIBRATIONS—EDADES RADIOCARBONICAS Y CALIBRACIONES
Cerro and San Juan Sites—Sitios Cerro y San Juan

			Radiocarbon Age—Edad Radiocarbónica			
Sample Number—No. de la Muestra	Sample Context—Contexto de la Muestra	Laboratory Number—No. de Laboratorio	B.P.—A.P.	A.D.—D.C.	B.C.—A.C.	Calibrated Date (2-sigma)—Fecha Calibrada (2 Sigma)
		Cerro Site, Trench 3—Sitio Cerro, Trinchera 3				
ECC-17	charcoal	117221	470 ± 90	1480		A.D. 1305 (1438) 1644
ECC-4	charcoal	117218	480 ± 50	1470		A.D. 1400 (1436) 1484
ECC-3	charcoal	AA30388	535 ± 45	1415		A.D. 1311 (1413) 1446
ECC-15	charcoal	AA30389	570 ± 45	1380		A.D. 1302 (1403) 1437
ECC-22	charcoal	AA30392	600 ± 45	1350		A.D. 1295 (1328, 1333, 1395) 1428
ECC-14	charcoal	117220	610 ± 70	1340		A.D. 1281 (1322, 1340, 1393) 1439
ECC-18	charcoal	AA30390	620 ± 40	1330		A.D. 1292 (1315, 1347, 1390) 1412
ECC-21	charcoal	AA30391	620 ± 40	1330		A.D. 1292 (1315, 1347, 1390) 1412
		San Juan Site, Trench 2—Sitio San Juan, Trinchera 2				
SJV-1	charcoal	AA30383	1475 ± 55	475		A.D. 446 (607) 665
SJV-2	charcoal	AA30384	1530 ± 45	420		A.D. 426 (548) 637
SJV-6	charcoal	AA30386	1550 ± 45	400		A.D. 418 (541) 623
SJV-4	charcoal	AA30385	1560 ± 45	390		A.D. 414 (538) 613
SJV-5	charcoal	117223	1560 ± 50	390		A.D. 410 (538) 622
		San Juan Site, Trench 2—Sitio San Juan, Trinchera 2				
SJV-3	charcoal	117222	5740 ± 40		3790	B.C. 4714 (4557) 4467
SJV-7	charcoal	AA30387	5825 ± 70		3875	B.C. 4894 (4714) 4509

Tabla 10. Fechas radiocarbónicas y calibraciones, sitios San Juan y Cerro. Calibraciones según Stuvier y Reimer 1986.
Table 10. Radiocarbon ages and calibrations, San Juan and Cerro sites. Calibration follows Stuvier and Reimer 1986.

Estrato 2 de arriba era gradual y suave, lo mismo que la interfase con el Estrato 4 de abajo. Se recuperaron artefactos y carbón del Estrato 3. Varios tiestos de cerámica pintada con finas líneas fueron recuperados.

El Estrato 4 era una greda arcillosa café grisácea clara, con una estructura aterronada fina. Tenía muchas manchas rojo amarillentas de cascajo. Se extendía desde una elevación máxima de 99.38 m hasta una mínima de 98.94 m. No habían grietas presentes en el suelo. La interfase con el Estrato 3 de arriba era gradual y suave. El fondo de este estrato fue el final de la excavación. Habían algunos tiestos en este estrato, cerca de la interfase con el Estrato 3 de arriba.

Trinchera 2—Interpretación

El estrato 1 se ha interpretado como el Horizonte A. Los tiestos que están presentes en este estrato pueden haber estado originalmente presentes en los estratos inferiores y haberse movido hacia arriba a través de las acciones de los animales que hacen madrigueras.

El Estrato 2 se interpreta junto con el Estrato 3 como un área donde se depositó basura. Los tiestos no tienen un patrón espacial claro. Por ejemplo, los tiestos no están todos orientados horizontalmente, lo cual sugeriría un piso de habitación. Ni el Estrato 2 ni el 3 representa un piso de habitación.

El Estrato 4 se interpreta como el subsuelo natural. Tiene el mismo color y textura que los subsuelos que se encontraron en las pruebas de pala de los Transectos 1 y 2 y a través del área de estudio.

Los restos culturales de esta trinchera son interpretados como un área para botar basura, asociada con una ocupación del dique boscoso. Los resultados de las pruebas de pala indicaron que los tiestos estaban dispersos en tres lados del dique. Este dique tiene ahora bosque, y los tiestos prehispánicos yacen justo fuera del bosque moderno, en una zona de transición entre el bosque y la sabana. La vegetación moderna en esta zona incluye árboles, arbustos y hierbas.

Trinchera 2—Resultados de Radiocarbono

Se hicieron un total de 7 determinaciones de edad por radiocarbono, usando muestras de carbón de la Trinchera 2 (Figura

Transect 2 extended due south through the levee and into the savanna. Its total length was 1140 m.

The levee is covered with palm forest and modern swidden fields. There was a strong contrast between the soils of the north and west part of the levee (sampled in Transect 1) and the soils of the central and southern parts of the levee (sampled in Transect 2). Reddish sandy soils with few sherds were found in the shovel tests of Transect 1. Dark soils, burned clay and dense deposits of sherds were found in most of the shovel tests in Transect 2, and sherds were recovered on the surface in some locations. Transect 2 intersected a deposit of anthrosol that was approximately 500 m across (Figure 24).

The total area of occupation at the Cerro site is difficult to determine. One method is to draw a circle around the shovel tests that contained sherds. This provides a range of estimates for the area of occupation that is represented by the linear transect data. If you put a circle around the northern concentration of sherds in Figure 25 it would enclose 22 shovel tests, all of which contained sherds. This circle would have a diameter of 330 m. A circle around the entire cross section of anthrosol would enclose a total of 34 shovel tests, all but two of which contained sherds. This circle would have a diameter of 510 m. The areas of these circles can be used as estimates of the area occupied at the site. Based on this range of estimates, Transect 2 at the Cerro site crosses a site with an area between 8.5 ha and 20 ha. The transects document a prehispanic settlement that covered a significant area of the levee surrounding the Cerro rock formation.

Trench 3—Cerro Site

Trench 3—Location and Methodology

Trench 3 was located next to Transect 2 (Figure 25), near shovel tests in which sherds and charcoal were recovered to a depth of 120 cm below the surface (Figure 26). The trench was 2 m by 2 m square, and was oriented to magnetic north. The trench was excavated according to natural stratigraphy, and elevations were recorded with a transit. The datum was located 1.414 m due northeast of the northeast corner of the trench. The trench was excavated to at least 5 cm into the subsoil, about 120 cm below the surface. All the soil excavated from the trench was screened using 1 cm screen. This excavation had two purposes: to help define the structure of an anthrosol deposit, and to place the site in chronological context.

Trench 3—Results

Stratum 1, beginning from the ground surface, extended throughout the trench (Figure 26). It extended from a maximum elevation of 99.75 m to a minimum of 99.56 m. It was a black, very friable sandy loam, and passed easily through the screen. Many roots of all sizes were present. The interface with Stratum 2 below was very gradual and smooth. The difference between Strata 1 and 2 was visible in the floor of the trench during the process of excavation, but it was not possible to see the distinction in the profile. The difference between Strata 1 and 2 was probably no more than a slight difference in the amount of organic material. Stratum 1 had a weak and very

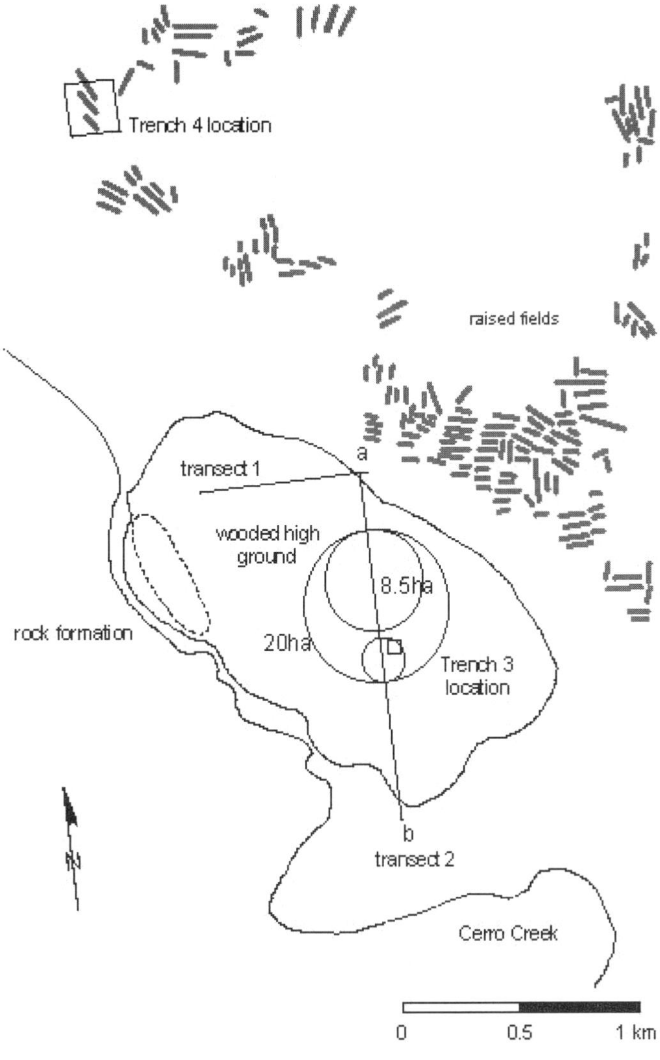

Figure 24. Location of trench 3 and trench 4 at the Cerro site. Compare to figure 15.
Figura 24. Ubicación de las trincheras 3 y 4 en el sitio Cerro. Compare con la figura 15.

COMPARISON OF ARTIFACTS—COMPARACION DE ARTEFACTOS
Cerro and San Juan Sites—Sitios Cerro y San Juan

	Trench 2—Trinchera 2 San Juan	Trench 3—Trinchera 3 El Cerro
Area excavated—Area excavada	4 m2	4 m2
Volume excavated—Volumen excavado	3.2 m3	4.8 m3
Total ceramics—Total de cerámica	72	1,009
Sherds/m3—Tiestos/m3	22.50	210.21
Presence of graters—Presencia de ralladores	no	yes
Presence of grinders—Presencia de moledoras	no	yes
Painted ceramics—Cerámica pintada		
By lot—Por lote		
Two sides painted—Dos lados pintados	3	0
One side painted—Un lado pintado	12	5
No paint—Sin pintura	8	30
Paint percentage—Porcentaje con pintura	65.22%	14.29%
By sherd count—Por conteo de tiestos		
Two sides painted—Dos lados pintados	4	0
One side painted—Un lado pintado	42	152
No paint—Sin pintura	26	857
Paint percentage—Porcentaje con pintura	63.89%	15.06%

Figura 11. Comparación de los sitios San Juan y Cerro.
Figure 11. Comparison of San Juan and Cerro sites.

23; Tabla 10). Beta Analytic, Inc. procesó dos de las muestras y el Laboratorio Acelerador de Espectrometría de Masa de la Universidad de Arizona procesó cinco. De las 7 muestras, una fue procesada usando métodos de conteo extendidos, y las otras 6 fueron procesadas usando la técnica de AMS (Espectrometría Acelerada de Masa). Las fechas se agrupan en dos grupos, uno compuesto de 5 fechas, y otro compuesto de 2 fechas. Las fechas del grupo de 2 se calibran a 4894 cal A.C. hasta 4509 cal A.C. y 4714 cal A.C. hasta 4467 cal A.C. El grupo de cinco fechas se calibran a 446 cal D.C. hasta 665 cal D.C., 426 cal D.C. hasta 637 cal D.C., 414 cal D.C. hasta 613 cal D.C., 410 cal D.C. hasta 622 cal D.C., y 418 cal D.C. hasta 623 cal D.C. Los dos grupos de fechas están separados por cerca de 5000 años.

Las fechas más tempranas son sorprendentes porque las 7 muestras se recuperaron de dentro de 13 cm una de otra en la dimensión vertical y dentro de un área de menos de 4 m^2. Una de las fechas tempranas se recuperó del subsuelo (Estrato 4), y la otra se recuperó en el Estrato 3 a 15 cm de la interfase entre el Estrato 3 y el Estrato 4. Las fechas tempranas se interpretan como el resultado de un incendio de pastos y no de un fuego doméstico. Es posible que seres humanos hayan prendido este incendio, pero sin evidencia adicional, es desaconsejable seguir esta línea de argumento.

El otro grupo de cinco fechas están calibradas al quinto, sexto y séptimo siglos D.C. Estas fechas están asociadas con los tiestos recuperados de la trinchera. Las cinco fechas se sobreponen desde 446 cal D.C. hasta 613 cal D.C., un intervalo de 167 años. Las fechas más tardías se interpretan como de restos de fuegos domésticos, asociados con los tiestos en el contexto de un área para botar basura.

El sitio San Juan representa una comunidad de agricultores de campos elevados que vivían a lo largo del río Iruyañez durante el siglo sexto D.C. La gente que vivía en el sitio San Juan hacía y usaba cerámica pintada con diseños geométricos en finas líneas. En la Trinchera 1 se encontraron tiestos de cerámica de líneas finas, sugiriendo que la gente que producía la cerámica usaba también los campos elevados. El tamaño del área ocupada en el sitio San Juan no puede ser determinada con exactitud si no se hacen pruebas de pala adicionales, aunque esta era probablemente mayor a 1 ha y menor a las 24 ha del total de terreno elevado.

Los antrosoles de color oscuro no están presentes en el sitio San Juan. Sin embargo, la densidad de los tiestos recuperados sugiere que el sitio estaba ocupado permanentemente. La evidencia arqueológica del sitio San Juan difiere de aquella recuperada en el sitio Cerro (Tabla 11).

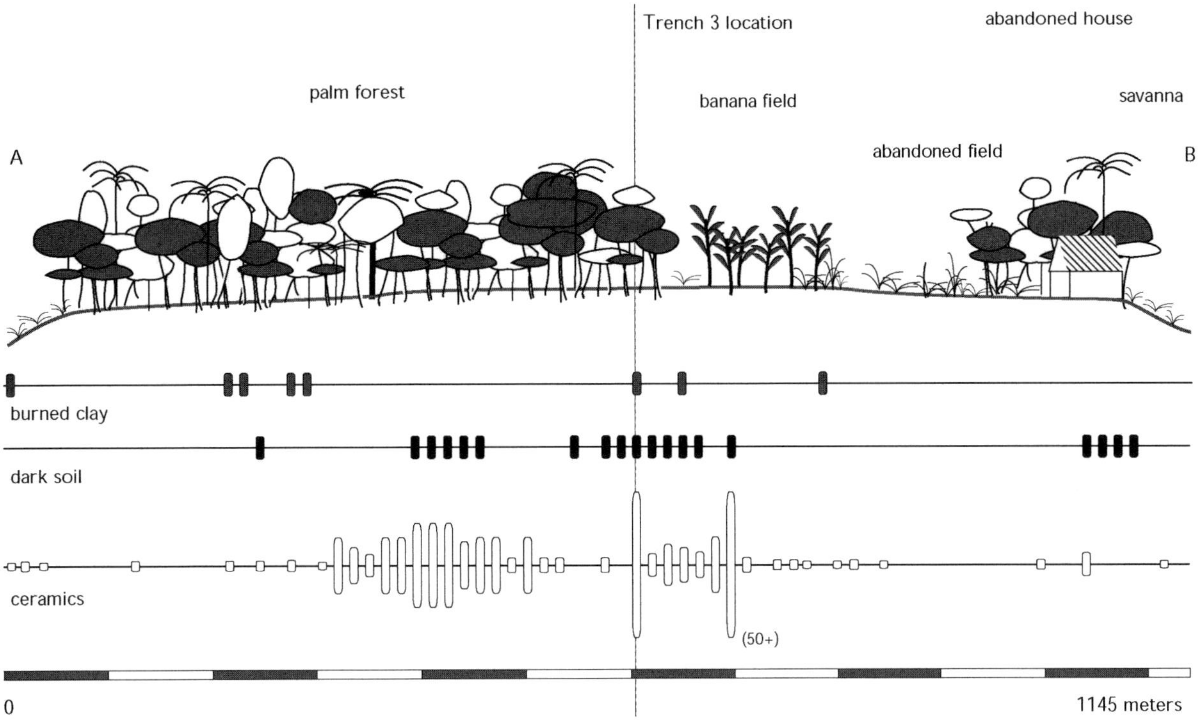

Figure 25. Location of trench 3, the Cerro site. The bars represent the number of potsherds recovered in the shovel tests of the transect, as well as the presence of burned clay, and dark soil.
Figura 25. Ubicación de la trinchera 3, sitio Cerro. Las barras representan el número de tiestos recuperados en las pruebas de pala del transecto, así como la presencia de arcilla quemada, y suelo oscuro.

fine-grained structure. Many sherds were recovered from this stratum. Wood charcoal was present in this stratum.

Stratum 2 was immediately below Stratum 1, and also extended throughout the trench, from a maximum elevation of 99.56 m to a minimum of 99.23 m. Stratum 2 was a very dark brown sandy loam. The texture of the soil was very loose and friable. Many roots of all sizes were present. The interface with Stratum 1 above was very gradual and smooth. The interface with Stratum 3 below was gradual and uneven. Wood charcoal was present, and many sherds were also recovered.

Stratum 3 was immediately below Stratum 2, and also extended throughout the trench. It extended from a maximum elevation of 99.52 m to a minimum of 98.81 m. The soil was a very dark grayish brown sandy loam. The soil texture was somewhat friable, but compact. There were only a few roots, which were small. The interface with Stratum 2 above was gradual and uneven, and the interfaces with the three strata below, Strata 4, 5 and 6, were uneven and abrupt. No soil structure was present. There were many sherds in this stratum, and carbon was recovered, as well. Burned clay was present in this stratum. The part of Stratum 3 located above Stratum 6 had a slightly redder color than the rest of Stratum 3. Second, near the center of the north profile, the distinction between Strata 3, 5 and 6 is very difficult to make.

Stratum 4 was located between Stratum 3 above and Stratum 5 below, in the southwest quadrant of Trench 3. It extended from a maximum elevation of 99.04 m to a minimum of 98.67 m. It was a dark gray to black colored silt loam. The interface with Stratum 3 above was abrupt and almost level. The interface with Stratum 5 below was abrupt and uneven. There were a few small roots. No soil structure was present. Wood charcoal was present, as well as burned clay, and large numbers of sherds. In some places, large sherds defined the lower interface of Stratum 4.

Stratum 5 extended throughout the trench, beneath Strata 3, 4 and 6. It was a red clay loam. The stratum extended from a maximum elevation of 99.37 m to a minimum of 98.51 m at the bottom of the trench. The soil was compact and hard. There were only a few small roots. Some sherds were recovered near the interfaces with the strata above, but no sherds were recovered deeper than 2 cm or 3 cm into the stratum. The interfaces with all of the strata above (Strata 3, 4 and 6) were both uneven and abrupt. There was some wood charcoal in this stratum. The soil had a blocky structure, with blocks of less than 5 cm diameter. The soil structure was very weak.

Stratum 6 was located between Stratum 3 above and Stratum 5 below, in the northeastern quadrant of the trench. It extended from a maximum elevation of 99.04 m to a minimum

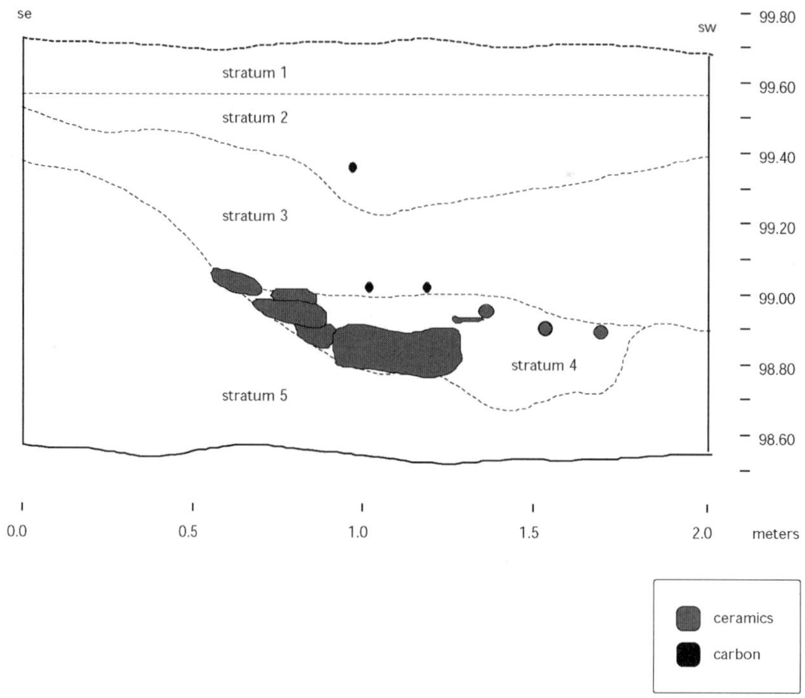

Figura 26. Perfil sur de la trinchera 3, sitio Cerro.
Figure 26. Trench 3 south profile, the Cerro site.

El Sitio Cerro

El sitio Cerro recibe el nombre de una formación rocosa de aproximadamente 40 m de alto y 10 ha de extensión, la cual está rodeada de cerca de 110.77 ha de terreno elevado con bosque (Figura 24). La formación rocosa Cerro es el punto más alto en muchos kilómetros. El terreno elevado que la rodea ha sido ocupado continua mente a lo largo de la memoria local. Un arroyo permanente (el arroyo Cerro) corre a lo largo del lado suroccidental, y el río Iruyañez corre tres kilómetros hacia el sur. Todo el dique boscoso en Cerro contiene evidencia de ocupación moderna, en la forma de campos de roza y quema, campos de roza y quema abandonados, senderos, casas abandonadas y arboledas de mango.

Transectos

Se excavaron en ángulos rectos dos transectos de pruebas de pala a fin de muestrear un área grande del dique. El Transecto 1 se extendía hacia el este de un pozo de ladrillo en la actual Estancia Cerro, y se extendía a través del dique hasta la sabana. Su longitud total fue de 1140 m.

El dique está cubierto con un bosque de palmeras y campos modernos de roza y quema. Había un fuerte contraste entre los suelos de la parte norte y de la parte oeste del dique (muestreadas en el Transecto 1) y los suelos de las partes central y sur del dique (muestreadas en el Transecto 2). En las pruebas de pala del Transecto 1 se encontraron suelos arenosos rojizos con pocos tiestos. En la mayoría de las pruebas de pala del Transecto 2 se encontraron suelos oscuros, arcilla quemada y densos depósitos de tiestos, y se recuperaron tiestos en la superficie de algunos emplazamientos. El Transecto 2 atravesó un depósito de antrosoles que medía aproximadamente 500 m de un lado a otro (Figura 24).

El área total de ocupación del sitio Cerro es difícil de determinar. Un método consiste en dibujar un círculo alrededor de las pruebas de pala que contuvieron tiestos. Esto provee un rango de cálculos para el área de ocupación que está representada por los datos lineales del transecto. Si se coloca un círculo alrededor de la concentración septentrional de tiestos de la Figura 25, este encerraría 22 pruebas de pala, todas ellas conteniendo tiestos. Este círculo tendría un diámetro de 330 m. Un círculo alrededor de todo el corte-sección del antrosol encerraría un total de 34 pruebas de pala, de las cuales sólo dos no contuvieron tiestos. Este círculo tendría un diámetro de 510 m. Las áreas de estos círculos pueden ser usadas como cálculos del área ocupada del sitio. En base a esta gama de cálculos, el Transecto 2 en el sitio Cerro cruza un sitio con un área de entre 8.5 y 20 ha. Los transectos documentan un asentamiento prehispánico que cubrió un área significativa del dique que rodeaba la formación rocosa Cerro.

Trinchera 3—Sitio Cerro

Trinchera 3—Ubicación y Metodología

La Trinchera 3 estaba localizada al lado del Transecto 2 (Figura 25), cerca de las pruebas de pala en las que se recuperaron tiestos y carbón a una profundidad de 120 cm bajo la superficie elevation of 98.64 m. It was a dark gray to very dark grayish brown sandy loam. Its interface with Stratum 3 above was almost level, and abrupt. The interface with Stratum 5 below was uneven and abrupt. There were a few small roots, and no soil structure was present. Some wood charcoal was present. Large numbers of sherds were also recovered. In some locations, large sherds defined the lower interface of this stratum.

Trench 3—Interpretation

The color of Strata 1 and 2 was darker and more gray than the soils sampled in Transect 1. Strata 1 and 2 had high concentrations of sherds. In combination with Strata 3, 4 and 6, they are interpreted as anthrosols, representing prehispanic occupation.

Stratum 3 is the thickest of the five soil strata that are interpreted as anthrosols. Dense concentrations of sherds were found in association with small pieces of wood charcoal in this stratum. In parts of the trench, Stratum 3 has an uneven lower limit. The lower elevations in Stratum 3 correspond to Strata 4 and 6. Strata and 4 and 6 are associated with Stratum 3. The presence of anthrosols is demonstrated by soil color, high concentrations of wood charcoal and sherds, and the presence of burned clay.

Stratum 4 is interpreted as part of a trash pit, used for the disposal of broken pottery, ashes, and other household debris. The recovered sherds had no discernible spatial pattern. Some of the sherds were oriented vertically and others were oriented horizontally. In addition, the lower boundaries of the stratum were not even, suggesting a secondary deposit, such as a garbage midden, rather than a primary deposit such as a house floor or an activity area.

Stratum 6 is interpreted as part of a second trash pit, used for the disposal of broken pottery, ashes, and other household debris. The sherds recovered had no discernible spatial pattern. Some of the sherds were oriented vertically and others were oriented horizontally. In addition, the lower boundaries of the stratum were not even, suggesting a secondary deposit, such as a garbage midden, rather than a primary deposit such as a house floor or an activity area. In addition to the sherds, many pieces of burned clay and of wood charcoal were also recovered, but they had no clear spatial pattern.

Stratum 5 is interpreted as subsoil. It was very hard and compact, and with the exception of the interfaces with the strata above, no sherds were recovered from Stratum 5. The color and texture of this soil were consistent with the subsoil found in other shovel tests from Transects 1 and 2 and throughout the study area.

Samples of wood charcoal were recovered from all the strata in the trench, including the upper part of Stratum 5, but excluding Stratum 1, which was too close to the surface to assure that the samples were not contaminated by modern carbon.

The trench confirmed the results from Transects 1 and 2, that a large deposit of anthrosols with dense concentrations of sherds is present. In some places in Trench 3, the anthrosol deposit is up to 120 cm deep, but in other areas, the deposit is only 30 cm deep.

Trench 3—Radiocarbon results

A total of 8 radiocarbon dates were obtained using samples from Trench 3 (Figure 23; Table 10). Beta Analytic, Inc. processed three of these samples, and the University of Arizona AMS Laboratory processed five. Of the eight samples, one was processed using conventional radiometric methods, one was processed using extended count methods, and the other six were processed using the AMS technique. When calibrated, all of the dates fall into a single group. The dates calibrate as follows: cal A.D. 1311 through cal A.D. 1446, cal A.D. 1400 through cal A.D. 1484, cal A.D. 1281 through cal A.D. 1439, cal A.D. 1302 through cal A.D. 1437, cal A.D. 1305 through cal A.D. 1644, cal A.D. 1292 through cal A.D. 1412, cal A.D. 1295 through cal A.D. 1428, and cal A.D. 1292 through cal A.D. 1412.

These samples establish the date of the occupation at the Cerro site to the fourteenth and fifteenth centuries A.D. In combination with the evidence from Transects 1 and 2, the dates suggest that more than 5 ha of the levee at Cerro were occupied in the century before the Spanish arrived in the New World.

Trench 4—Cerro Site

Trench 4—Location and Methodology

Trench 4 was located in a raised field platform to the north of the modern Cerro Ranch, just outside the fenced pasture in the open savanna. This excavation had three purposes: to define the structure of a raised field platform, to test the association of the Cerro site with raised fields, and to place both the site and the fields in chronological context.

The long axis of the middle of the three raised field platforms was oriented at an angle of 149° 24', and Trench 4 was oriented at 239° 24', with about half of the trench located on the platform, and about half located in the canal alongside. The difference in elevation between the platform and the canal was slight (Figure 27) and the precise boundary of the raised field platform and canal was not possible to determine. The trench was excavated according to natural stratigraphy, and elevations were recorded using a transit. The datum was located 6 m from the northwest corner of the trench, at an angle of 239° 24'. The trench was 6 m long by .5 m wide, and was excavated 5 cm into the subsoil.

Trench 4—Results

Stratum 1 was the first from the surface and extended throughout the trench (Figure 27). It extended from a maximum elevation of 99.97 m to a minimum of 99.61 m. It was a dark grayish brown silt loam. The soil was hard and compact in the first few centimeters, but generally it was friable. There were many small roots, and the soil had no structure. The lower interface with Stratum 2 was a gradual transition with a

(Figura 26). La trinchera era un cuadrado de 2 m por 2 m, y estaba orientada al norte magnético. La trinchera fue excavada de acuerdo a la estratigrafía natural, y se registraron las elevaciones con un tránsito. El punto de referencia se ubicó 1.414 m hacia el nororiente de la esquina noreste de la trinchera. Esta se excavó hasta por lo menos 5 cm dentro del subsuelo, cerca de 120 cm por debajo de la superficie. Todo el suelo excavado de la trinchera fue tamizado usando malla de 1 cm. Esta excavación tenía dos propósitos: ayudar a definir la estructura de un depósito de antrosol, y colocar al sitio en un contexto cronológico.

Trinchera 3—Resultados

El Estrato 1, que comenzaba desde la superficie del terreno, se extendía a lo largo de la trinchera (Figura 26). Se extendía desde una elevación máxima de 99.75 m hasta una mínima de 99.56 m. Era una greda arenosa muy deleznable, de color negro, y pasaba fácilmente por el tamiz. Habían muchas raíces de todo tamaño presentes. La interfase con el Estrato 2 de abajo era muy gradual y suave. La diferencia entre los Estratos 1 y 2 era visible en el piso de la trinchera durante el proceso de excavación, pero no era posible hacer una distinción en el perfil. La diferencia entre los Estratos 1 y 2 era probablemente no más que una pequeña diferencia en la cantidad de material orgánico. El Estrato 1 tenía una estructura de granos muy finos. Se recuperaron muchos tiestos en este estrato. También estaba presente carbón de madera.

El Estrato 2 estaba inmediatamente debajo del Estrato 1, y también se extendía a lo largo de toda la trinchera, desde una elevación máxima de 99.56 m hasta una mínima de 99.23 m. El Estrato 2 era una greda arenosa café muy oscuro. La textura del suelo era muy suelta y deleznable. Habían muchas raíces de diferentes tamaños. La interfase con el Estrato 1 de arriba era muy gradual y suave. La interfase con el Estrato 3 de abajo era gradual y desigual. Había carbón de madera presente, y se recuperaron también muchos tiestos.

El Estrato 3 estaba inmediatamente debajo del Estrato 2 e igualmente se extendía a lo largo de toda la trinchera. Se extendía desde una elevación máxima de 99.52 m hasta una mínima de 98.81 m. El suelo era una greda arenosa café grisácea muy oscura. La textura del suelo era un tanto deleznable, pero compacta. Habían sólo unas pocas raíces, las cuales eran pequeñas. La interfase con el Estrato 2 de arriba era gradual y desigual, y las interfases con los estratos inferiores, Estratos 4, 5 y 6, eran desiguales y abruptas. No había una estructura de suelo presente. Habían muchos tiestos en este estrato y también se recuperó carbón. Había arcilla quemada en este estrato. La parte del Estrato 3 localizada sobre el Estrato 6, tenía un color ligeramente más rojo que el resto del Estrato 3. Segundo, cerca del centro del perfil norte, la distinción entre los Estratos 3, 5 y 6 es difícil de hacer.

El Estrato 4 estaba ubicado entre el Estrato 3 encima y el Estrato 5 debajo, en el cuadrante suroeste de la Trinchera 3. Se extendía desde una elevación máxima de 99.04 m hasta una mínima de 98.67 m. Era una greda de limo de color entre gris oscuro y negro. La interfase con el Estrato 3 de arriba era abrupta y casi nivelada. La interfase con el Estrato 5 debajo era abrupta y desigual. Habían unas pocas raíces pequeñas. No había estructura de suelo presente. Había carbón de madera presente, así como arcilla quemada y un gran número de tiestos. En algunos lugares, la interfase inferior con el Estrato 4 estaba definida por tiestos grandes.

El Estrato 5 se extendía a lo largo de toda la trinchera, debajo de los Estratos 3, 4 y 6. Era una greda arcillosa roja. El estrato se extendía de una elevación máxima de 99.37 m a una mínima de 98.51 m en el fondo de la trinchera. El suelo era compacto y duro. Habían sólo unas pocas raíces pequeñas. Algunos tiestos se recuperaron cerca de las interfases con los estratos superiores, pero no se recuperaron tiestos a mas de 2 o 3 cm dentro del estrato. Las interfases con todos los estratos superiores (Estratos 3, 4 y 6) eran tan desiguales como abruptos. Había algo de carbón de madera en este estrato. El suelo tenía una estructura de bloque, con bloques de menos de 5 cm de diámetro. La estructura del suelo era muy débil.

El Estrato 6 estaba entre el Estrato 3 de encima y el Estrato 5 de abajo, en el cuadrante noreste de la trinchera. Se extendía desde una elevación máxima de 99.04 m hasta una mínima de 98.64 m. Era una greda arenosa de gris oscuro a café grisáceo muy oscuro. Su interfase con el Estrato 3 de encima era casi ni-

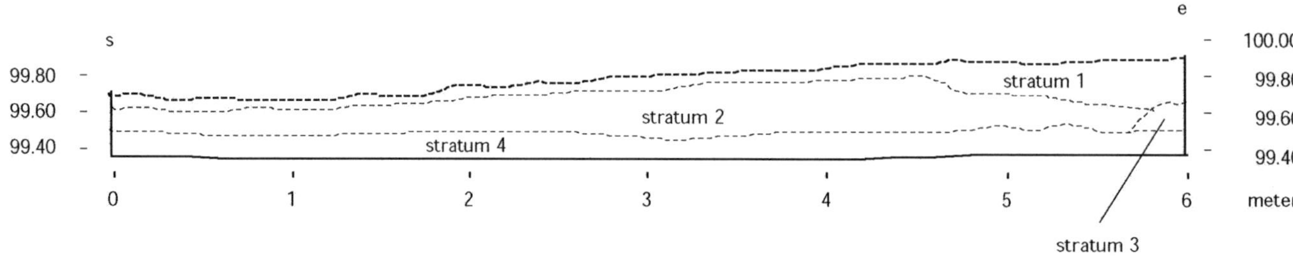

Figura 27. Perfil sureste de la trinchera 4, asociado con el sitio Cerro.
Figure 27. Trench 4 southeast profile, associated with the Cerro site.

smooth contour. The interface with Stratum 3 was also gradual and smooth. Sherds were not recovered in Stratum 1.

Stratum 2 was immediately below Stratum 1, and extended through nearly the entire trench, between Stratum 1 above and Stratum 4 below, with the exception of part of the eastern extreme of the trench. In this part, Stratum 3 was located between Stratum 1 above and Stratum 4 below. Stratum 2 extended from a maximum elevation of 99.85 m to a minimum of 99.45 m. Stratum 2 was a dark gray silt loam. The soil was friable and easy to screen and it had no discernible structure. The interface with Stratum 1 above was gradual and smooth, and the interface with Stratum 4 below was abrupt and wavy. The interface with Stratum 3 to the southwest was smooth and very gradual. There were only a few small roots in Stratum 2. Sherds were not recovered from this stratum.

Stratum 3 was in the extreme eastern end of the trench, between Stratum 1 above and Stratum 4 below, with Stratum 2 to the north. It extended from a maximum elevation of 99.65 m to a minimum of 99.50 m. It was a reddish brown silt loam, with more clay than Strata 1 and 2. The reddish brown color was probably due to the presence of *cascajo* stains, which continued into Stratum 4. The interface with Stratum 1 above was smooth and gradual, and the interface with Stratum 4 below was abrupt and wavy. This soil was friable and easy to screen. In general, this stratum was not clearly defined. Roots were not present, and there was no soil structure. No artifacts were recovered from this stratum.

Stratum 4 was below Strata 2 and 3, and extended throughout the trench. It extended from a maximum elevation of 99.50 m to a minimum of 99.33 m. This soil was a light gray silty clay loam, mixed with yellowish red and yellowish brown *cascajo*. The soil was compact, and had a weak blocky structure, with blocks less than 5 cm across. Its interface with Stratum 2 above was abrupt and wavy. The interface with Stratum 3 below was also abrupt and wavy. Stratum 4 had more silt and a yellowish color similar to Stratum 3. There were no roots present. Artifacts were not present in this stratum.

Trench 4—Interpretation

Strata 1, 2 and 3 are interpreted as the soils of the raised field platform, which have eroded into the canal. Originally, they were probably taken from the adjacent canal, and used to form the platform. The original level of the savanna could not be clearly distinguished in the profile. Strata 1 and 2 include the soil that was excavated from the canal and used to construct the platform, but the original height of the platform cannot be determined exactly.

At the time of construction, the difference between platform and canal must have been greater than at present, and was probably less than 50 cm. If the difference were once greater than 50 cm, the boundary of Strata 2 and 4 would be lower in the canal end of the trench than it is. Stratum 4 is the subsoil, predating the construction of the platform and canal. The subsoil is similar to other subsoils encountered throughout the study area.

Even though the difference between the platform and canal is today less than 30 cm, this elevation changes many of the soil characteristics. This raised field platform improved conditions for cultivation by improving drainage of rainwater, the second kind of flooding mentioned in Chapter 3. The location of this raised field on higher ground improved conditions for cultivation by improving the drainage of water from the river, the first kind of flooding.

No evidence of artifacts was recovered from Trench 4, nor was any charcoal obtained for radiocarbon analysis. The raised field platform and canal bisected by Trench 4 are associated with the Cerro site by their proximity.

In summary, the Cerro site is a large, deep deposit of anthrosol, covering between 5 ha and 20 ha; to a depth ranging from 30 to 110 cm. An estimate of population based only on site area is difficult to make (Roosevelt 1991b). A village of 1,000 or 2,000 people could fit easily within the lower area estimate of 8.5 ha. The Cerro site is evidence of the concentration of population into settlements of thousands of people.

Non-Forested Levees

In addition to San Juan and Cerro, two other transects were excavated at three other ranches: Pekin, Horizonte and Villa Nueva. A total of 317 shovel tests were excavated in these two transects. Both were located on levees with grassy vegetation, rather than forest. The negative results suggest a correlation between buried settlement remains and modern vegetation cover.

At Pekin, a single transect of 75 shovel tests over 1125 m was excavated, through the levee area between the Pekin Creek and the Omi River, in mostly open terrain. Several surface scatters of sherds were present on the surface in this area, and a group of raised fields is directly across the creek. Few sherds, no dark soils, and no burned clay were encountered in the transect. Although the sherds constitute evidence that humans were present, the criteria for the presence of anthrosols are not satisfied.

At Horizonte and Villa Nueva ranches, a single transect of 36 shovel tests over 540 m was excavated, beginning near a large scatter of surface sherds and crossing a small creek bed. The transect crossed open terrain, continuing to the sloping bank and the flooded gallery forest of the Iruyañez River. Several groups of raised fields are located less than 500 m from the transect. Few sherds and no dark soils or burned clay were recovered from this transect. Although the sherds constitute evidence that humans were present, the criteria for the presence of anthrosols are not satisfied.

Taking all of the shovel test data together (a total of 449 shovel tests), there is a strong correlation between sherds and modern dry forest vegetation. Of the shovel tests in the forest, 34.69% contained sherds, while of the shovel tests in the savanna, 15.19% contained sherds. Using a chi-square test with velada, y abrupta. La interfase con el Estrato 5 de abajo era desigual y abrupta. Habían unas pocas raíces pequeñas, y no había estructura de suelo presente. Un poco de carbón de madera estaba presente. También se recuperaron grandes números de tiestos. En algunas partes, los tiestos grandes definían la interfase inferior de este estrato.

Trinchera 3—Interpretación

El color de los Estratos 1 y 2 era más oscuro y más gris que el de los suelos muestreados en el Transecto 1. Los Estratos 1 y 2 tenían altas concentraciones de tiestos. En combinación con los Estratos 3, 4 y 6 se han interpretado como antrosoles, representando una ocupación prehispánica.

El Estrato 3 es el más ancho de los cinco estratos de suelo que se han interpretado como antrosoles. En este estrato se encontraron densas concentraciones de tiestos en asociación con pequeños pedazos de carbón de madera. En partes de la trinchera, el Estrato 3 tiene un límite inferior desigual. Las elevaciones inferiores del Estrato 3 corresponden a los Estratos 4 y 6. Los Estratos 4 y 6 están asociados con altas concentraciones de carbón de madera y tiestos, y la presencia de arcilla quemada.

El Estrato 4 se interpreta como parte de un pozo de basura, usado para botar cerámica rota, ceniza, y otros escombros domésticos. Los tiestos recuperados no tienen un patrón espacial distinguible. Algunos de los tiestos estaban orientados verticalmente y otros horizontalmente. Además, los límites inferiores del estrato no eran planos, lo que sugiere un depósito secundario, tal como un basurero, más que un depósito primario tal como un piso de habitación o un área de actividad.

El Estrato 6 se interpreta como parte de un segundo pozo de basura, usado para botar cerámica rota, ceniza y otros escombros domésticos. Los tiestos recuperados no tenían un patrón espacial distinguible. Algunos de los tiestos estaban orientados verticalmente y otros horizontalmente. Además, los límites inferiores del estrato eran desiguales, sugiriendo un depósito secundario, como un basurero, más que un depósito primario como sería un piso de habitación o un área de actividad. Además de los tiestos, se recuperaron muchos pedazos de arcilla queda y de carbón de madera, pero estos no tenían un claro patrón espacial.

El Estrato 5 se ha interpretado como un subsuelo. Es muy duro y compacto, y con la excepción de las interfases con los estratos superiores, no se recuperaron tiestos en él. El color y la textura de este suelo eran consistentes con el subsuelo encontrado en otras pruebas de pala de los Transectos 1 y 2 y a través de toda el área de estudio.

Se recuperaron muestras de carbón de madera de todos los estratos en la trinchera, incluyendo la parte superior del Estrato 5, pero excluyendo el Estrato 1, el cual estaba muy cerca de la superficie como para asegurar que las muestras no estuvieran contaminadas con carbón moderno.

La trinchera confirmó los resultados de los Transectos 1 y 2, en el sentido de que un gran depósito de antrosoles con densas concentraciones de tiestos estaba presente. En algunas partes de la Trinchera 3, el depósito de antrosol era de hasta 120 cm de profundidad, pero en otras áreas el depósito tenía sólo 30 cm de profundidad.

Trinchera 3—Resultados Radiocarbónicos

Se obtuvieron un total de 8 fechas radiocarbónicas usando muestras de la Trinchera 3 (Figura 23; Tabla 10). Beta Analytic, Inc. procesó tres de estas muestras, y el Laboratorio de AMS de la Universidad de Arizona procesó cinco. De las ocho muestras, una fue procesada usando los métodos radiométricos convencionales, otra fue procesada usando los métodos de conteo extendidos, y las otras seis usando la técnica de AMS (Espectrometría Acelerada de Masa). Una vez calibradas, todas las fechas caen en un sólo grupo. Las fechas calibradas son las siguientes: 1311 cal D.C. hasta 1446 cal D.C., 1400 cal D.C. hasta 1484 cal D.C., 1281 cal D.C. hasta 1439 cal D.C., 1302 cal D.C. hasta 1437 cal D.C., 1305 cal D.C. hasta 1644 cal D.C., 1292 cal D.C. hasta 1412 cal D.C., 1295 cal D.C. hasta 1428 cal D.C., y 1292 cal D.C. hasta 1412 cal D.C.

Estas muestras establecen la fecha de ocupación para el sitio Cerro en los siglos catorce y quince D.C. En combinación con la evidencia de los Transectos 1 y 2, las fechas sugieren que más de 5 ha del dique en Cerro estuvieron ocupadas en el siglo anterior a la llegada de los españoles al Nuevo Mundo.

Trinchera 4—Sitio Cerro

Trinchera 4—Ubicación y Metodología

La Trinchera 4 se ubicó en la plataforma de un campo elevado al norte de la actual Estancia Cerro, justo fuera del potrero cercado en la sabana abierta. Esta excavación tenía tres propósitos: definir la estructura de una plataforma de campo elevado, probar la asociación del sitio Cerro con los campos elevados y colocar tanto el sitio como los campos en un contexto cronológico.

El eje longitudinal de la mitad de las tres plataformas de campos elevados se orientó a un ángulo de 149º 24', y la Trinchera 4 se orientó a 239º 24', con cerca de la mitad de la trinchera ubicada sobre la plataforma, y cerca de la otra mitad ubicada en el canal adyacente. La diferencia de elevación entre la plataforma y el canal era leve (Figura 27) y no fue posible determinar el límite preciso entre la plataforma y el canal. La trinchera fue excavada de acuerdo a la estratigrafía natural, y las elevaciones se registraron usando un tránsito. El punto de referencia fue ubicado a 6 m de la esquina noroccidental de la trinchera, a un ángulo de 239° 24'. La trinchera tenía 6 m de largo por .5 de ancho, y se excavó hasta 5 cm dentro del subsuelo.

Trinchera 4—Resultados

El Estrato 1 era el primero desde la superficie y se extendía a través de toda la trinchera (Figura 27). Se extendía desde una elevación máxima de 99.97 m hasta una mínima de 99.61 m. Era una greda limosa café grisácea oscura. El suelo era duro y two degrees of freedom, this correlation is significant at the .001 level. The shovel test data suggest that modern dry forest vegetation is a strong indicator of the presence of sherds. Sherds are presumed to be strong indicators of settlement.

Differences between the Cerro and San Juan Sites

Distinctions can be drawn between the two sites based on the material culture recovered both in the shovel test transects and in the trenches. First, the two sites differ substantially in regard to the location of subsurface sherds in relationship to modern vegetation. At the San Juan site, sherds were found for the most part just outside the presently forested area. At the Cerro site, sherds were found almost exclusively inside the forest area.

Second, the sites present different soil characteristics. In the transects at the San Juan site, there was no dark soil and no burned clay. In the transects at the Cerro site, many shovel tests documented both dark soil and burned clay. Anthrosols are clearly present at the Cerro site, and they are not clearly present at the San Juan site.

Third, at San Juan, the sherds recovered were found between about 30 and 50 cm below the surface and sherds were not visible on the surface above these deposits. At the Cerro site, sherds were present at the surface and throughout the soil to a maximum depth of about 110 cm.

Fourth, there are significant differences between the quantity and density of sherds recovered from the excavation at the San Juan site and the Cerro site (Table 11). The density of sherds in some shovel tests at the San Juan site is equal to the density of sherds in some shovel tests at the Cerro site. However, in Trench 2 at San Juan, 72 sherds were recovered in 3.2 m^3 of earth, a ratio of about 22.50 sherds per m^3. In Trench 3 at Cerro, more than 1,009 sherds were recovered in 4.8 m^3 of earth, a ratio almost ten times greater of 210.21 sherds per m^3.

Fifth, there is a significant difference in the ratio of painted to unpainted sherds between the two sites. The San Juan site has a higher proportion of painted sherds than the Cerro site does. Of the 23 lots of sherds at San Juan, 3 contained sherds painted on both sides, 12 contained sherds painted on one side, and 8 did not contain any painted sherds at all. Of the 35 lots of sherds at Cerro, none contained sherds painted on both sides, 5 contained sherds painted on one side, and 30 did not contain any painted sherds at all. By percentage, 65.22% of the lots at San Juan contained painted sherds, while only 14.29% of the lots at the Cerro site contained painted sherds. Additionally, sherds painted on both sides were found at the San Juan site, but not at the Cerro site. Incomplete data are also available for individual sherds. Of the 72 sherds at San Juan (Trench 2), 4 had two sides painted, 42 had one side painted, and 26 were not painted, for a total percentage of 63.89% painted sherds. Of the 1,009 sherds at the Cerro site (Trench 3), none were painted on both sides, 152 were painted on one side, and 857 were not painted at all, a percentage of 15.06% painted sherds. A significantly higher percentage of the sherds at the San Juan site were painted, in comparison to the sherds at the Cerro site.

Finally, there are classes of artifacts present at the Cerro site which were absent from the San Juan site (Figures 28–37). Fragments of a grooved platter, and of a cylindrical "grinder"

Figure 28. Painted ceramics from the San Juan site.
Figura 28.Cerámica pintada del sitio San Juan.

Figura 29. Cerámica pintada del sitio San Juan.
Figure 29. Painted ceramics from the San Juan site.

Figura 30. Cerámica pintada del sitio San Juan.
Figure 30. Painted ceramics from the San Juan site.

compacto en los primeros pocos centímetros, pero era deleznable en general. Habían muchas raíces pequeñas, y el suelo no tenía estructura. La interfase inferior con el Estrato 2 era una transición gradual con un contorno suave. La interfase con el Estrato 3 también era gradual y suave. No se recuperaron tiestos en el Estrato 1.

El Estrato 2 estaba inmediatamente debajo del Estrato 1, y se extendía en casi toda la trinchera, entre el Estrato 1 de arriba y el Estrato 4 de abajo, con la excepción de parte del extremo este de la trinchera. En esta parte, el Estrato 3 estaba ubicado entre el Estrato 1 por arriba y el Estrato 4 por abajo. El Estrato 2 se extendía desde una elevación máxima de 99.85 m hasta una mínima de 99.45 m. El Estrato 2 era una greda limosa gris oscura. El suelo era deleznable y fácil de tamizar y no tenía una estructura distinguible. La interfase con el Estrato 1 de arriba era gradual y suave, y la interfase con el Estrato 4 de abajo era abrupto y ondulado. La interfase con el Estrato 3 hacia el suroeste era suave y muy gradual. Sólo habían unas pocas raíces en el Estrato 2. No se recuperaron tiestos de este estrato.

El Estrato 3 estaba en el extremo oriental de la trinchera, entre el Estrato 1 por encima y el Estrato 4 por debajo, con el Estrato 2 hacia el norte. Se extendía desde una elevación máxima de 99.65 m hasta una mínima de 99.50 m. Era una greda limosa café rojiza, con más arcilla que el Estrato 1 y 2. El color café rojizo se debía probablemente a la presencia de manchas de cascajo, que continuaban dentro del Estrato 4. La interfase con el Estrato 1 de arriba era suave y gradual, y la interfase con el Estrato 4 de abajo era abrupta y ondulada. Este suelo era deleznable y fácil de tamizar. En general, este estrato no era fácil de definir. No habían raíces presentes, y no había estructura en el suelo. No se recuperaron artefactos de este estrato.

El Estrato 4 estaba debajo de los Estratos 2 y 3, y se extendía en toda la trinchera. Se extendía desde una elevación máxima de 99.50 m a una mínima de 99.33 m. Este suelo era una

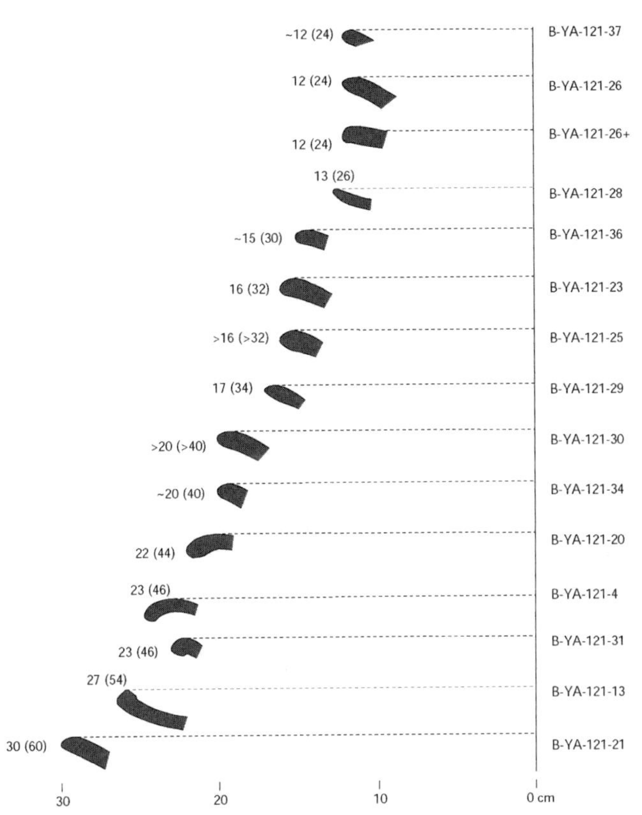

Figure 31. Rim profiles from the San Juan site.
Figura 31. Perfiles de bordes del sitio San Juan.

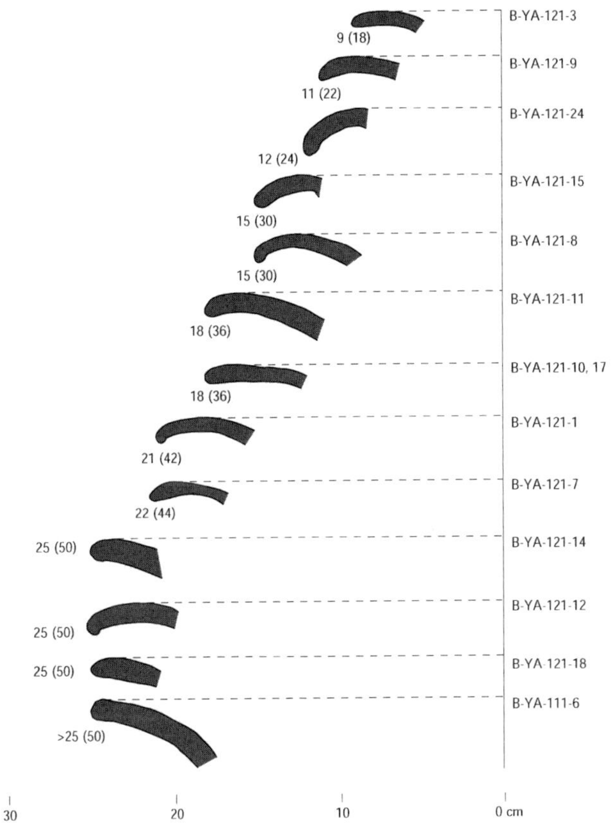

Figure 32. Rim profiles from the San Juan site.
Figura 32. Perfiles de bordes del sitio San Juan.

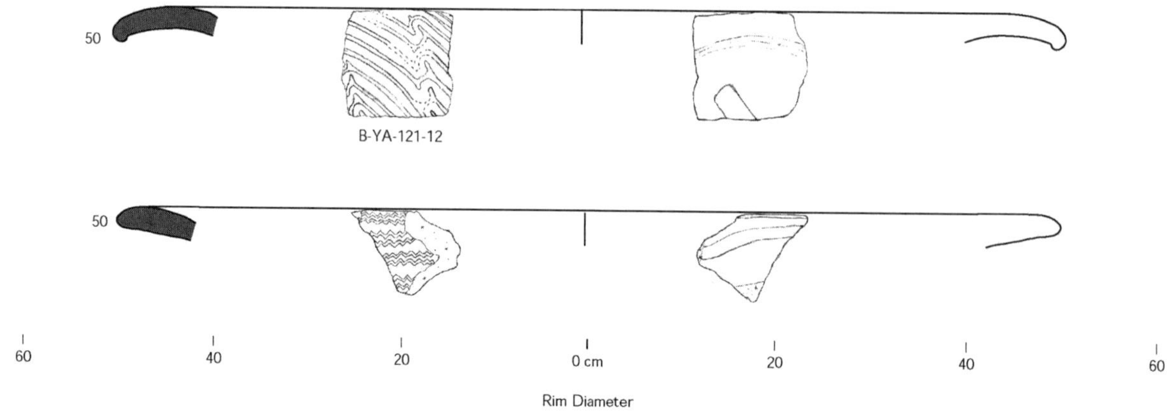

Figura 33. Reconstrucciones parciales de vasijas del sitio San Juan.
Figure 33. Partial vessel reconstructions from the San Juan site.

greda arcillo-limosa gris clara, y tenía una débil estructura aterronada, con bloques de menos de 5 cm de ancho. Su interfase con el Estrato 2 de arriba era abrupta y ondulada. La interfase con el Estrato 3 de abajo también era abrupta y ondulada. El Estrato 4 tenía más limo y era de un color amarillento similar al del Estrato 3. No había presencia de raíces. No se presentaron artefactos en este estrato.

Trinchera 4—Interpretación

Los Estratos 1, 2 y 3 se interpretan como suelos de la plataforma elevado, los cuales se han erosionado hacia el canal. Originalmente, fueron tomados probablemente del canal adyacente y usados para formar la plataforma. El nivel original de la sabana no podía ser distinguido claramente en el perfil. Los Estratos 1 y 2 incluían el suelo que fue excavado del canal y usado para construir la plataforma, pero no se pudo determinar exactamente la altura original de la plataforma.

Al momento de la construcción, la diferencia entre la plataforma y el canal debe haber sido mayor que en el presente, y fue probablemente menos de 50 cm. Si la diferencia hubiera sido alguna vez mayor de 50 cm, el límite entre el Estrato 2 y el 4 hubiera estado más bajo en el extremo de la trinchera correspondiente al canal de lo que estaba. El Estrato 4 es el subsuelo, antedatando la construcción de la plataforma y el canal. El subsuelo es similar a otros subsuelos encontrados en toda el área de estudio.

Aunque la diferencia entre la plataforma y el canal es hoy en día de menos de 30 cm, esta elevación cambia muchas de las características del suelo. Esta plataforma de campo elevado mejora las condiciones para el cultivo al mejorar el drenaje del agua de lluvia, el segundo tipo de inundación mencionado en el Capítulo 3. La ubicación del campo elevado en terreno más elevado mejora las condiciones para el cultivo al mejorar el drenaje del agua procedente del río, el primer tipo de inundación.

No se recuperó evidencia de artefactos de la Trinchera 4, ni hubo carbón para análisis radiocarbónico. La plataforma del campo elevado y el canal cortados por la Trichera 4 están asociados con el sitio Cerro por su proximidad.

En resumen, el sitio Cerro es un depósito grande y profundo de antrosol, que cubre entre 5 y 20 ha, llegando hasta una profundidad que varía entre 30 y 110 cm. Es difícil realizar un cálculo de población basado sólo en el área del sitio (Roosevelt 1991b). Una aldea de 1000 o 2000 personas podría fácilmente caber dentro del cálculo de área más pequeño de 8.5 ha. El sitio Cerro es evidencia de la concentración de población en asentamientos de miles de personas.

Diques Sin Bosque

Además de San Juan y Cerro, se excavaron otros dos transectos en otras tres Estancias: Pekin, Horizonte y Villa Nueva. Se excavaron un total de 317 pruebas de pala en estos dos transectos. Ambos se ubicaron sobre diques con vegetación de pastos más que de bosque. Los resultados negativos sugieren una correlación entre los restos de asentamientos enterrados y la cubierta vegetal moderna.

En Pekin se excavó un sólo transecto de 75 pruebas de pala en 1125 m, a través del área del dique entre el arroyo Pekin y el río Omi, en terreno abierto en su mayoría. Varias dispersiones de tiestos estaban presentes en la superficie de esta área, y hay un grupo de campos elevados directamente al otro lado del arroyo. Se encontraron pocos tiestos, nada de suelos oscuros y nada de arcilla quemada en el transecto. A pesar de que los tiestos constituyen evidencia de que seres humanos estuvieron presentes, no se satisfacen los criterios para la presencia de antrosoles.

En las Estancias Horizonte y Villa Nueva se excavó un sólo transecto de 36 pruebas de pala en 540 m, empezando cerca de una gran dispersión de tiestos en superficie y cruzando un pequeño lecho de arroyo. El transecto cruzaba por terreno abier-

Figure 34. Ceramic grinder fragments from the Cerro site.
Figura 34. Fragmentos de moledoras de cerámica del sitio Cerro.

Figure 35. Grooved platter fragment from the Cerro site.
Figura 35. Fragmento de plato acanalado del sitio Cerro.

Figure 36. Stone axe from the Cerro site.
Figura 36. Hacha de piedra del sitio Cerro.

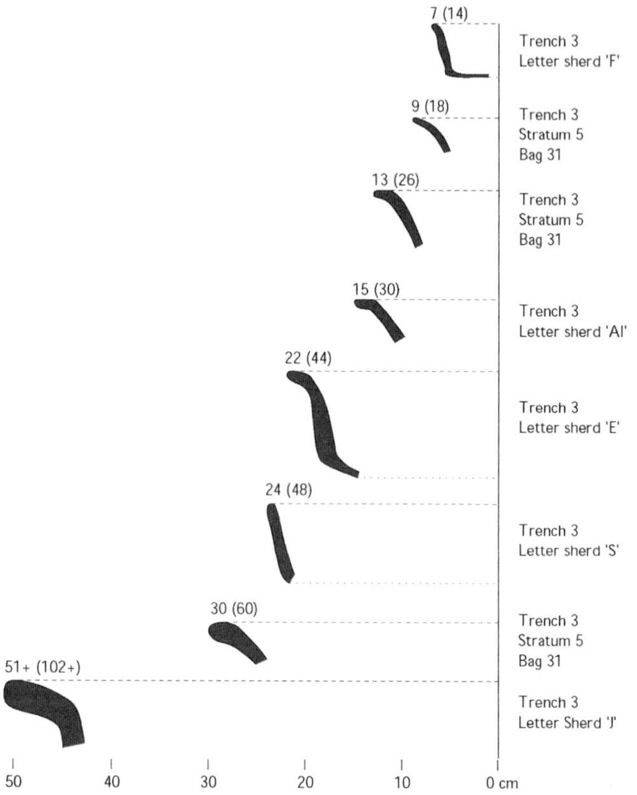

Figura 37. Perfiles de bordes del sitio Cerro.

Figure 37. Rim profiles from the Cerro Site.

to, continuaba hacia el banco en pendiente y el bosque de galería inundado del río Iruyañez. Hay varios grupos de campos elevados a menos de 500 m del transecto. En este se recuperaron pocos tiestos y nada de suelos oscuros o arcilla quemada. Aunque los tiestos constituyen evidencia de que hubieron seres humanos presentes, no se satisfacen los criterios para la presencia de antrosoles.

Juntando todos los datos de las pruebas de pala (un total de 449), hay una fuerte correlación entre los tiestos y la vegetación de bosque seco moderna. De las pruebas de pala en el bosque, el 34.69% contuvieron tiestos, mientras que de las pruebas de pala en la sabana, 15.19 % contuvieron tiestos. Usando un test de chi cuadrado con dos grados de libertad, esta correlación es significativa a un nivel de .001. Los datos de las pruebas de pala sugieren que la vegetación de bosque seco moderna es un fuerte indicador de la presencia de tiestos. Los tiestos se presumen que sean fuertes indicadores de asentamientos.

Diferencias entre los sitios Cerro y San Juan

Se pueden hacer distinciones entre los dos sitios en base al material cultural recuperado en los transectos de pruebas de pala y en las trincheras. Primero, los dos sitios difieren sustancialmente en referencia a la localización de tiestos debajo de superficie en relación con la vegetación moderna. En el sitio San Juan, los tiestos se encontraron en su mayoría justo afuera de la actual área boscosa. En el sitio Cerro, los tiestos se encontraron casi exclusivamente dentro del área de bosque.

Segundo, los sitios presentan diferentes características de suelo. En los transectos del sitio San juan, no había suelo oscuro ni arcilla quemada. En los transectos del sitio Cerro, muchas pruebas de pala documentaron la presencia tanto de suelo oscuro como de arcilla quemada. Los antrosoles están claramente presentes en el sitio Cerro, pero no están claramente presentes en el sitio San Juan.

Tercero, en San Juan, los tiestos recuperados se encontraron entre 30 y 50 cm bajo superficie y los tiestos no eran visibles sobre la superficie arriba de estos depósitos. En el sitio Cerro, los tiestos estaban presentes en la superficie y a través de todo el suelo hasta una profundidad de 110 cm.

Cuarto, hay diferencias significativas entre la cantidad y densidad de los tiestos recuperados de la excavación en el sitio San Juan y en el sitio Cerro (Tabla 11). La densidad de los tiestos en algunas pruebas de pala en el sitio San Juan es igual a la densidad de los tiestos en algunas pruebas de pala en el sitio Cerro. Sin embargo, en la Trinchera 2 en San Juan, se recuperaron 72 tiestos en 3.2 m^3 de tierra, una relación de alrededor de 22.50 tiestos por m^3. En la Trinchera 3 en Cerro, se recuperaron más de 1009 tiestos en 4.8 m^3 de tierra, un cociente de casi diez veces más que el de 210.21 tiestos por m^3.

Quinto, hay una diferencia significativa en la relación de tiestos pintados versus no pintados entre los dos sitios. El sitio San Juan tiene una mayor proporción de tiestos pintados que el sitio Cerro. De los 23 lotes de tiestos de San Juan, 3 contienen tiestos pintados en ambos lados, 12 contienen tiestos pintados en un lado, y 8 no contenían ningún tiesto pintado. De los 35 lotes de tiestos de Cerro, ninguno contenía tiestos pintados en ambos lados, 5 contenían tiestos pintados en un sólo lado, y 30 no contenían ningún tiesto pintado. En porcentajes, el 65.22 % de los lotes de San Juan contenían tiestos pintados, mientras que sólo 14.29 % de los lotes del sitio Cerro contenía tiestos pintados. Adicionalmente, se encontraron tiestos pintados en ambos lados en el sitio San Juan, pero no en el sitio Cerro. Hay también datos incompletos para tiestos individuales. De los 72 tiestos en San Juan (Trinchera 2), 4 tenían los dos lados pintados, 42 tenían un sólo lado pintado y 26 no estaban pintados, or "bark beater" were found in excavation at Cerro site (Figures 34, 35). These classes of artifacts present in Trench 3 at the Cerro site were not present in Trench 2 at the San Juan site, or anywhere else in the study area. Another artifact type unique to the Cerro site was the stone axe (Figure 36), one of which was recovered in a shovel test. There is a difference in material culture between the Cerro and San Juan sites, which corresponds to a difference in the dates obtained from radiocarbon analysis.

Conclusions

The results of shovel testing and test excavation do not permit the construction of an independent estimate of prehispanic population, especially with a limited amount of chronological information. However, by itself, the evidence from the levee sites does establish three points about prehispanic population in the study area.

First, the Cerro site, which is a deposit of anthrosol of between 8.5 ha and 20 ha , might have been produced by a village of about 1,800 or 2,000 people. This is the size of the villages described by Zapata in his account of contact with the Cayuvava. It is not argued here that the Cerro site represents a village that was visited by Zapata. Nor is it argued that the Cayuvava occupied the Cerro site. However, the size of the site, combined with its chronological context, suggest that villages of the size described by Zapata for the seventeenth century A.D. may have existed in the fifteenth century A.D. As discussed in Chapter 4, the raised field evidence suggests a total population in the study area between 1,000 and 10,000 people, and the evidence of levee settlement is consistent with this range of estimates.

Second, the trenches at the San Juan site document the presence of painted pottery in association with raised fields. The differences in the artifacts recovered at the San Juan and Cerro sites correspond to the radiocarbon dates. This suggests that further ceramic analysis has the potential to greatly improve our understanding of the geography of settlement and agriculture.

Third, the evidence from the levees indicates that the Iruyañez-Omi study area was settled at two points in time, each of which are associated with raised fields. The settlements are well dated to two periods of time, one in the late sixth century A.D., and the second in the early fifteenth century A.D. The association of both occupations with raised fields suggests that raised field farming was practiced at two points in time separated by about 900 years. The dating of two sites to points separated by a millennium suggests that farmers were persistent in their use of raised fields. The chronology indicates that raised fields were in use within 100 years of the arrival of the Spanish into the New World, and within 300 years of the arrival of Zapata among the Cayuvava.

The implications of the levee settlement data are considered in combination with the other lines of archaeological evidence in Chapter 7. In addition to the levees, evidence of settlement was also recovered from forest islands. The settlement evidence from these forest islands is considered next.

para un porcentaje total de 63.89 % de tiestos pintados. De los 1009 tiestos del sitio Cerro (Trinchera 3), ninguno estaba pintado en ambos lados, 152 estaban pintados en un lado, y 857 no estaban pintados en absoluto, un porcentaje de 15.06 % tiestos pintados. Un porcentaje significativamente más alto de tiestos en el sitio San Juan estaban pintados, en comparación con los tiestos del sitio Cerro.

Finalmente, hay clases de artefactos presentes en el sitio Cerro que están ausentes del sitio San Juan (Figuras 28–37). En el sitio Cerro se encontraron fragmentos de un plato acanalado y de un "moledor" cilíndrico o "golpeador de corteza" (Figuras 34, 35). Estas clases de artefactos presentes en la Trinchera 3 del sitio Cerro no estaban presentes en la Trinchera 2 del sitio San Juan, ni en ninguna otra parte del área de estudio. Otro tipo único de artefacto en el sitio Cerro fue el hacha de piedra (Figura 36), una de las cuales fue recuperada en un prueba de pala. Hay una diferencia en el material cultural entre los sitios Cerro y San Juan, que corresponde a la diferencia en las fechas obtenidas del análisis radiocarbónico.

Conclusiones

Los resultados de las pruebas de pala y de las excavaciones de prueba no permiten la construcción de un cálculo independiente de la población prehispánica, especialmente con una cantidad limitada de información cronológica. Sin embargo, por sí misma, la evidencia de los sitios de dique si establece tres puntos acerca de la población prehispánica del área de estudio.

Primero, el sitio Cerro, el cual es un depósito de entre 8.5 y 20 ha, puede haber sido producido por una aldea de cerca de 1800 a 2000 personas. Este es el tamaño de las aldeas descritas por Zapata en su relato del contacto con los Cayuvavas. No se argumenta aquí que el sitio Cerro representa una aldea de las que visitó Zapata, ni que los Cayuvavas hayan ocupado el sitio Cerro. Sin embargo, el tamaño del sitio, combinado con su contexto cronológico, sugiere que aldeas de este tamaño descritas por Zapata para el siglo diecisiete D.C. pueden haber existido en el siglo quince D.C. Como se discutió en el Capítulo 4, la evidencia de los campos elevados sugiere una población total en el área de estudio de entre 1000 y 10000 personas, y la evidencia del asentamiento del dique es consistente con la gama de cálculos.

Segundo, las trincheras en el sitio San Juan documentan la presencia de cerámica pintada en asociación con los campos elevados. Las diferencias en los artefactos recuperados en los sitios San Juan y Cerro corresponden a las fechas radiocarbónicas. Esto sugiere que más análisis cerámicos tienen el potencial de mejorar grandemente nuestra comprensión de la geografía de los asentamientos y la agricultura.

Tercero, la evidencia obtenida en los diques indica que el área de estudio Iruyañez-Omi fue ocupada en dos momentos en el tiempo, cada uno de los cuales está asociado con campos elevados. Los asentamientos están bien fechados a dos periodos de tiempo, uno en la última parte del siglo VI D.C., y el segundo en la parte temprana del siglo quince D.C. La asociación de ambas ocupaciones con los campos elevados sugiere que la agricultura en campos elevados fue practicada en dos momentos en el tiempo separados por cerca de 900 años. La determinación de fechas para dos sitios en momentos separados por un milenio sugiere que los agricultores fueron persistentes en el uso de los campos elevados. La cronología indica que los campos elevados estuvieron en uso 100 años antes de la llegada de los españoles al Nuevo Mundo, y 300 años antes de la llegada de Zapata a donde los Cayuvavas.

Las implicaciones de los datos del asentamiento en el dique se consideran en combinación con otras líneas de evidencia arqueológica en el Capítulo 7. Además de los diques, también se recuperó evidencia de asentamiento de las islas de bosque. La evidencia de asentamiento en estas islas de bosque se considera a continuación.

Chapter 6

Forest Islands

Groups of forest "islands" scattered along streams and associated with groups of raised fields compose the third aspect of the Iruyañez-Omi study area to be examined. These groups of forest islands are distinct from the levees described in the previous two chapters. Moving upstream from the larger rivers along the smaller streams, the gallery forest ends and is replaced by open savanna. Along these streams, forest is found on small, isolated islands of higher ground. These forest islands are the highest points on the open savanna, and they usually remain dry throughout the year. Shovel test results indicate that these islands were occupied, and that forest island occupation differed from levee occupation. The forest island sites represent a distinct settlement pattern.

Forest islands are distinguished from levees in that they cover a much smaller area, both individually and when considered together. The smaller streams differ from the larger streams and rivers because they lack flooded gallery forest and because the high ground associated with them is much smaller. All of the islands in the study area could fit inside the area of the levee at the Cerro site, or of the levee at the San Juan site. In single shovel tests at either Cerro or San Juan, more sherds were recovered than in all of the shovel tests in all of the forest islands combined. The levees discussed in Chapter 5 are covered by forest vegetation; the levees discussed in Chapter 4 are open savanna, and are covered with raised fields. The small streams and associated forest islands discussed in this chapter include both forest and savanna vegetation. Forest islands are a distinctive environmental context within the Iruyañez-Omi study area.

A set of feedback relationships helps explain the presence of forest islands within a savanna dominated by grasses. The savanna surrounding the forest islands tends to be poorly drained and is subject to rainwater flooding during the wet season. This flooding inhibits the growth of many tree species, and encourages the growth of grasses. The grasslands are also subject to frequent fires, which inhibit the growth of some tree species by destroying seedlings before they reach maturity. The fires also promote the growth of grasses, by clearing away dead grass and improving conditions for germination and growth. Today ranchers set most fires, in order to improve pasture for cattle. These artificial fires maintain the savanna, and savanna is the preferred environment for cattle ranching. The result is a positive feedback relationship between savannas and fire, which is maintained by human use of the landscape.

In contrast to the savanna, forest islands are healthy communities of dry forest species. Forest islands are slightly elevated (20–200 cm), which means that they are very rarely flooded. Dry forest species are more likely to germinate and survive in the elevated, drier soils. Established forest vegetation helps to retain the soil and makes the forest islands more resistant to erosion. An established forest island can resist fire because the fire cannot penetrate far into the forest without the fuel provided by savanna grasses. Forest vegetation promotes the elevation of forest islands, and the elevation of the forest islands promotes the growth of forest vegetation.

Human use of a forest island changes the relationship between the forest island and the surrounding savanna. The most important effect is the change in soil characteristics resulting from accumulation of occupation debris. This process is responsible for at least some of the present elevation of the occupied islands. Because the soils of these islands have a dark color, and contain sherds and burned clay, island soils are most likely the products of human occupation and not the result of natural processes. This hypothesis is reinforced by the existence of forested locations in the study area that do not have dark soils. Human use of a forest island for agriculture could change the vegetation and soils in different ways. Clearance of the forest for agriculture would leave a forest island vulnerable to fire immediately after abandonment. An island could also be used for swidden farming, removing many of the trees; an effect similar to that produced by settlement. This process is apparent on several of the islands, which support swidden cultivation today.

Occupation of an island leaves archaeological correlates in the form both of deposited artifacts, and of the transformation in soil characteristics. The combination of high organic content (indicated by dark color) and artifacts is the definition of an anthrosol (Denevan 1996; Herrera et al. 1992; Smith 1980). The definition and study of anthrosols is the province of both archaeology and soil science, because cultural material is essential to the definition. The same three criteria used for the interpretation of shovel tests in the levees are used to interpret the shovel tests in the forest islands. These criteria, dark soil, burned clay and sherds, were described previously (Chapter 5).

The results of the shovel-testing program are presented for two groups of islands, using these three criteria to establish the presence or absence of anthrosols. The same shovel-test meth-

Capítulo 6

Islas de bosque

Los grupos de "islas" de bosque dispersos a lo largo de los arroyos y asociados con grupos de campos elevados componen un tercer aspecto del área de estudio Iruyañez-Omi que será examinado.

Estos grupos de islas de bosque son diferentes de los diques descritos en los dos capítulos anteriores. Yendo aguas arriba desde los ríos grandes, a lo largo de arroyos más pequeños, el bosque de galería termina y es reemplazado por una sabana abierta. A lo largo de estos arroyos, el bosque se encuentra sobre islas pequeñas y aisladas de terreno elevado. Estas islas de bosque son los puntos más altos en la sabana abierta, y usualmente permanecen secas a lo largo de todo el año. Los resultados de las pruebas de pala indican que estas islas estuvieron ocupadas, y que la ocupación de ellas difería de la ocupación sobre los diques. Los sitios de islas de bosque representan un patrón de asentamiento diferente.

Las islas de bosque se distinguen de los diques en que aquellas cubren un área mucho menor, tanto consideradas individualmente como juntas. Los arroyos más pequeños difieren de los más grandes y de los ríos en que no tienen bosques de galería inundados y en que el terreno elevado asociado a ellos es mucho menor. Todas las islas en el área de estudio podrían caber dentro del área del dique del sitio Cerro, o del dique del sitio San Juan. En pruebas de pala individuales ya sea en Cerro o San Juan se recuperaron más tiestos que en todas las pruebas de pala de todas las islas de bosque combinadas. Los diques discutidos en el Capítulo 5 están cubiertos de vegetación de bosque; los diques discutidos en el Capítulo 4 contienen sabana abierta, y están cubiertos de campos elevados. Los pequeños arroyos y sus islas de bosque asociadas discutidos en este capítulo incluyen tanto vegetación de bosque como de sabana. Las islas de bosque son un contexto ambientan distintivo dentro del área de estudio Iruyañez-Omi.

Un conjunto de relaciones de retroalimentación ayuda a explicar la presencia de islas de bosque dentro de una sabana dominada por los pastos. La sabana que rodea a las islas de bosque tiende a ser pobremente drenada y está sujeta a inundación por lluvia durante la estación húmeda. Esta inundación inhibe el crecimiento de muchas especies de árboles, y promueve el crecimiento de pastos. Las tierras de pastizales están también sujetas a incendios frecuentes, los que inhiben el crecimiento de algunas especies de árboles al destruir las semillas antes de que alcancen su madurez. Los incendios también promueven el crecimiento de pastos, al limpiar los pastos secos y mejorar las condiciones para la germinación y el crecimiento. Hoy en día los hacendados encienden la mayoría de los incendios, a fin de mejorar el pasto para el ganado. Estos incendios artificiales mantienen la sabana, y la sabana es el medio ambiente preferido para la ganadería. El resultado es una relación de retroalimentación positiva entre las sabanas y el fuego, la cual es mantenida por el uso humano del paisaje.

En contraste con la sabana, las islas de bosque son comunidades saludables de especies de bosque seco. Las islas de bosque están ligeramente elevadas (20–200 m), lo que significa que rara vez se inundan. Las especies de bosque seco tienen más posibilidades de germinar y sobrevivir en los suelos elevados, más secos. La vegetación de bosque establecida ayuda a retener el suelo y hace a las islas de bosque más resistentes a la erosión. Una isla de bosque establecida puede resistir un incendio porque el fuego no puede penetrar muy adentro del bosque sin el combustible provisto por los pastos de sabana. La vegetación de bosque promueve la elevación de las islas de bosque, y la elevación de las islas de bosque promueven el crecimiento de la vegetación de bosque.

El uso humano de una isla de bosque cambia la relación entre la isla de bosque y la sabana circundante. El efecto más importante es el cambio en las características del suelo resultante de la acumulación de escombros de ocupación. Este proceso es el responsable de por lo menos parte de la actual elevación de las islas ocupadas. En vista de que los suelos de estas islas tienen un color oscuro y contienen tiestos y arcilla quemada, los suelos de las islas son muy probablemente producto de la ocupación humana y no de procesos naturales. Esta hipótesis se ve reforzada por la existencia de localidades boscosas en el área de estudio que no tienen suelos oscuros. El uso humano de una isla de bosque para la agricultura pudo cambiar la vegetación y los suelos de diferentes maneras. La limpieza del bosque para agricultura podría dejar a una isla de bosque vulnerable al fuego inmediatamente después de su abandono. Una isla podría ser usada para agricultura de roza y quema, quitando muchos de los árboles; un efecto similar a aquel producido por un asentamiento. Este proceso es aparente en varias de las islas, que hoy en día soportan cultivos de roza y quema.

La ocupación de una isla deja correlatos arqueológicos en la forma tanto de artefactos depositados como en la transformación de las características del suelo. La combinación de un alto contenido orgánico (indicado por un color oscuro) y artefactos es la definición de un antrosol (Denevan 1996; Herrera odology used to test levee sites was used for forest islands. Each forest island is briefly discussed within its context of streams, savanna and raised fields.

Of the eight streams in the study area, two were surveyed in greater detail, and the associated forest islands were subjected to a program of test excavation. Florida Creek is an east bank tributary of the Omi River, lying along the overland route to the town of Santa Ana. Horizonte Creek, a tributary on the north bank of the Iruyañez River, lies on an overland route to the community of San Carlos. These two streams have more forest islands than the other streams in the study area. A total of 16 islands were tested out of a total population of 20 forest islands in the study area.

Islands along Florida Creek

Forest islands are found along the Florida Creek beginning at the end of the flooded gallery forest, and extending to the point where the creek disappears into the open savanna. This section of the creek is distinct from the section further downstream, which is lined with gallery forest. The flooded gallery forest makes navigation impossible, because the stream is small and the vegetation is dense. Forest islands are present only along the parts of the waterway where flooded gallery forest is lacking. A succinct definition of the area includes all places along Florida Creek that can be reached by canoe in the wet season, and that lie upstream of the flooded gallery forest. This area includes eight forest islands, Florida Creek, and several groups of raised fields (Figures 38–42, Table 12).

The islands along Florida Creek were separated into three categories, based on size and shape. Large islands are more than 45 m across in their shortest axis, and are roughly circular in shape. The length of their longest axis is no more than twice that of their shortest axis. On Florida Creek there are three large islands: Cusis, Junos and Konko. Small islands are less than 45 m across, and are roughly circular in shape. The length of their longest axis is no more than twice that of their shortest axis. On Florida Creek there are three small islands: Cobabos, Gravatal and Gusanos. Raised field islands are at least twice as long as they are wide, and are always associated with raised fields. These islands are interpreted as modern reoccupation of prehispanic raised fields. On Florida Creek there are two raised field islands: Pozo del Bato and Paula.

Local residents name most islands, but not all. Labels were assigned to the unnamed smaller islands based on associated plants or animals, and these are given within quotation marks.

Florida Creek

Florida Creek is a permanent stream, but its water level varies dramatically throughout the year. During the dry season, the stream is no more than a meter or two in width and no deeper than one-half meter. In the wet season, the stream overflows its banks and inundates a large area, draining slowly towards the Omi River to the north and west. In some places the stream is 2 m deep during the wet season. A more striking change is in the total area inundated during the wet season. The flooded area is several hundred meters in width, and a total of several square kilometers are inundated.

Figure 38. Junos island, Florida creek.
Figura 38. Isla Junos, arroyo Florida.

Throughout the year, Florida Creek is the habitat for many animals, most notably fish and water birds. It is an important source of water for cattle and horses in the dry season, and for much of the year the grass in its course remains green. Water birds such as the jabiru or *bato colorado* (*Jabiru mycteria*) and the great egret or *garza grande* (*Casmerodius albus*) frequent the stream throughout the year. During the wet season, the broad shallow stream is home to large fish such as catfish or *surubí* (*Pseudoplatystoma* sp.) and stingray or *raya* (*Potamotrygon* sp.), as well as alligator or *lagarto* (*Caiman yacare*).

Raised Fields at Florida Creek

Raised fields are present along both sides of Florida Creek (Chapter 4: raised field groups 25–30). The raised fields correspond roughly to the general pattern of "large raised fields" in the Iruyañez-Omi study area. Similar to other measured raised fields, their length is about 10 times their width, and they are not over 50 cm in height. Most of the fields associated

Figura 39. Fotografía aérea oblicua de las islas de bosque y campos elevados a lo largo del arroyo Florida.
Figure 39. Oblique aerial photograph of forest islands and raised fields along Florida creek.

et al. 1992; Smith 1980). La definición y el estudio de los antrosoles es provincia tanto de la arqueología como de las ciencias del suelo, ya que el material cultural es esencial para la definición. Los mismo tres criterios usados para la interpretación de las pruebas de pala en los diques se usan para interpretar las pruebas de pala de las islas de bosque. Estos criterios, suelo oscuro, arcilla quemada y tiestos, fueron descritos anteriormente (Capítulo 5).

Los resultados del programa de pruebas de pala se presentan para dos grupos de islas, usando los mismos tres criterios establecidos para la presencia o ausencia de antrosoles. En las islas de bosque e usó la misma metodología de pruebas de pala que se usó en las pruebas de los sitios de dique. Cada isla de bosque se discute brevemente dentro de su contexto de arroyos, sabana y campos elevados.

De los ocho arroyos del área de estudio, dos fueron reconocidos en gran detalle, y las islas de bosque asociadas se sujetaron a un programa de excavaciones de prueba. El arroyo Florida es un tributario en la ribera oriental del río Omi, quedando a lo largo de la ruta terrestre que va al pueblo de Santa Ana. El arroyo Horizonte, tributario de la ribera norte del río Iruyañez, yace a lo largo de la ruta terrestre que va a la comunidad de San Carlos. Estos dos arroyos tienen más islas de bosque que los otros arroyos del área de estudio. Se estudiaron un total de 16 islas, de una población total de 20 islas de bosques del área de estudio.

Islas a lo largo del arroyo Florida

Las islas de bosque se encuentran a lo largo del arroyo Florida comenzando en el extremo del bosque de galería inundado. Esta sección del arroyo es distinto de la sección de aguas abajo, la cual esta bordeada con bosque de galería. El bosque de galería inundado hace imposible la navegación, porque el arroyo es pequeño y la vegetación densa. Las islas de bosque sólo están presentes a lo largo de partes de la vía de agua donde falta el bosque de galería inundado. Una definición sucinta del área incluye todos los lugares a lo largo del arroyo Florida a la que se puede llegar por cano en la estación lluviosa, y que yace aguas arriba del bosque de galería inundado. Esta área incluye ocho islas de bosque, el arroyo Florida, y varios grupos de campos elevados (Figuras 38–42, Tabla 12).

Las islas a lo largo del arroyo Florida fueron separadas en tres categorías, basadas en tamaño y forma. Las islas grandes tienen más de 45 m de ancho en su eje más corto, y son de forma aproximadamente circular. La longitud de su eje más largo no es más de dos veces mayor que su eje más corto. En el arroyo Florida hay tres islas grandes: Cusis, Junos y Konko. Las islas pequeñas tienen menos de 45 m de ancho, y son de forma aproximadamente circular. La longitud de su eje más largo no es más de dos veces mayor que su eje más corto. En el arroyo Florida hay 3 islas pequeñas: Cobabos, Gravatal y Gusanos. Las islas de campos elevados son por lo menos el doble de largo que de ancho, y siempre están asociadas con campos elevados. Estas islas se interpretan como de una moderna reocupación de los campos elevados prehispánicos. En el arroyo Florida hay dos islas de campos elevados: Pozo del Bato y Paula.

Los residentes locales dan nombres a la mayoría de las islas, pero no a todas. Se asignaron nombres a las islas pequeñas que no los tenían, en base a plantas o animales asociados, y estos se dan entre comillas.

with Florida Creek are located downstream, next to the flooded gallery forest.

Large Islands

Cusis Island

Cusis Island is oval, 70 m in its longer dimension (47°) and 40 m in its shorter dimension (137°). Raised fields lie to the northeast, between Cusis and Junos islands. The parts of the savanna not covered with raised fields are *sarteneja*, with many termite mounds. The island is directly associated with the Florida Creek. The island rises gradually to an elevation of less than one meter. Five shovel tests were excavated here, in two transects following the north-south and east-west axes and forming a cross. A total of seven sherds were recovered from three of the shovel tests, and one sherd was collected on the surface. The deepest sherd recovered from excavation was 45 cm below the surface. Burned clay was recovered in all five of the shovel tests. Very dark gray soil ranged from 15 cm to 41 cm in thickness across the island.

All three criteria for anthrosol are present, and Cusis Island is therefore classified as an occupation site.

Junos Island

Junos Island is roughly circular, approximately 45 m in diameter (Figure 38). It rises gently from the surrounding savanna to an elevation of less than one meter. It takes its name from several *juno* trees (*Pithecellobium scalare*). The surrounding savanna has many termite mounds. The island is riddled with armadillo burrows (*tatú*, *Dasypus novemcinctus* and *péji*, *Euphractus sexcinctus*). On the surface, burned clay is visible in the soil moved by the armadillos. Junos Island is directly associated with Florida Creek, and is also associated with raised fields.

Five shovel tests were excavated in two transects following the north-south and east-west axes, forming a cross. One sherd was recovered in one of the shovel tests. This sherd was 30 cm below the surface. Very dark gray soil was present in all of the shovel tests, in a layer from 14 cm to 30 cm thick. Burned clay was present in all of the shovel tests.

All three criteria for anthrosol are present, and Junos Island is therefore classified as an occupation site.

Konko Island

According to an informant living at the Florida ranch, "konko" is a Cayuvava word, although the exact meaning of the toponym is unknown. "Pineapple" is a possible translation.

The island is significantly larger than the other Florida islands (Figure 41). It is circular in form, about 90 m in diameter, rising steeply from the surrounding savanna to a height of

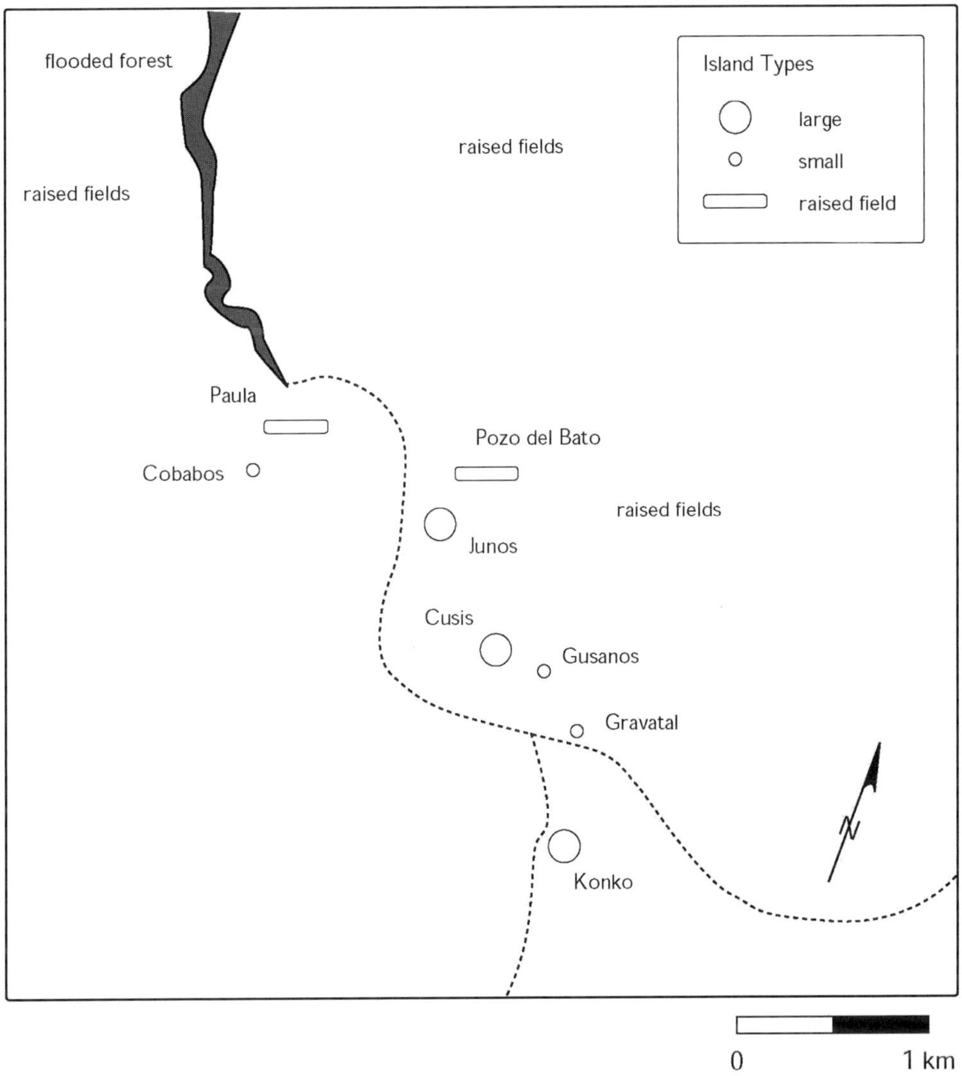

Figure 40. Forest islands and raised fields along Florida creek.
Figura 40. Islas de bosque y campos elevados a lo largo del arroyo Florida.

Arroyo Florida

El arroyo Florida es una corriente permanente, pero su nivel de agua varía dramáticamente a lo largo del año. Durante la estación seca, el arroyo no tiene mas de un metro o dos de ancho y no más de medio metro de profundidad. En la estación lluviosa, el arroyo se desborda de su cauce e inunda un área grande, drenándose lentamente hacia el río Omi hacia el norte y el oeste. En algunos lugares el arroyo tiene 2 metros de profundidad durante la estación lluviosa. Un cambio más impactante es en cuanto al área total inundada durante la estación lluviosa. El área inundada tiene varios cientos de metros de ancho, y se inunda un total de varios kilómetros cuadrados.

A lo largo del año, el arroyo Florida es el hábitat de muchos animales, la mayoría peces y aves acuáticas. Es una fuente importante de agua para el ganado y los caballos en la estación seca, y durante mucha parte del año el pasto en su curso permanece verde. Aves acuáticas tales como el jabiru o bato colorado (*Jabiru mycteria*) y la garza grande (*Casmerodius albus*) frecuentan el arroyo a lo largo del año. Durante la estación lluviosa, el arroyo amplio y poco profundo es el hogar de peces grandes tales como el bagre o surubí (*Pseudoplatystoma* sp.) y la raya con púa o raya (*Potamotrygon* sp.), así como el lagarto (*Caiman yacare*).

Campos Elevados en el Arroyo Florida

Hay campos elevados presentes a ambos lados del arroyo Florida (Capítulo 4: grupos de campos elevados 25–30). Los campos elevados corresponden aproximadamente al patrón general de "campos elevados grandes" en el área de estudio Iruyañez-Omi. Similares a otros campos medidos, su longitud es de alrededor de 10 veces su ancho, y no pasan de 50 cm de alto. La mayoría de los campos asociados con el arroyo Florida están localizados río abajo, al lado del bosque de galería inundado.

Islas Grandes

Isla Cusis

La Isla Cusis es de forma ovalada, de 70 m en su dimensión más larga (47°) y 40 metros en la más corta (137°). Los campos elevados yacen hacia el nororiente, entre las Islas de Cusis y Junos. Las partes de la sabana no cubierta con los campos elevados son sartenejas, con muchos montículos de termitas. La isla está directamente asociada con el arroyo Florida. La isla se levanta gradualmente hasta una elevación de menos de un metro. Se excavaron cinco pruebas de pala aquí, en dos transectos siguiendo los ejes norte-sur y este-oeste y formando una cruz. Se recuperaron un total de siete tiestos de tres de las pruebas, y un tiesto se recolectó de la superficie. El tiesto más profundo que se recuperó de una excavación estaba a 45 cm por debajo de la superficie. Se recuperó arcilla quemada in las cinco pruebas de pala. El suelo gris muy oscuro iba desde los 15 a los 41 cm de espesor en toda la isla.

Los tres criterios para definir un antrosol están presentes, y la Isla Cusis es por lo tanto clasificada como un sitio de ocupación.

Isla Junos

La isla Junos es aproximadamente circular, de unos 45 m de diámetro (Figura 38). Se levanta suavemente desde la sabana circundante a una elevación de menos de un metro. Toma su nombre de varios árboles de juno (*Pithecellobium scalare*). La sabana circundante tiene muchos montículos de termitas. La isla está llena de madrigueras de armadillo (tatú, *Dasypus novemcinctus* y péji, *Euphractus sexcinctus*). En la superficie la arcilla quemada está visible en el suelo removido por los armadillos. La isla Junos está directamente asociada con el arroyo Florida, y también asociada con campos elevados.

Se excavaron cinco pruebas de pala en dos transectos que seguían los ejes norte-sur y este-oeste, formando una cruz. Se recuperó un tiesto en una de las pruebas de pala. Este tiesto estaba 30 cm debajo de la superficie. El suelo gris muy oscuro estaba presente en todas las pruebas de pala, en una capa entre 14 y 30 cm de espesor. En todas las pruebas de pala había la presencia de arcilla quemada.

Los tres criterios para los antrosoles están presentes y por lo tanto se clasifica a la isla Junos como un sitio de ocupación.

Isla Konko

De acuerdo a un informante que vivía en la Estancia Florida, "konko" es una palabra cayuvava, aunque el significado exacto del topónimo es desconocido. Una posible traducción es "piña".

La isla es significativamente más grande que las otras islas del arroyo Florida (Figura 41). Es de forma circular, de unos 90 m de diámetro, levantándose empinadamente de la sabana circundante hasta una altura de 1.2 m. El arroyo Florida está inmediatamente adyacente a la isla. En la estación lluviosa de 1997, la isla estaba rodeada por todos lados por agua poco profunda (de menos de 50 cm de profundidad). La superficie de la isla está perturbada por el ganado que frecuenta esta ubicación, particularmente en la estación lluviosa.

Se excavaron nueve pruebas de pala en dos transectos que formaban una cruz a lo largo de los ejes norte-sur y este-oeste. Se recuperaron un total de 11 tiestos de seis de las pruebas de pala, así como seis tiestos de la superficie. El tiesto más profundo estaba a 55 cm por debajo de la superficie. En las nueve pruebas de pala estaba presente una greda limosa gris oscura, desde 21 cm hasta más de 125 cm de profundidad. También había presencia de arcilla quemada en las nueve pruebas de pala.

Los tres criterios para los antrosoles están presentes, y la isla Konko por lo tanto se clasifica por lo tanto como un sitio de ocupación. La profundidad del antrosol es excepcional e indica que la ocupación prehispánica de la isla fue de una duración considerable.

FOREST ISLAND COORDINATES—
COORDENADAS DE LAS ISLAS DE BOSQUE
Florida and Horizonte Creeks—Arroyos Florida y Horizonte

Forest Island— Isla de Bosque	Creek— Arroyo	South Latitude— Latitud Sur	West Longitude— Longitud Oeste
Pajaros	Horizonte	13° 15' 12.1"	65° 28' 54.3"
Gravatal	Florida	13° 22' 31.6"	65° 24' 14.2"
Gusanos	Florida	13° 22' 26.1"	65° 24' 24.7"
Cerca	Horizonte	13° 15' 22.4"	65° 28' 00.9"
North Chaco	Horizonte	13° 15' 22.7"	65° 28' 40.3"
Chaco	Horizonte	13° 15' 25.8"	65° 28' 36.7"
Cobabos	Florida	13° 22' 11.5"	65° 25' 26.5"
Cusis	Florida	13° 22' 25.8"	65° 24' 33.2"
Junos	Florida	13° 22' 11.0"	65° 24' 49.5"
Konko	Florida	13° 22' 53.0"	65° 24' 11.8"
Las Papas	Horizonte	13° 16' 26.6"	65° 28' 42.7"
Old Horizonte	Horizonte	13° 15' 00.4"	65° 28' 50.6"
Paula	Florida	13° 22' 00.7"	65° 25' 21.5"
Potrero	Horizonte	13° 14' 54.1"	65° 27' 37.0"
Pozo del Bato	Florida	13° 22' 03.7"	65° 24' 40.1"

Table 12. Coordinates of forest islands on Horizonte and Florida creeks.

Tabla 12. Coordenadas de las islas de bosque en los arroyos Horizonte y Florida.

about 1.2 m. Florida Creek is immediately adjacent to the island. In the wet season of 1997, the island was surrounded on all sides by shallow water (less than 50 cm deep). The island surface is disturbed by cattle that frequent this location, particularly in the wet season.

Nine shovel tests were excavated here in two transects forming a cross along the north-south and east-west axes. A total of 11 sherds were recovered from six of the shovel tests, as well as six sherds recovered from the surface. The deepest sherd was 55 cm below the surface. Dark gray silt loam was present in all nine shovel tests, from 21 cm to over 125 cm in depth. Burned clay is also present in all nine of the shovel tests.

All three criteria for anthrosol are present, and Konko Island is therefore classified as an occupation site. The depth of the anthrosol is exceptional and indicates that the prehispanic occupation of the island was of considerable duration.

Interpretation of Large Islands

The large islands of Florida Creek were occupied by prehispanic peoples. The combination of dark soil, burned clay and sherds indicates the presence of anthrosols. These forest islands are classified as occupation sites because of the presence of the anthrosol. The depth of anthrosols shows that the large islands along Florida Creek were occupied and to some degree constructed by humans.

Small Islands

"Gusanos" Island

"Gusanos" Island is a small, irregularly shaped island about 35 m in length and 20 m in width. The island is no more than 30 cm in height. It is immediately adjacent to a group of raised fields. The island rises gradually from the surrounding savanna, which has some termite mounds. Florida Creek lies about 300 m to the south.

Two shovel tests were excavated here, in a line along the longest axis of the island, bearing 148° (southeast to northwest). No sherds were recovered in either of the two shovel tests; although burned clay and dark gray silt loam soils to a depth of 15 cm were found in one of the shovel tests.

This island is interpreted as a natural feature, although the dark soil is unusual. The presence of burned clay suggests that humans used the island. The lack of anthrosols demonstrates that human use of the island was not regular, although the vegetation of the island may have had economic uses in the past. Two of the three criteria for anthrosols were identified on this island.

"Gravatal" Island

"Gravatal" Island is a small, irregularly shaped island about 20 m in length and 15 m in width. The island is no more than 30 cm in height. The savanna on all sides is uneven terrain, with many termite mounds. One shovel test was excavated here, approximately in the center of the island. No artifacts were recovered, although dark gray silt loam soil was present to a depth of 11 cm.

This island is interpreted as a natural feature, although the dark soil is unusual. The lack of anthrosols demonstrates that human use of the island was not regular, although the vegetation of the island may have had economic uses in the past.

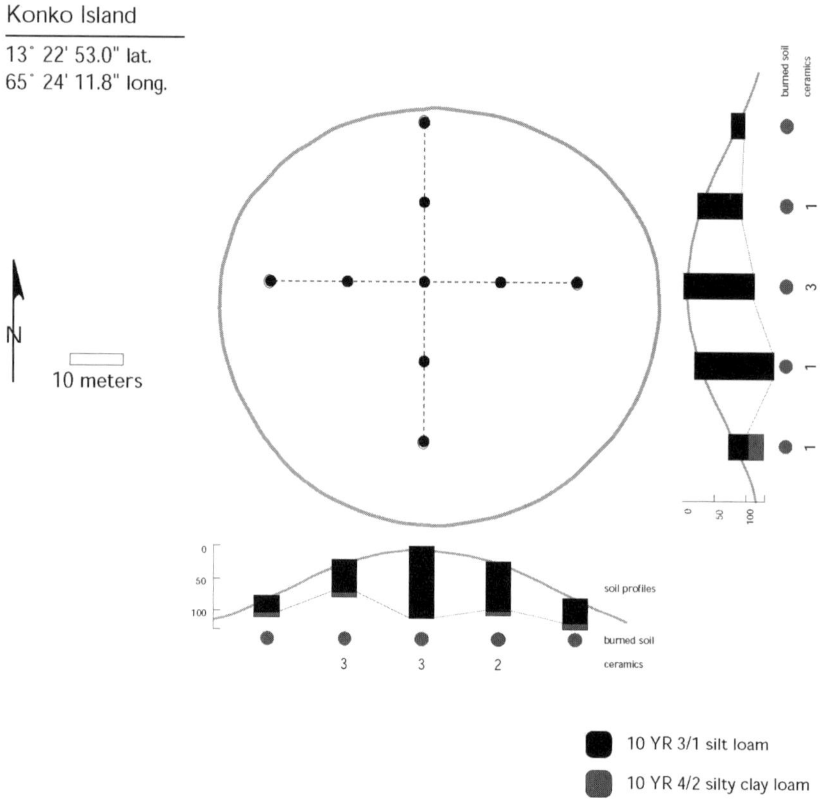

Figura 41. Isla Konko.
Figure 41. Konko island.

Interpretación de las Islas Grandes

Las islas grandes del arroyo Florida estuvieron ocupadas por gente prehispánica. La combinación de suelo oscuro, arcilla quemada y tiestos indica la presencia de antrosoles. Estas islas de bosque se clasifican como sitios de ocupación por la presencia del antrosol. La profundidad de los antrosoles muestra que las islas grandes del arroyo Florida fueron ocupadas y hasta cierto grado construidas por seres humanos.

Islas Pequeñas

Isla "Gusanos"

La isla "Gusanos" es una isla pequeña, de forma irregular, de cerca de 35 m de longitud y 20 m de ancho. La isla no tiene más de 30 cm de altura. Está inmediatamente adyacente a un grupo de campos elevados. La isla se levanta gradualmente de la sabana circundante, que tiene algunos montículos de termitas. El arroyo Florida queda a unos 300 m hacia el sur.

Se excavaron dos pruebas de pala aquí, en una línea a lo largo del eje más largo de la isla, con rumbo de 148° (sureste a noroeste). No se recuperaron tiestos en ninguna de las dos pruebas de pala, aunque en una de ellas se encontró arcilla quemada y suelos de greda limosa gris oscura hasta una profundidad de 15 cm.

Esta isla se interpreta como un rasgo natural, aunque el suelo oscuro es inusual. La presencia de arcilla quemada sugiere que la isla fue usada por gente. La falta de antrosoles demuestra que el uso humano de la isla no fue regular, aunque la vegetación de la isla puede haber tenido usos económicos en el pasado. Se identificaron en la isla dos de los tres criterios para los antrosoles.

Isla "Gravatal"

La isla "Gravatal" es una isla pequeña de forma irregular, de unos 20 m de longitud por 15 m de ancho. La isla no tiene más de 30 cm de altura. La sabana por todos sus lados es de terreno desigual, con muchos montículos de termitas. Aquí se excavó una prueba de pala, aproximadamente en el centro de la isla. No se recuperaron artefactos, aunque el suelo de greda limosa gris oscuro estaba presente hasta una profundidad de 11 cm.

Esta isla se interpreta como un rasgo natural, aunque el suelo oscuro es inusual. La falta de antrosoles demuestra que el uso humano de la isla no fue regular, aunque la vegetación de la isla puede haber tenido usos económicos en el pasado.

Isla Cobabos

La isla Cobabos es de forma circular, con un diámetro de 15 m. La isla se levanta gradualmente de la sabana circundante y no tiene más de 30 cm de alto. Se excavó una prueba de pala en el centro aproximado de la isla. No se recuperaron artefactos ni arcilla quemada en la excavación. Los suelos de greda limosa gris oscura estaban presentes hasta una profundidad de 58 cm.

Esta isla se interpreta como un rasgo natural, aunque el suelo oscuro es inusual. La falta de antrosoles demuestra que el uso humano de la isla no fue regular, aunque la vegetación pudo haber tenido usos económicos en el pasado.

Interpretación de las Islas Pequeñas

Las islas pequeñas no fueron construidas por seres humanos, aunque probablemente fueron ocupadas ocasionalmente. Las islas en sí son el resultado de procesos naturales incluyendo el crecimiento de montículos de termitas y la colonización de la vegetación de bosque. Hay una relación de retroalimentación entre la elevación y la vegetación de bosque, en la cual esta última reduce la erosión, y la elevación mantiene mejores

Cobabos Island

Cobabos Island is circular in shape with a diameter of 15 m. The island rises gradually from the surrounding savanna and is no more than 30 cm in height. One shovel test was excavated here in the approximate center of the island. No artifacts or burned clay were recovered in the excavation. Dark gray silt loam soils were present to a depth of 58 cm.

This island is interpreted as a natural feature, although the dark soil is unusual. The lack of anthrosols demonstrates that human use of the island was not regular, although the vegetation of the island may have had economic uses in the past.

Interpretation of Small Islands

Humans did not construct small islands, although they were probably occupied on occasion. The islands themselves are the result of natural processes, including the growth of termite mounds and colonization of forest vegetation. There is a feedback relationship between elevation and forest vegetation, in which forest vegetation reduces erosion, and elevation maintains better soil conditions for forest vegetation. This can lead to the establishment of trees on slightly elevated terrain. Small islands are probably the result of these processes.

Raised Field Islands

Paula Island

Paula Island is about 70 m long, about 20 m wide, and no more than 30 cm high. It is located directly alongside Florida Creek. Local residents described this island as the former location of a ranch house, although no evidence of modern occupation was recovered from the island.

Five shovel tests were excavated, in a single line bearing 90°, along the longest axis of the island. No artifacts were found in the excavations. Dark gray silt loam was present in all of the shovel tests to depths ranging from 20 cm to 65 cm. No burned clay was present.

This island is interpreted as a prehispanic raised field platform, which might also have been used by modern people for agriculture or occupation. No evidence of modern or prehispanic occupation was recovered. Of the three criteria for anthrosol, only dark soil was recovered.

Pozo del Bato Island

Pozo del Bato Island is between 35 m and 40 m wide, and about 80 m long (Figure 42). The remains of an abandoned ranch cover most of Pozo del Bato Island. Remains of the abandoned ranch include two buildings (a house and kitchen) with their raised house platforms. Barbed wire fences, roof tiles, and discarded wood are also present. Fruit trees and a fenced pasture surround the ranch compound. A filled-in well is present on the southeastern corner of the island. The island rises gently above the surrounding savanna, to a height of no more than 30 cm, although in the center of the island the abandoned house platforms add 20 or 30 cm to this figure. The surrounding savanna is covered with raised fields, which extend over the area between Pozo del Bato Island and Junos Island (Figure 40).

Eight shovel tests were excavated in a line along the longest axis of the island (270°). A single piece of modern roof tile was recovered in one of

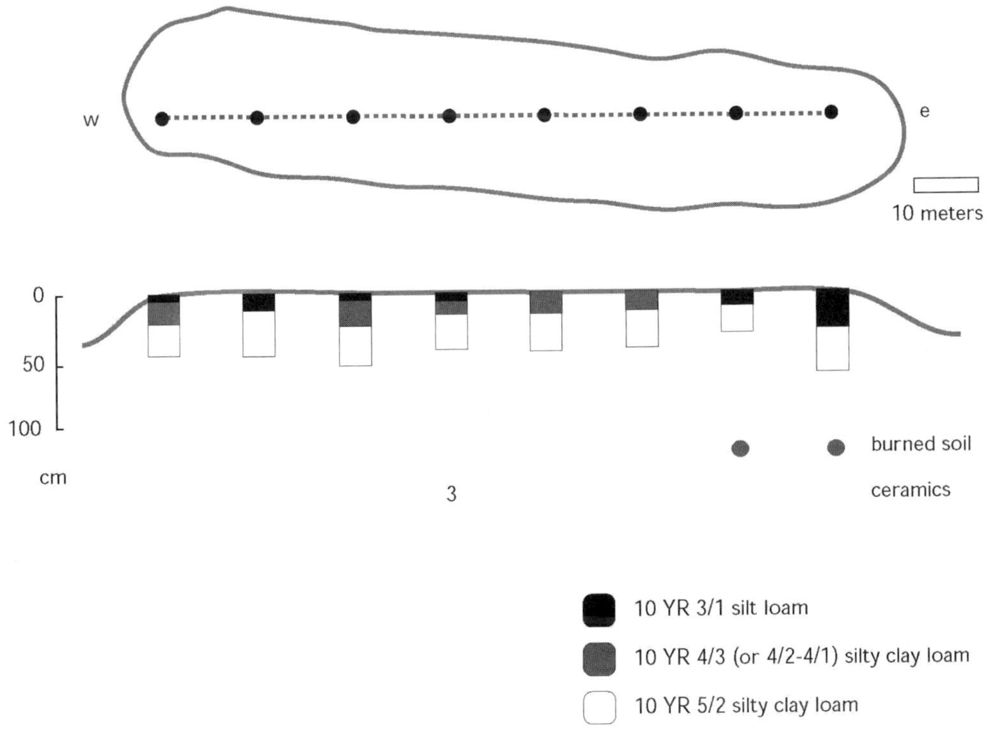

Figure 42. Pozo del Bato island. Shovel test results.
Figura 42. Isla Pozo del Bato. Resultados de las pruebas de pala.

condiciones de suelo para la vegetación de bosque. Esto puede llevar al establecimiento de árboles sobre terreno levemente elevado. Las islas pequeñas son probablemente el resultado de estos procesos.

Islas de Campos Elevados

Isla Paula

La isla Paula es de alrededor de 70 m de longitud, 20 m de ancho, y no más de 30 cm de alto. Está localizada directamente a lo largo del arroyo Florida. Los residentes locales describen a la isla como la antigua ubicación de la casa de estancia, aunque no se recuperó evidencia de ocupación moderna de la isla.

Se excavaron cinco pruebas de pala, en sólo una línea a 90° de rumbo, a lo largo del eje más largo de la isla. No se encontraron artefactos en las excavaciones. Una greda limosa gris oscura estaba presente en todas las pruebas de pala, desde los 20 cm hasta 65 cm. No hubo arcilla quemada presente.

Esta isla se interpreta como una plataforma de campo elevado prehispánica, la cual también puede haber sido usada por gente moderna para agricultura u ocupación. No se recuperó evidencia de ocupación prehispánica o moderna. De los tres criterios para los antrosoles, sólo se recupero suelo oscuro.

Isla Pozo del Bato

Esta isla es de entre 35 y 40 m de ancho, y unos 80 m de largo (Figura 42). Los restos de una estancia abandonada cubren la mayor parte de la isla Pozo del Bato. Los restos de la estancia abandonada incluyen dos edificios (una casa y cocina) con sus plataformas elevadas de vivienda. También había alambre de púas, tejas y madera descartada. El conjunto de la Estancia está rodeado por árboles frutales y un potrero cercado. Un pozo rellenado está presente en la esquina suroriental de la isla. La isla se levanta suavemente por sobre la sabana circundante hasta una altura de no más de 30 cm, aunque en el centro de la isla las plataformas de vivienda abandonadas añaden unos 20 o 30 cm a esa cifra. La sabana circundante está cubierta con campos elevados, que se extienden sobre el área que queda entre la isla Pozo del Bato y la isla Junos (Figura 40).

Se excavaron ocho pruebas de pala en una línea a lo largo del eje más largo de la isla (270°). Se recuperó un sólo pedazo de teja moderna en una de las pruebas de pala. Se encontró greda limosa gris oscura en cinco de las pruebas de pala, las que están ubicadas en el extremo occidental de la isla. El suelo oscuro variaba en espesor desde 6 hasta 29 cm. Se encontró arcilla quemada en dos de las pruebas de pala, localizadas cerca de la casa de la estancia abandonada.

Esta isla se interpreta como una plataforma de campo elevado prehispánico que también fue el sitio de una ocupación moderna y de agricultura. No hay evidencia de ocupación prehispánica. No se recuperaron tiestos prehispánicos, aunque si estuvieron presentes suelos oscuros y arcilla quemada.

Interpretación de las Islas de Campos Elevados

Las islas de campos elevados fueron sitos de agricultura prehispánica y también de actividad moderna incluyendo agricultura y ocupación. Las islas de campos elevados retienen su forma básica como resultado de su construcción original como campos elevados. Las dimensiones de las islas de campos elevados son comparables a las dimensiones medidas de los campos elevados. Las islas de campos elevados también se encuentran adyacentes a otras plataformas de campos elevados. Las islas de campos elevados son evidencia clara de una larga historia de modificación humana del paisaje, incluyendo tanto un uso agrícola prehispánico como un uso moderno para agricultura y ocupación.

Las islas de campos elevados también han estado sujetas a transformaciones naturales. El primero de estos procesos es la colonización por parte de la vegetación de bosque. El establecimiento de árboles sobre los campos elevados cambia el proceso de formación de suelo y ayuda a mantener la elevación de la plataforma de campo elevado. Los suelos de estas islas de campos elevados son fácilmente distinguibles de los antrosoles de las islas grandes porque el color del suelo es mucho más claro, y no hay presencia de tiestos y arcilla quemada.

Interpretación de las Islas del Arroyo Florida

Se investigaron ocho islas de bosque a lo largo del arroyo Florida. Se encontró alguna evidencia de uso humano en todas estas ocho islas. Sólo en tres de las islas de bosque había evidencia de antrosoles: en las islas grandes de Junos, Cusis y Konko. De las islas de bosque del arroyo Florida, todas las islas circulares de más de 45 m de diámetro fueron ocupadas. La naturaleza de la ocupación de las islas de bosque se considerará luego de una revisión de la evidencia proveniente de las islas de bosque a lo largo del arroyo Horizonte.

Islas a lo Largo del Arroyo Horizonte

A lo largo del arroyo Horizonte se encuentran islas de bosques comenzando en el extremo del bosque de galería inundado, y extendiéndose hasta el punto donde el arroyo desaparece en la sabana abierta. Esta sección del arroyo es distinta de la sección de aguas abajo, la cual está bordeada por bosque de galería. El bosque de galería inundado hace imposible la vegetación porque el arroyo es pequeño y la vegetación densa. Las islas de bosque están presentes sólo a lo largo de partes del arroyo donde no hay bosque de galería. Una definición sucinta del área aquí descrita incluiría todos los lugares a lo largo del Arroyo Horizonte a los que puede llegarse en canoa durante la estación lluviosa, y que quedan aguas arriba del bosque de galería inundado. Esta área incluye ocho islas con bosque, el arroyo Horizonte, y varios grupos de campos elevados.

Las islas a lo largo del arroyo Horizonte están divididas en tres categorías, en base a su tamaño y forma. Las islas grandes miden más de 45 m al través en su dimensión más corta, y son de una forma aproximadamente circular. La longitud de su eje más largo no es más de dos veces aquella de su eje más corto. Hay cinco islas grandes en el arroyo Horizonte: : "Cerca," Pothe shovel tests. Dark gray silt loam was found in five of the shovel tests, which are located in the western end of the island. The dark soil ranged in thickness from 6 cm to 29 cm. Burned clay was found in two of the shovel tests, located near the abandoned ranch house.

This island is interpreted as a prehispanic raised field platform that also was the site of modern occupation and agriculture. There is no evidence of prehispanic occupation. Prehispanic sherds were not recovered, although some dark soils and burned clay were present.

Interpretation of Raised Field Islands

Raised field islands were the locations of prehispanic agriculture and are the locations of modern activity including agriculture and occupation. Raised field islands retain their basic shape as a result of their original construction as raised fields. The dimensions of raised field islands are comparable to the measured dimensions of raised fields. Raised field islands are also found adjacent to other raised field platforms. Raised field islands are clear evidence of a long history of human modification of the landscape, including both prehispanic agricultural use, and modern use for agriculture and occupation.

Raised field islands have also been subjected to natural transformations. The first of these processes is colonization by forest vegetation. Establishment of trees on the raised fields changes the process of soil formation and helps maintain the elevation of the raised field platform. The soils of these raised field islands are easily distinguished from the anthrosols of large islands because soil color is much lighter, and sherds and burned clay are not present.

Interpretation of Florida Islands

Eight forest islands were tested along Florida Creek. Some evidence of human use was found on all eight forest islands. Only on three of the forest islands was there evidence of anthrosols: the large islands Junos, Cusis and Konko. Of the Florida Creek forest islands, all circular islands over 45 m in diameter were occupied. The nature of forest island occupation is considered again after a review of the evidence from forest islands along Horizonte Creek.

Islands along Horizonte Creek

Forest islands are found along the Horizonte Creek beginning at the end of the flooded gallery forest, and extending to the point where the creek disappears into the open savanna. This section of the creek is distinct from the section further downstream, which is lined with gallery forest. The flooded gallery forest makes navigation impossible, because the stream is small and the vegetation is dense. Forest islands are present only along the parts of the waterway where flooded gallery forest is lacking. A succinct definition of the area described here would include all places along Horizonte Creek that can be reached by canoe in the wet season, and that lie upstream of the flooded gallery forest. This area includes eight forested islands, Horizonte Creek, and several groups of raised fields.

The islands along Horizonte Creek are separated into three categories, based on their size and shape. Large islands are more than 45 m across in their shortest dimension, and are roughly circular in shape. The length of their longest axis is no more than twice that of their shortest axis. On Horizonte Creek there are five large islands: "Cerca," Potrero, "North Chaco," Chaco, and Horizonte. Small islands are less than 45 m across, and are roughly circular in shape. The length of their longest axis is no more than twice that of their shortest axis. On Horizonte Creek there is one small island: "Pajaros" Island. Raised field islands are at least twice as long as they are wide, and are always associated with raised fields. These islands are interpreted as modern reoccupation of prehispanic raised fields. On Florida Creek there are two raised field islands: Old Horizonte and Las Papas.

Local residents name most islands, but not all. Labels were assigned to the unnamed smaller islands based on associated plants or animals, and these are given within quotation marks.

Horizonte Creek

Horizonte Creek is located near the edge of the Iruyañez-Omi study area. To the north is an area of slightly higher terrain with scattered forest vegetation covering raised fields. The fields in this area are predominantly arranged "end-to-end," in contrast to the large continuous expanses of raised fields on the levees of the Iruyañez and Omi rivers. To the south of Horizonte Creek is more poorly drained area, which borders the levees along the Iruyañez River.

The creek flows for much of the year, and the low terrain of the creek bed supports grasses that provide good pasture for cattle throughout the year. Large numbers of water birds frequent the stream, including two species of ducks (*pato roncador, Neochen jubata*; *pato negro*, *Cairina moschata*).

Horizonte Creek is one of the longer tributary streams of the Iruyañez River, having a flooded gallery forest for 4 km of its lower course and maintaining a distinct channel for at least 6 km past this point.

Raised Fields on Horizonte Creek

There are several groups of raised fields associated with Horizonte Creek (Figure 43). There are also raised fields surrounding Las Papas Island. The area of fields to the north of Horizonte Ranch is much larger, as is the area of raised fields to the south, along the Iruyañez River.

Large Islands

Potrero Island

Potrero Island is located inside the fenced pasture of Horizonte Ranch, to the northeast of the present ranch house. A branch of the Horizonte Creek is directly alongside. It has an trero, "Chaco Norte," Chaco, y Horizonte. Las islas pequeñas miden menos de 45 m al través, y son de forma aproximadamente circular. La longitud de su eje más largo no es más de dos veces aquella de su eje más corto. Hay una isla pequeña en el arroyo Horizonte: la isla "Pájaros". Las islas de campos elevados son por lo menos dos veces más largas que su ancho, y siempre están asociadas a campos elevados. Estas islas son interpretadas como de reocupación moderna de los campos elevados prehispánicos. En el arroyo Florida hay dos islas de campos elevados: Viejo Horizonte y Las Papas.

Los residentes locales dan nombre a la mayoría de las islas pero no a todas. Los nombres que se asignaron a las islas pequeñas sin nombre están asociados a plantas o animales, y estos son dados entre comillas.

Arroyo Horizonte

El arroyo Horizonte está ubicado cerca del borde del área de estudio Iruyañez-Omi. Hacia el norte está un área de terreno levemente más alto con vegetación de bosque dispersa cubriendo los campos elevados. Los campos de esta área están predominantemente arreglados de "extremo a extremo," en contraste a los grandes espacios continuos de campos elevados sobre los diques de los ríos Iruyañez y Omi. Hacia el sur del arroyo Horizonte hay un área más pobremente drenada, que bordea con los diques a lo largo del Río Iruyañez.

El arroyo fluye durante la mayor parte del año, y el terreno bajo del cauce del arroyo mantiene pastos que proveen buen pasto para el ganado a lo largo de todo el año. Un gran número de aves acuáticas frecuentan el arroyo, incluyendo dos especies de patos (pato roncador, *Neochen jubata*; pato negro, *Cairina moschata*).

El arroyo Horizonte es uno de los tributarios más largos del río Iruyañez, teniendo un bosque de galería de 4 km en su curso bajo y manteniendo un canal distintivo por lo menos de 6 km a partir de ese punto.

Los Campos Elevados del Arroyo Horizonte

Hay varios grupos de campos elevados asociados con el arroyo Horizonte (Figura 43). También hay campos elevados rodeando la isla Las Papas. El área de campos al norte de la Estancia Horizonte es mucho más grande, como también lo es el área de campos elevados hacia el sur, a lo largo del río Iruyañez.

Islas Grandes

Isla Potrero

La isla Potrero está localizada dentro del potrero cercado de la Estancia Horizonte, al nororiente de la actual casa de estancia. Un ramal del arroyo Horizonte está directamente a su lado. Tiene una forma oval, de aproximadamente 60 m en el eje norte-sur, y aproximadamente 75 m en el eje este-oeste. La vegetación consiste de algunos arbustos y árboles pequeños. La isla se levanta empinadamente de la sabana circundante hasta una elevación de no más de un metro. Se excavó un total de 13 pruebas de pala en dos transectos perpendiculares. En dos de las pruebas de pala se encontraron un total de cinco tiestos. El tiesto más profundo se recuperó a 47 cm debajo de la superficie. En todas las pruebas de pala estaba presente una greda gris muy oscuro o café grisáceo muy oscuro, y se encontró arcilla quemada en 9 de las 13 pruebas de pala.

Todos los criterios para antrosoles están presentes, y la isla Potrero es por lo tanto clasificada como un sitio de ocupación.

Isla "Chaco Norte"

Esta isla está localizada justo al norte del arroyo Horizonte, entre la isla "Pájaro" al norte y la isla Chaco al sur. La isla se levanta empinadamente hasta una altura de menos de un metro. Es circular, con un diámetro de casi 40 m. La vegetación consiste de arbustos y algunos árboles grandes, y es bastante abierta. Se excavaron cinco pruebas de pala aquí en dos transectos perpendiculares, y se encontraron tiestos en tres de ellas. Todos los tiestos se recuperaron en el tamiz, y el tiesto más profundo debe haber estado a no más de 64 cm debajo de la superficie. Todas las pruebas de pala mostraron la presencia de una greda gris muy oscuro, desde 40 cm a más de 60 cm de profundidad. No se recuperó arcilla quemada.

Dos de los tres criterios para antrosoles están presentes, y la isla "Chaco Norte" no tiene antrosoles. Sin embargo, los tiestos indican que la isla fue usada en el pasado prehispánico. En contraste con la isla Chaco justo al sur, la isla "Chaco Norte" no muestra evidencia de uso moderno.

Isla Chaco

La isla Chaco está ubicada justo al sur del arroyo Horizonte, al otro lado del arroyo desde la isla "Chaco Norte". Un campo moderno de plátanos cubre la isla. Esta se levanta empinadamente hasta una altura de menos de un metro. La isla es circular, con un diámetro de alrededor de 60 m. La vegetación consiste principalmente de plátanos, aunque algunos pequeños arbustos y árboles y una cerca moderna de alambre de púas rodean la isla. Se excavaron nueve pruebas de pala en dos transectos perpendiculares y se encontraron tiestos en cuatro de ellas. El tiesto más profundo se recuperó a 70 cm bajo superficie. En todas las pruebas de pala se encontró una greda gris muy oscura, variando en profundidad entre 20 y 70 cm. En dos de las pruebas de pala hubo arcilla quemada presente.

Los tres criterios para antrosoles están presentes, y la isla Chaco es por lo tanto clasificada como un sitio de ocupación. El campo de plátanos en esta isla es un ejemplo del cultivo moderno de los antrosoles.

Isla Horizonte

Hay disponibles datos incompletos para la isla Horizonte. La estancia moderna de Horizonte está construida sobre una pequeña elevación, cerca del arroyo Horizonte. El área de terreno elevado cubierta por el complejo de la estancia es aprooval shape, approximately 60 m on the north-south axis, and approximately 75 m on the east-west axis. The vegetation consists of some bushes and small trees. The island rises sharply from the surrounding savanna to an elevation of no more than one meter. A total of 13 shovel tests were excavated here in two perpendicular transects. A total of five sherds were found in two shovel tests. The deepest sherd recovered was 47 cm below the surface. Very dark gray or very dark grayish brown loam was present in all of the shovel tests, and burned clay was found in 9 of the 13 shovel tests.

All three criteria for anthrosol are present, and Potrero Island is therefore classified as an occupation site.

"North Chaco" Island

This island is located just north of the Horizonte Creek, between "Bird" Island to the north, and Chaco Island to the south. The island rises steeply to an elevation of less than one meter. It is circular, with a diameter of about 40 m. The vegetation consists of bushes and some large trees, and is fairly open. Five shovel tests were excavated here in two perpendicular transects, and sherds were found in three of them. All sherds were recovered in the screen, and the deepest sherd could have been no deeper than 64 cm below the surface. All the shovel tests showed the presence of very dark gray loam, from 40 cm to over 60 cm in depth. No burned clay was recovered.

Two of the three criteria for anthrosol are present, and "North Chaco" Island has no anthrosols. The sherds indicate that the island was used in the prehispanic past, however. In contrast to Chaco Island just to the south, "North Chaco" Island shows no evidence of modern use.

Chaco Island

Chaco Island is located just to the south of Horizonte Creek, across the creek from "North Chaco" Island. A modern banana field covers the island. The island rises steeply to a height of less than one meter. The island is circular, with a diameter of about 60 m. Vegetation consists primarily of bananas, although small bushes and trees and a modern barbed wire fence border the island. Nine shovel tests were excavated here in two perpendicular transects and sherds were found in four of them. The deepest sherd recovered was 70 cm below the surface. Very dark gray loam was found in all of the shovel tests, ranging in depth between 20 cm and 70 cm. Burned clay was present in two of the shovel tests.

All three criteria for anthrosol are present, and Chaco Island is therefore classified as an occupation site. The banana field on this island is an example of the modern cultivation of anthrosols.

Horizonte Island

Incomplete data is available for Horizonte Island. The modern ranch of Horizonte is built on a low rise, near Horizonte Creek. The area of high ground covered by the ranch compound is roughly circular, and about 100 m in diameter. There are a few small trees and bushes on the island. A sherd was recovered from a drainage ditch in the ranch patio. No shovel tests were excavated at the ranch.

The island is interpreted as an occupied site, although the nature of the occupation cannot be described in any detail, nor can the presence of anthrosols be confirmed.

"Cerca" Island

"Cerca" Island is located just to the south of Horizonte Ranch, across the creek from Horizonte Island. The island is roughly circular in shape, measuring about 75 m in diameter. The vegetation is comparatively heavy, consisting of large and small trees, as well as brush. The island rises sharply from the surrounding savanna, to an elevation of not more than one me-

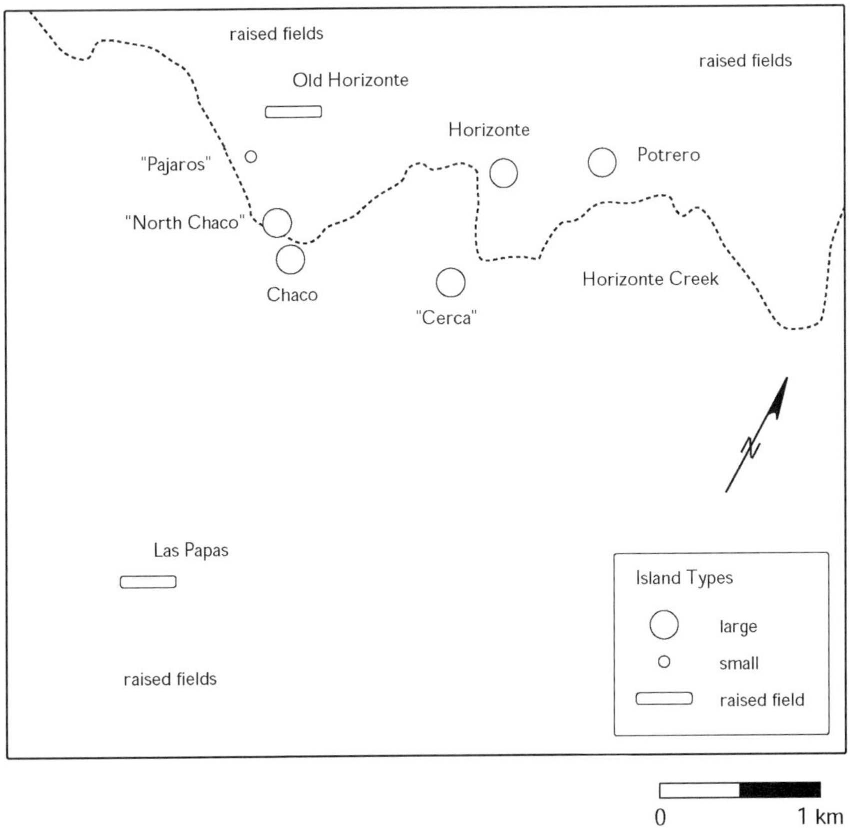

Figure 43. Forest islands and raised fields along Horizonte creek.
Figura 43. Islas de bosque y campos elevados a lo largo del arroyo Horizonte.

ximadamente circular, y de unos 100 m de diámetro. Hay unos pocos árboles pequeños y arbustos en la isla. Se recuperó un tiesto de un canal de drenaje en el patio de la estancia. No se hicieron pruebas de pala en la estancia.

La isla se interpreta como un sitio ocupado, aunque la naturaleza de la ocupación no puede ser descrita en ningún detalle. Tampoco se pudo confirmar la presencia de antrosoles.

Isla "Cerca"

La isla "Cerca" está localizada justo al sur de la Estancia Horizonte, al otro lado del arroyo de la isla Horizonte. La isla es de forma aproximadamente circular, midiendo cerca de 75 m de diámetro. La vegetación es comparativamente espesa, consistiendo de árboles grandes y pequeños, así como matorrales. La isla se levanta abruptamente de la sabana circundante, a una altura no mayor a un metro. Aquí se excavó un total de 13 pruebas de pala, en dos transectos perpendiculares, y se encontraron tiestos en dos de ellas. Todos los tiestos fueron recuperados en el tamiz, y el tiesto más profundo no puede haber estado a más de 65 cm debajo de la superficie. Una greda gris muy oscuro o café grisáceo estuvo presente en las trece pruebas de pala, y en dos de ellas también hubo arcilla quemada.

Los tres criterios para los antrosoles están presentes, y por lo tanto la isla "Cerca" se clasifica como un sitio de ocupación. La profundidad del antrosol es excepcional e indica que la ocupación prehispánica de la isla fue de una duración considerable.

Interpretación de las Islas Grandes

Las islas grandes del arroyo Horizonte estuvieron ocupadas por gente prehispánica. La combinación de suelo oscuro, arcilla quemada y tiestos indica la presencia de antrosoles. Estas islas de bosque son clasificadas como sitios de ocupación debido a la presencia del antrosol. La profundidad de los antrosoles muestra que las islas grandes del arroyo Horizonte fueron ocupadas y hasta cierto punto construidas por seres humanos.

Islas Pequeñas

Isla "Pájaros"

La isla "Pájaros" está ubicada justo al sur de la isla Viejo Horizonte. La isla se levanta empinadamente hasta una elevación de apenas más de un metro por sobre la sabana, y el color oscuro del suelo (10 YR 2/1—greda gris muy oscura) es visible en la superficie. La isla no tiene más de 20 m de diámetro, y está cubierta con arbustos y árboles pequeños. Se hizo una prueba de pala y se encontró un tiesto en ella. El tiesto fue recuperado en el tamiz, y no puede haber estado a más de 64 cm debajo de la superficie.

Los tres criterios para los antrosoles están presentes, y por lo tanto la isla "Pájaros" se clasifica como un sitio de ocupación. Debido a la presencia de antrosoles, la isla "Pájaros" representa una ocupación humana regular, en contraste con las islas pequeñas del arroyo Florida.

Islas de Campos Elevados

Isla Viejo Horizonte

La isla Viejo Horizonte está ubicada aproximadamente 1.5 km al oeste de la Estancia Horizonte, entre el terreno dominado por los campos elevados al norte, y el terreno más bajo hacia el sur, drenado por el arroyo Horizonte. Inmediatamente al norte, hay muchos campos elevados, los cuales están cubiertos con árboles pequeños. La isla Viejo Horizonte es más alta que estos campos elevados adyacentes. Se eleva gradualmente desde el terreno bajo circundante, a una altura de alrededor de un metro, mientras que los campos elevados vecinos están más cerca de los 30 cm de elevación. Una de las pruebas de pala colocadas de acuerdo a la cuadrícula de 15 m fuera de los límites de la isla fue colocada sobre una plataforma de campo elevado (la prueba de pala más oriental). La isla en sí es de forma aproximadamente oval, con un ancho de casi 45 m a lo largo del eje norte-sur, y unos 75 m a lo largo del eje este-oeste. La vegetación consiste de algunos arbustos, unos pocos árboles grandes, y cactus gravato (*Bromelia serra*). La vegetación es relativamente abierta y fácil de penetrar. Se excavó un total de 11 pruebas de pala, en dos transectos perpendiculares. No se encontraron tiestos en ninguna de las pruebas de pala. Una greda limosa café grisácea oscura se encontró en las 11 pruebas de pala, variando en profundidad desde alrededor de 20 cm hasta más de 60 cm de profundidad. En una de las pruebas estuvo presente arcilla quemada.

La isla Viejo Horizonte no cumple con los tres criterios para la presencia de antrosoles. Se interpreta como un campo elevado abandonado, el cual pudo haber sido usado para la agricultura después de su abandono inicial. La isla está directamente adyacente a campos elevados, y la forma de la isla sugiere la forma de una plataforma de campo elevado.

Isla Las Papas

La isla Las Papas está ubicada cerca de 3 km al sur de la actual Estancia Horizonte, a lo largo de un sendero entre las Estancias Horizonte y Villa Nueva. La isla se eleva gradualmente hasta una altura de menos de 2 m, y cubre un área de cerca de 2 ha. La isla mide 215 m en su eje más largo (30°) y 145 m en el más corto (120°). La isla está rodeada en todos sus lados por plataformas de campos elevados. La vegetación es espesa e incluye tanto especies silvestres como domesticadas. Varias características del uso moderno de la tierra se ven reflejadas en la isla. Hay una casa de estancia abandonada, así como un huerto de cítricos y un campo de roza y quema abandonado. La forma de la isla es un tanto irregular. En la parte occidental de la isla, el límite de la vegetación de bosque coincide con una cerca de alambre de púas. Se excavó un total de 31 pruebas de pala, en dos transectos de 240 m y 255 m, los cuales continuaban más allá de los limites de la isla y dentro de los campos elevados circundantes. Se encontraron tiestos en cuatro de las ter. A total of 13 shovel tests were excavated here, in two perpendicular transects, and sherds were found in two of them. All sherds were recovered in the screen, and the deepest sherd could have been no deeper than 65 cm below the surface. Very dark gray or dark grayish brown loam was present in all 13 shovel tests, and burned clay was present in two of the shovel tests.

All three criteria for anthrosol are present, and "Cerca" Island is therefore classified as an occupation site. The depth of anthrosol is exceptional and indicates that the prehispanic occupation of the island was of considerable duration.

Interpretation of Large Islands

Prehispanic peoples occupied by the large islands of Horizonte Creek. The combination of dark soil, burned clay and sherds indicates the presence of anthrosols. These forest islands are classified as occupation sites because of the presence of the anthrosol. The depth of anthrosols shows that the large islands along Horizonte Creek were occupied and to some degree constructed by humans.

Small Islands

"Pajaros" Island

"Pajaros" Island is located just to the south of Old Horizonte Island. The island rises steeply to an elevation of just over one meter above the savanna, and the dark color of the soil (10 YR 2/1—Very Dark Gray loam) is visible on the surface. The island is no more than 20 m in diameter, and is covered with bushes and small trees. One shovel test was recovered here, and a sherd was found in it. The sherd was recovered in the screen, and could have been no deeper than 64 cm below the surface.

All three criteria for anthrosol are present, and "Pajaros" Island is therefore classified as an occupation site. Because of the presence of anthrosols, "Pajaros" Island represents regular human occupation, in contrast to the small islands of Florida Creek.

Raised Field Islands

Old Horizonte Island

Old Horizonte Island is located approximately 1.5 km to the west of the Horizonte Ranch, between the terrain dominated by raised fields to the north, and the lower terrain to the south, drained by Horizonte Creek. Immediately to the north, there are many raised fields, which are covered with small trees. Old Horizonte Island is higher than these adjacent raised fields. It rises gradually from the surrounding low ground, to a height of about one meter, while the neighboring raised fields are closer to 30 cm in elevation. One of the shovel tests placed according to the 15 m grid outside the boundaries of the island was placed in a raised field platform (the easternmost shovel test). The island itself is roughly oval in form, with a width of approximately 45 m along the north-south axis, and about 75 m along the east-west axis. The vegetation consists of some bushes, a few large trees, and gravato cactus (*Bromelia serra*). The vegetation is relatively open and easy to penetrate. A total of 11 shovel tests were excavated here, in two perpendicular transects. Sherds were not found in any of the shovel tests. Dark grayish brown silt loam was found in all 11 of the shovel tests, ranging in depth from about 20 cm to over 60 cm in depth. Burned clay was present in one of the shovel tests.

Old Horizonte Island does not meet the three criteria for the presence of anthrosol. It is interpreted as an abandoned raised field, which could have been used for agriculture after its initial abandonment. The island is directly adjacent to raised fields, and the shape of the island suggests the shape of a raised field platform.

Las Papas Island

Las Papas Island is located about 3 km to the south of the present Horizonte Ranch, along the path between Horizonte and Villa Nueva ranches. The island rises gradually to an elevation of less than 2 m, and covers an area of about 2 ha. The island measures 215 m along its long axis (30°) and 145 m along its short axis (120°). The island is surrounded on all sides by raised field platforms. Vegetation is heavy and includes both wild and domesticated species. Several characteristics of modern land use are reflected in this island. An abandoned ranch house is located here, as well as a citrus orchard and an abandoned swidden field. The form of the island is somewhat irregular. On the western side of the island, the limit of the forest vegetation coincides with a barbed-wire fence. A total of 31 shovel tests were excavated here, in two transects of 240 m and 255 m, which continued beyond the limits of the island into the surrounding raised fields. Sherds were found in four of the shovel tests, and burned clay was found in three of the shovel tests. There were no dark soils, however. The deepest sherd was 29 cm below the surface.

The island contains evidence of both prehispanic and modern occupation. The fence line, the forest edge and the elevation of the island are coterminous, which suggests that the outline of the island is related to modern occupation. Soil profiles from shovel tests inside the island closely resemble the soil profiles from surrounding raised field platforms. The present limits of the forest were established after the abandonment of the raised fields surrounding the island. The forest island postdates the abandonment of the fields, and modern land use has "erased" the outlines of the raised fields within Las Papas Island.

Interpretation of Raised Field Islands

Raised field islands were the locations of prehispanic agriculture and are the locations of modern activity including both agriculture and occupation. Raised field islands retain their shape from their construction as raised fields. The dimensions of raised field islands are consistent with the measured dimensions of raised fields. Raised field islands are also found adjapruebas de pala y se encontró arcilla quemada en tres de las pruebas. Sin embargo, no habían suelos oscuros. El tiesto más profundo estaba a 29 cm debajo de la superficie.

La isla contenía evidencia tanto de ocupación prehispánica como de ocupación moderna. La línea de la cerca, el borde del bosque y la elevación de la isla eran contérminos, lo que sugiere que el contorno de la isla está relacionado con la ocupación moderna. Los perfiles de los suelos de las pruebas de pala dentro de la isla se parecen muy de cerca a los perfiles de las plataformas de campos elevados circundantes. Los límites actuales del bosque fueron establecidos después del abandono de los campos elevados que rodeaban la isla. La isla de bosque data de tiempo posterior al abandono de los campos, y el uso moderno de la tierra ha "borrado" los contornos de los campos elevados dentro de la isla Las Papas.

Interpretación de las Islas de Campos Elevados

Las islas de campos elevados fueron lugares para la agricultura prehispánica y son lugares de actividad moderna, incluyendo agricultura y ocupación. Las islas de campos elevados retienen su forma desde que fueron construídos como campos elevados. Las dimensiones de las islas de campos elevados son consistentes con las dimensiones tomadas de los campos elevados. Las islas de campos elevados se encuentran también adyacente a otras plataformas de campos elevados. Las islas de campos elevados son una clara evidencia de una larga historia de la modificación humana del paisaje, incluyendo el uso agrícola prehispánico así como el uso moderno para agricultura y ocupación.

Las islas de campos elevados se interpretan como campos elevados prehispánicos que fueron vueltos a ocupar luego de su abandono. También han estado sujetas a procesos naturales, el más importante de los cuales es la colonización por parte de la vegetación de bosque. A través del área de estudio Iruyañez-Omi, la colonización ha resultado en el establecimiento de una ligera vegetación de bosque en muchos de los campos. La vegetación de bosque ligera, en particular de árboles de tusequi (*Machaerium hirtum*) y aliso (*Vochysia divergens*), ha colonizado muchos campos al norte del arroyo Horizonte. El establecimiento de árboles sobre los campos elevados cambia el proceso de formación del suelo y ayuda a mantener la elevación. Sin embargo, los suelos de estas islas de campos elevados son fácilmente distinguibles de los antrosoles de las islas grandes. El color del suelo es muchos más claro, y hay pocos tiestos y poca arcilla quemada presente.

Interpretación de las Islas del Arroyo Horizonte

Se hicieron pruebas en ocho islas del arroyo Horizonte. Se encontró evidencia de uso humano en todas estas islas, y en cuatro de las islas de bosque, las islas grandes de Cerca, Potrero, "Chaco Norte" y Chaco, había evidencia de antrosoles. Se recuperaron tiestos de las islas "Pájaros," Horizonte y Las Papas, aunque estas islas no contenían antrosoles. Las islas del arroyo Horizonte apoyan la generalización de que todas las islas de bosque con un diámetro mayor a 45 m muestran evidencia de ocupación prehispánica en la forma de antrosoles. A continuación se considerará la naturaleza de la ocupación de las islas de bosque.

Ciclos Estacionales

La evidencia de asentamiento en las islas de bosque indica que el uso prehispánico del paisaje era flexible. Las islas de bosque del arroyo Florida y del arroyo Horizonte ejemplifican un patrón de asentamiento diferente al patrón de asentamiento en los diques descrito en el Capítulo 5.

El paisaje a lo largo del río Iruyañez cambia a través del año como resultado del ciclo estacional de lluvia e inundación. Los residentes modernos usan las islas de bosque para explotar los recursos estacionales de la sabana abierta los cuales son más difíciles de alcanzar en los diques de los ríos. Por ejemplo, la pesca en la estación seca se concentra a lo largo de los ríos, mientras que en la estación lluviosa la pesca incluye los trechos superiores de los arroyos pequeños. Los relatos históricos tempranos también detallan prácticas de pesca que habrían sido efectivas en arroyos poco profundos inundados. La 'canasta cayuvava,' descrita por Nordenskiöld (1979) y Keller-Leuzinger (1874) es una canasta hecha sin fondo y sin tapa, la cual era usada para pescar. Nordenskiöld específicamente asocia este artefacto con la gente cayuvava. La canasta, que es un tipo de trampa portátil para pesca, se coloca sobre los peces en agua poco profunda. Los peces pueden entonces removerse fácilmente a través de la parte superior abierta. Este artefacto sólo funcionaría en agua poco profunda, como la que cubre mucho de la sabana a lo largo de los arroyos Florida y Horizonte durante la estación lluviosa. En el pasado, las islas de bosque podrían haber sido lugares convenientes para la pesca de estación lluviosa.

Los cambios estacionales en el paisaje son importantes para los habitantes modernos del área de estudio Iruyañez-Omi. En la estación seca, las islas de bosque yacen a lo largo de rutas terrestres que cruzan la sabana abierta. El viaje por el río se dificulta y consume más tiempo cuando hay agua poco profunda, pero estas condiciones también hacen más fácil el viaje por tierra. En la estación seca, las islas de bosque no tienen un fácil acceso al agua. Algunas islas de bosque en el área de estudio tienen ligeras depresiones cerca de ellas, las cuales pueden ser los restos de pozos o reservorios excavados. El mantener una provisión de agua de esta forma haría posible la ocupación durante todo el año, aunque en la estación seca sería difícil mantener una provisión de agua confiable, aún en un reservorio. Todas las estancias modernas están localizadas junto a aguas permanentes o tienen pozos profundos asociados a ellas.

Independientemente de estas diferencias estacionales, la disponibilidad de madera para combustible es una consideración importante para la ocupación de una isla hoy en día. En los bosques más grandes de los diques hay fuentes sustentables de madera para combustible. Es improbable que una isla cent to other raised field platforms. Raised field islands are clear evidence of a long history of human modification of the landscape, including both prehispanic agricultural use and modern use for agriculture and occupation.

Raised field islands are interpreted as prehispanic raised fields that were reoccupied following their abandonment. They have also been subjected to natural processes, the most important of which is colonization by forest vegetation. Across the Iruyañez-Omi study area, forest colonization has resulted in the establishment of light forest vegetation on many fields. Light forest vegetation, in particular *tusequi* (*Machaerium hirtum*) and *aliso* (*Vochysia divergens*) trees have colonized many fields to the north of Horizonte Creek. Establishment of trees on the raised fields changes the process of soil formation and helps to maintain elevation. The soils of these raised field islands are easily distinguished from the anthrosols of large islands, however. Soil color is much lighter, few sherds and little burned clay are present.

Interpretation of Horizonte Islands

Eight forest islands were tested along Horizonte Creek. Evidence of human use was found on all eight forest islands, and on four of the forest islands, the large islands Cerca, Potrero, "North Chaco," and Chaco there was evidence of anthrosols. Sherds were recovered from "Pajaros," Horizonte and Las Papas islands, although these islands did not contain anthrosols. The islands from Horizonte Creek support the generalization that all circular forest islands greater than 45 m in diameter show evidence of prehispanic occupation in the form of anthrosols. The nature of forest island occupation will now be considered.

Seasonal Cycles

Evidence of settlement on forest islands indicates that the prehispanic use of the landscape was flexible. The forest islands at Florida Creek and Horizonte Creek exemplify a different settlement pattern than the levee settlement pattern described in Chapter 5.

The landscape along the Iruyañez River changes throughout the year as a result of the seasonal cycle of rainfall and flooding. Modern residents use forest islands to exploit seasonal resources in the open savanna that are more difficult to reach from the river levees. For example, dry season fishing is concentrated along the rivers, while wet season fishing includes the upper reaches of small creeks. Early historical accounts also detail fishing practices that would have been effective in shallow flooded creeks. The 'Cayuvava basket,' described by Nordenskiöld (1979) and Keller-Leuzinger (1874) is a basket made with neither top nor bottom, which was used for fishing. Nordenskiöld specifically associates this artifact with the Cayuvava people. A type of portable fish trap, the basket is placed over the fish in shallow water. The fish can then be removed easily through the top opening. This device would only work in shallow water, such as that covering much of the savanna along Florida Creek and Horizonte Creek during the wet season. In the past, forest islands could have been convenient locations for wet season fishing.

Seasonal changes in the landscape are important to the modern inhabitants of the Iruyañez-Omi study area. In the dry season, forest islands lie along overland travel routes across the open savanna. Low water means that travel by river becomes more difficult and time-consuming, but it also makes overland travel much easier. In the dry season, forest islands have no easy access to water. Some forest islands in the study area have slight depressions located next to them, which may be the remains of excavated wells or reservoirs. Maintaining a water supply in this way would make yearlong occupation possible, although in the dry season it would be difficult to maintain a reliable water supply even in a reservoir. All modern ranches are located next to permanent water or have deep wells associated with them.

Independent of these seasonal differences, an important consideration for island occupation today is the availability of wood for fuel. Sustainable sources of firewood are located in the larger forests on the levees. It is unlikely that a forest island could support both human settlement and enough trees to provide a sustainable source of firewood. This would be a problem throughout the year. Combined with the need for water, the permanent occupation of a forest island far from the Omi or Iruyañez rivers would require the transportation of both firewood and water. With the exception of the Horizonte ranch, no forest islands were occupied in 1996 and 1997 when fieldwork took place.

Forest island sites are important throughout the year because of their position, which affords good visibility of surrounding terrain. Although the elevation is slight, the position of the islands in the middle of the savanna means that they overlook many square kilometers of raised fields and levees. In addition, the forest islands are midpoints for overland travel between neighboring rivers, for example the Iruyañez and the Yacuma rivers. To accomplish the same journey by water (during the dry season) would mean descending the Iruyañez River, traveling on the Mamoré River, and ascending the Yacuma River. In many cases, overland routes reach places that are not easily reached by boat from the Mamoré River. Forest islands are resting places on these overland routes.

The differences between modern use of forest islands during the wet and dry seasons suggest a model for forest island occupation in the past. Wet season occupation of the forest islands was more intensive, taking advantage of hunting and fishing resources. Dry season occupation of forest islands was less intensive.

Duration of Occupation

The depth of anthrosols on many of the forest islands suggests long-term occupation. On some islands, the depth of anthrosol exceeds one meter, and the depth of anthrosol on these islands is comparable to the depth of anthrosol at the de bosque hubiera podido mantener un asentamiento humano al mismo tiempo que suficientes árboles para proveer una fuente sustentable de madera para combustible. Esto sería un problema a lo largo de todo el año. Combinada con la necesidad de agua, la ocupación permanente de una isla de bosque lejos de los ríos Omi o Iruyañez requeriría del transporte tanto de agua como de madera combustible. Con excepción de la Estancia Horizonte, durante los años de 1996 y 1997 cuando se llevó a cabo el trabajo de campo no hubo ocupación de las islas de bosque.

Los sitios de islas de bosque son importantes a lo largo del año debido a su posición, que brinda buena visibilidad del terreno circundante. A pesar de que la elevación es leve, la posición de las islas en medio de la sabana significa que estas divisan muchos kilómetros cuadrados de campos elevados y diques. Además, las islas de bosque son puntos intermedios para el viaje por tierra entre ríos vecinos, por ejemplo los ríos Iruyañez y Yacuma. Realizar el mismo viaje por agua (durante la estación seca) significaría tener que descender por el río Iruyañez, viajar por el río Mamoré, y subir por el río Yacuma. En muchos casos, las rutas por tierra llegan a sitios a los que no se llega fácilmente por bote desde el río Mamoré. Las islas de bosque son lugares de descanso en estas rutas por tierra.

Las diferencias en el uso moderno de las islas de bosque durante las estaciones de lluvia y seca sugieren un modelo para la ocupación de estas islas en el pasado. La ocupación de las islas de bosque durante la estación lluviosa fue más intensiva, aprovechando los recursos de caza y pesca. La ocupación durante la estación seca fue menos intensiva.

Duración de la Ocupación

La profundidad de los antrosoles en muchas de las islas de bosque sugieren una ocupación de largo plazo. En algunas islas, la profundidad de los antrosoles excede un metro, y la profundidad de los antrosoles en estas islas es comparable a la profundidad del antrosol en el sitio Cerro. Como se describe en el Capítulo 5, la excavación en el sitio Cerro y en el sitio San Juan indica que los campos elevados estuvieron en uso en dos momentos en el tiempo separados por 900 años. Los antrosoles presentes en las islas Konko, Junos, Cusis, Chaco, "Chaco Norte," Potrero y Cerca sugieren que algunas de las islas de bosque fueron usadas regularmente por largos periodos de tiempo, tal vez varios siglos.

No hay evidencia directa que permita colocar a los sitios de islas de bosque en la cronología, pero se pueden hacer algunas inferencias en base a los tiestos excavados. En ninguna de las pruebas de pala de las islas de bosque se encontraron tiestos pintados con líneas finas. Este tipo de cerámica ha sido fechado a los siglos quinto y sexto D.C. en el sitio San Juan (Capítulo 5) Por lo tanto, la ocupación de las islas de bosque no pueden asociarse con estas fechas en base a la cerámica. No hay tipos de artefactos distintivos compartidos tanto por los sitios de islas de bosque como en el sitio Cerro. Por lo tanto las islas de bosque no pueden asociarse con ninguno de los sitios de dique fechados en base a los tiestos recuperados.

El contexto geográfico de las islas de bosque sugiere que los residentes del área de estudio Iruyañez-Omi las habrían usado por tanto tiempo como estuvo ocupada el área. Los habitantes modernos aprovechan las islas de bosque para las tres actividades siguientes. Primero, se cosechan frutas en estas islas. Segundo, las islas son usadas como terrenos para cacería durante la estación lluviosa. Tercero, las islas de bosque son útiles para los hacendados porque el ganado se refugia en ellas durante las inundaciones y puede ser reunido más fácilmente.

Ocupación de las Islas

A lo largo de los arroyos Florida y Horizonte se hicieron pruebas en un total de 16 islas de bosque usando pruebas de pala. De estas islas, ocho fueron clasificadas como islas grandes, cuatro como pequeñas y cuatro como islas de campos elevados. De las islas grandes, siete de las ocho tenían suelos oscuros, siete de las ocho tenían arcilla quemada, y todas tenían tiestos. De las islas pequeñas, todas tenían suelos oscuros, una de las cuatro tenía arcilla quemada, y una de las cuatro tenía tiestos. De las islas de campos elevados, dos de las cuatro tenían suelos oscuros, tres de las cuatro tenían arcilla quemada, y una de las cuatro tenía tiestos. A pesar de que la evidencia de las islas de campos elevados y de las islas pequeñas documenta un uso humano, no hay un patrón consistente de presencia de antrosoles. Las islas grandes, por otra parte, mostraron consistentemente evidencia de ocupación en la forma de antrosoles.

La presencia de antrosoles en las islas de bosque grandes apoya la interpretación de una ocupación regular y estacional prehispánica de ellas. El color oscuro, la arcilla quemada y los tiestos de los antrosoles de las islas de bosque, en comparación a los suelos de bosque rojizos sin cultural material, indican claramente una ocupación. Sin embargo no hay grandes concentraciones de tiestos, especialmente de formas de vasijas grandes, en estas islas de bosque. La cerámica consiste en tiestos de alfarería fina, sin pintura, en concentraciones de menos de 10 tiestos por prueba de pala (con unas pocas excepciones). Las concentraciones menos densas de tiestos podrían ser el resultado de una ocupación estacional, la cual dependía de la ocupación permanente a lo largo de los diques. La evidencia arqueológica de los antrosoles de las islas de bosque y la elevación y contexto de las mismas sugieren que pueden haber estado en uso durante todos los periodos de ocupación del área de estudio Iruyañez-Omi.

Población de los Sitios

Es difícil calcular el número de personas que vivieron en un sitio arqueológico, pero la interpretación es más fácil para las islas de bosque en vista de sus claros límites. Las fuentes históricas sugieren que algunas aldeas en los Llanos de Moxos tenían poblaciones de 200 personas o menos. Resumiendo la evidencia histórica, Block razona que las aldeas moxeñas tenían poblaciones de 200 personas o menos (Block 1994). La

Cerro site. As described in Chapter 5, excavation at the Cerro site and at the San Juan site indicates that raised fields were in use at two points in time separated by 900 years. The anthrosols present at Konko, Junos, Cusis, Chaco, "North Chaco," Potrero and Cerca islands suggest that some of the forest islands were used regularly over long periods of time, perhaps as long as several centuries.

There is no direct evidence to place the forest island sites into the chronology, but some inferences can be made on the basis of the excavated sherds. Fine-lined, painted sherds were not found in any of the shovel tests on the forest islands. This type of pottery has been dated to the fifth and sixth centuries AD at the San Juan site. Therefore, occupation of the forest islands cannot be associated with these dates on the basis of ceramics. There are no distinctive artifact types shared by both the forest island sites and the Cerro site. Therefore, the forest islands cannot be associated with either of the dated levee sites on the basis of the recovered sherds.

The geographical context of the forest islands suggests that residents of the Iruyañez-Omi study area would have used them as long as the area was occupied. Modern inhabitants take advantage of the forest islands for the following three activities. First, fruits are harvested from forest islands. Second, forest islands are used for hunting grounds during the wet season. Third, they are useful to ranchers because cattle take shelter on forest islands during floods, and can more easily be rounded up.

Island Occupation

Along Florida and Horizonte Creeks, a total of 16 forest islands were tested using shovel test excavations. Of these, eight were classified as large islands, four as small islands, and four as raised field islands. Of the large islands, seven of the eight had dark soils, seven of the eight had burned clay, and all eight had sherds. Of the small islands, all had dark soils, one of the four had burned clay, and one of the four had sherds. Of the raised field islands, two of the four had dark soil, three of the four had burnt clay, and one of the four had sherds. Although the evidence from raised field islands and the small islands documents human use, there was not a consistent pattern of the presence of anthrosols. The large islands, on the other hand, consistently showed evidence of occupation in the form of anthrosols.

The presence of anthrosols on large forest islands supports an interpretation of regular, seasonal prehispanic occupation of the large forest islands. The dark color, burned clay and sherds of forest island anthrosols, as compared to the more reddish forest soils without cultural material, clearly indicate occupation. However, large concentrations of sherds, especially large vessel forms, are not present on the forest islands. Ceramics are sherds of thin, unpainted wares, in concentrations of less than 10 sherds per shovel test (with a few exceptions). Less dense concentrations of sherds could be the result of a seasonal occupation, which remained dependent on permanent occupation along the levees. The archaeological evidence of forest island anthrosols and the elevation and context of forest islands suggests that they may have been in use during all periods of occupation in the Iruyañez-Omi study area.

Site Population

It is difficult to estimate the number of people who were living at an archaeological site, but interpretation is easier for forest island sites because of their clear boundaries. Historical sources suggest that some villages in the Llanos de Moxos had populations of 200 people or less. Summarizing the historical evidence, Block argues that Moxeño villages had populations of 200 people or less (Block 1994). The archaeological evidence of settlement from large forest islands could be the remains of such small villages. Konko Island from Florida Creek is an example. Konko Island is 90 m in diameter, an area (6,361 m^2) that could have accommodated a village of 200 people with about 30 m^2 of space per person.

If this line of reasoning were pursued, a working estimate could be made for the population of the large forest island sites in the Iruyañez-Omi study area. This estimate lies between 50 and 200 people per large forest island and represents the maximum population of the forest island. Extending this estimate to all of the large forest islands that were tested results in an estimated range of between 400 and 1600 people. Independent of the estimate of population from the levee sites, and the estimate of population from the raised fields, the potential population represented by the forest islands is many times denser than the modern population.

A better interpretation of the forest islands is that they represent a seasonal occupation, in conjunction with the permanent occupation on the river levees. Sherd counts from the islands are much lower than sherd counts from the Cerro site and the San Juan site. This could indicate that occupation of the forest island sites was less intensive than of the levee sites. Seasonal flooding makes forest islands much more attractive locations during the wet season than during the dry season. The less intensive occupation of the forest island sites could be explained by a pattern of seasonal occupation, with increased use during the wet season, and decreased occupation during the dry season. The interrelation of the forest islands, the levee sites, and the raised fields is essential to the interpretation of the archaeological evidence, and this relation is the subject of the final chapter.

evidencia arqueológica de asentamientos proveniente de las islas de bosque grandes podrían ser los restos de tales aldeas pequeñas. La isla Konko del arroyo Florida es un ejemplo. La isla Konko tiene 80 m de diámetro, un área (6361 m^2) que podría haber acomodado una aldea de 200 personas con unos 30 m^2 de espacio por persona.

Si siguiéramos esta línea de razonamiento, se podría hacer un cálculo de trabajo para la población de los sitios de bosque grandes en el área de estudio Iruyañez-Omi. Este cálculo está entre 50 y 200 personas por cada isla de bosque grande y representa la población máxima de la isla de bosque. Extendiendo este cálculo a todas las islas de bosque grandes en las que se hizo pruebas se obtiene un resultado de un rango de entre 400 y 1600 personas. Independientemente del cálculo de población de los sitios de dique, y el cálculo de población de los campos elevados, la población potencial representada por las islas de bosque es muchas veces más densa que la población moderna.

Una mejor interpretación de las islas de bosque es que estas representan una ocupación estacional en conjunto con la ocupación permanente de los diques de río. Los conteos de tiestos de las islas son mucho más bajos que los conteos de los sitios Cerro y San Juan. Esto podría indicar que la ocupación de los sitios de islas de bosque fue menos intensiva que los sitios de dique. La inundación estacional convierte a las islas de bosque en sitios más atractivos durante la estación lluviosa que durante la estación seca. La ocupación menos intensiva de los sitios de islas de bosque podría ser explicada por un patrón de ocupación estacional, con un mayor uso durante la estación lluviosa, y un decrecimiento de la ocupación durante la estación seca. La interrelación de las islas de bosque, los sitios de dique y los campos elevados es esencial para la interpretación de la evidencia arqueológica, y esta relación es el tema del capítulo final.

Chapter 7

Conclusions

A combination of archaeological and historical evidence helps explain the abandonment of raised field agriculture in the Iruyañez-Omi study area. This explanation is based on changes in three variables over time: population density, agricultural intensity, and social organization. The three hypotheses proposed in Chapter 1 for the abandonment of raised field agriculture are here reconsidered: climate change, contact and indigenous culture change. The explanation is then related to the archaeology of the Amazon Basin, the theory of agricultural change and future development in the Llanos de Moxos.

Population density, agricultural intensity, and social organization in the Iruyañez-Omi study area changed through four chronological periods (Figure 44). The first is the Prehispanic period, which began at an undetermined point in the past and lasted until A.D. 1492, when the Spanish arrived in the New World. The second is the Protohistoric period, which began in 1492 and lasted until the arrival of Jesuit missionaries in the area in 1693. The third is the Mission period, which began in 1693, and lasted until the expulsion of the Jesuits in 1767. The fourth is the Modern period, which began in 1767 and continues today.

The quantity and quality of evidence from each of these periods is variable. Knowledge of the Prehispanic period is based on the archaeological data presented in Chapters 4, 5, and 6. The Protohistoric period is the least well documented, with only two published documents that refer to the Iruyañez River. The first is the letter of Zapata describing his visit to the Cayuvava in 1693 (Zapata 1906). The second is the account of Zapata's missionary activity written by Eguiluz (Eguiluz and Torres S. 1884). Much more historical evidence is available from the Mission period. The administration of the Jesuit missions included regular reports from missionaries in the field, which provide a wealth of information. These documents contain indirect information on population density, agricultural intensity and social organization. There are records of population at the Exaltación and Santa Ana missions from throughout the Mission period, as well as records for other missions in the Llanos de Moxos. The Modern period is chronicled by a number of nineteenth- and twentieth-century scholars and travelers. Direct information is available from the Iruyañez-Omi study area for the most recent part of the Modern period.

Population Density

The limitations of the evidence and the difficulties of comparing historical and archaeological evidence force us to consider population density in two ways. For the Prehispanic and Modern periods, it is possible to estimate the population density of the study area. For the Protohistoric and Mission periods, this population density cannot be estimated. Instead, the population of individual settlements must be used as an alternative to population density. The populations of settlements can be estimated for all four periods, permitting long-term comparison.

The Prehispanic period is characterized by archaeological evidence of raised fields and settlement. The archaeological data demonstrate that the entire landscape of the Iruyañez-Omi study area was occupied and farmed during the Prehispanic period. Population density is estimated using raised field measurements in two ways. The amount of labor required to build raised fields provides a minimum estimate of population, and the carrying capacity of raised field agriculture in the study area provides a maximum. This range is from 1,000 to 10,000 people, which equals a range of about 3 to 30 people/km^2 in the study area. Population must have varied throughout the Prehispanic period, but it probably did not exceed the 10,000-person mark within the Iruyañez-Omi study area. Within these broad limits, the estimate can be improved by using prehispanic settlement data.

The pattern of settlement evidence in the study area can be used to interpret larger areas. All the areas of dry forest in the study area which were tested using shovel test excavations showed evidence of having been occupied in the Prehispanic period. These forested areas included small forest islands (less than 1 ha) and large forested levees (over 20 ha). One levee site, the Cerro site, consists of a deposit of anthrosol 510 m across. This midden of dark soil, burned clay, and ceramic debris was produced by a settlement with a population estimated to be about 2,000 people. The Cerro site demonstrates that there were dense settlements during the Prehispanic period. The archaeological data can also be used to estimate total population for the Iruyañez-Omi study area, and for the larger Iruyañez Basin. For the entire study area, a conservative estimate of population during the fifteenth century A.D. would be between 2,000 and 5,000 people. If several large levee sites were occupied at the same time, the total population of the study area could have easily approached 10,000. The settle-

Capítulo 7

Conclusiones

Una combinación de evidencia arqueológica e histórica ayuda a explicar el abandono de la agricultura en campos elevados en el área de estudio Iruyañez-Omi. Esta explicación se basa en los cambios de tres variables a través del tiempo: densidad de población, intensidad agrícola y organización social. Las tres hipótesis propuestas en el Capítulo 1 para el abandono de la agricultura en campos elevados son reconsideradas aquí: cambio climático, contacto y cambio en la cultura indígena. La explicación es luego relacionada a la arqueología de la cuenca Amazónica, la teoría del cambio agrícola y el desarrollo futuro en los Llanos de Moxos.

La densidad de población, la intensidad agrícola y la organización social en el área de estudio Iruyañez-Omi cambiaron a través de cuatro periodos cronológicos (Figura 44). El primero es el periodo prehispánico, que comenzó en un punto indeterminado en el pasado y duró hasta 1492 D.C., cuando los españoles llegaron al Nuevo Mundo. El segundo es el periodo protohistórico, que comenzó en 1492 y duró hasta la llegada de los misioneros jesuitas al área en 1693. El tercero es el periodo de las misiones, que comenzó en 1693, y duró hasta la expulsión de los jesuitas en 1767. El cuarto es el periodo moderno, el cual empezó en 1767 y continúa hasta hoy.

La cantidad y calidad de la evidencia de cada uno de estos periodos es variable. El conocimiento del periodo prehispánico se basa en los datos arqueológicos presentados en los Capítulos 4, 5 y 6. El periodo protohistórico es el menos documentado, con solo dos documentos publicados que se refieren al río Iruyañez. El primero es la carta de Zapata que describe su visita a los Cayuvavas en 1693 (Zapata 1906). El segundo es el relato de la actividad misionera de Zapata escrito por Eguiluz (Eguiluz y Torres S. 1884). Hay mucha más evidencia histórica disponible para el periodo de las misiones. La administración de las misiones jesuitas incluía informes regulares de las misiones que estaban en el campo, los cuales proveen una información muy rica. Estos documentos contienen información indirecta sobre la densidad de población, intensidad agrícola y organización social. Hay registros de población en las misiones de Exaltación y Santa Ana para todo el periodo de las misiones, así como registros de otras misiones de los Llanos de Moxos. El periodo moderno es relatado por un número de científicos y viajeros de los siglos XIX y XX. Para la parte más reciente del periodo moderno hay disponible información directa del área de estudio Iruyañez-Omi.

Densidad de Población

Las limitaciones de la evidencia y las dificultades para comparar evidencia histórica y arqueológica nos obliga a considerar la densidad de población de dos maneras. Para los periodos prehispánico y moderno, es posible calcular la densidad de población del área de estudio. Para los periodos protohistórico y de las misiones, esta densidad de población no puede ser calculada. En estos casos, la población de los asentamientos individuales debe usarse como alternativa para la densidad de población. Las poblaciones de los asentamientos pueden calcularse para los cuatro periodos, permitiendo una comparación de largo plazo.

El periodo prehispánico está caracterizado por la evidencia arqueológica de los campos elevados y asentamientos. Los datos arqueológicos demuestran que todo el paisaje del área de estudio Iruyañez-Omi estuvo ocupada y cultivada durante el periodo prehispánico. La densidad de población se calcula usando las mediciones de los campos elevados de dos maneras. La cantidad de mano de obra requerida para construir los campos elevados provee un cálculo mínimo de población, y la capacidad de carga de la agricultura en campos elevado en el área de estudio provee un máximo. Este rango va desde 1000 a 10000 personas, lo que equivale a un rango de 3 a 30 personas/km^2 en el área de estudio. La población debe haber variado a lo largo del periodo prehispánico, pero probablemente no excedió la marca de las 10000 personas dentro del área de estudio Iruyañez-Omi. Dentro de estos amplios límites, el cálculo puede ser mejorado usando los datos de asentamiento prehispánico.

La evidencia del patrón de asentamiento en el área de estudio puede usarse para interpretar áreas más grandes. Todas las áreas de bosque seco en el área de estudio, las cuales fueron investigadas por medio de pruebas de pala, mostraron evidencia de haber sido ocupadas en el periodo prehispánico. Estas áreas boscosas incluían pequeñas islas de bosque (menores a 1 ha) y diques grandes con bosque (mayores a 20 ha). Un sitio de dique, el sitio Cerro, consiste de un depósito de antrosol de 510 m de ancho. Este basural de suelo oscuro, arcilla quemada y desechos cerámicos fue producido por un asentamiento con una población que se calcula que fue de alrededor de 2000 personas. El sitio Cerro demuestra que habían asentamientos densamente poblados durante el periodo prehispánico. Los datos arqueológicos también pueden ser usados para calcular la población total del área de estudio Iruyañez-Omi, y para toda la

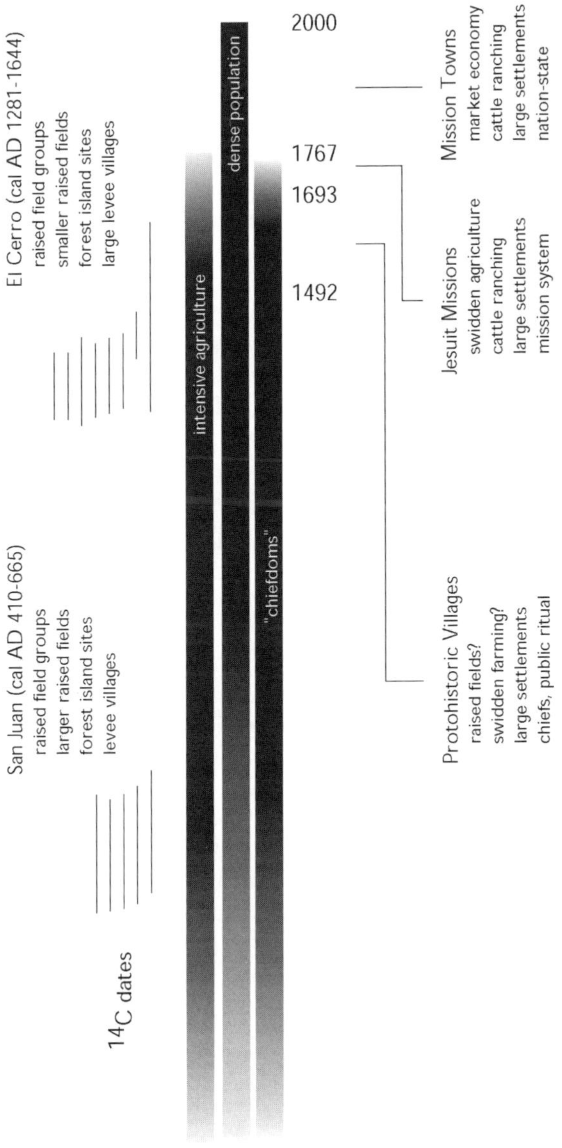

Figure 44. Agricultural history of the lower Iruyañez river, Beni, Bolivia.
Figura 44. Historia agrícola del Río Iruyañez inferior, Beni, Bolivia.

cuenca del Iruyañez. Para toda el área de estudio, un cálculo conservador de la población durante el siglo quince de nuestra era sería de entre 2000 y 5000 personas. Si varios sitios de dique estuvieron ocupados al mismo tiempo, la población total del área de estudio pudo fácilmente haber alcanzado las 10000 personas. La evidencia de los asentamientos es consistente con el rango de población sugerido por la evidencia de los campos elevados.

La evidencia arqueológica del área de estudio Iruyañez-Omi puede usarse para calcular la población de toda la cuenca del Iruyañez. Las áreas de bosque seco a lo largo de todo el río pueden identificarse en las fotografías aéreas. Se conoce que hay campos elevados a todo lo largo del río Iruyañez en base a fotografías aéreas (Denevan 1966). Con base en los datos de las pruebas de pala, hay una fuerte correlación entre la presencia de tiestos y la vegetación de bosque seco moderna. Las áreas de vegetación de bosque seco moderna probablemente representan áreas de asentamientos prehispánico.

Con la fuerza de esta asociación, los cálculos de población para el área de estudio pueden extenderse para calcular la población asociada a toda la cuenca del Iruyañez. El área de estudio cubre 20 km de la longitud del río. El río tiene una longitud total de alrededor de 160 km. Un rango de cálculos de entre 4000 y 10000 personas en el área de estudio corresponde a un rango de cálculos de entre 32000 y 80000 personas para toda la cuenca del Iruyañez.

Para el periodo protohistórico, Zapata (1906) y Eguiluz (1884) aluden a la densidad de los asentamientos individuales. Las aldeas entre los Cayuvavas tenían de 1800 a 2000 personas, de acuerdo a Eguiluz. Zapata describe cinco aldeas, totalizando 4000 o 5000 personas. Esto sugiere que la densidad de población para los Cayuvavas era alta, pero sin una información exacta sobre el área ocupada, no puede determinarse la densidad de población. La densidad de población debe haber sido afectada por las enfermedades epidémicas durante el periodo protohistórico, pero no hay evidencia directa de la extensión de las epidemias en el área de estudio Iruyañez-Omi.

La densidad de población durante el periodo de las misiones se mide usando la población enumerada en las misiones de Santa Ana y Exaltación, las dos misiones más cercanas al área de estudio. En la Misión de Exaltación, la población reportada durante el periodo de las misiones variaba entre alrededor de 1500 a alrededor de 3000 personas. Las cifras sugieren que la población en este asentamiento estuvo en el orden de las 2000 personas durante el periodo de las misiones. En la Misión de Santa Ana, la población reportada durante este periodo variaba entre cerca de 200 y cerca de 1500 personas. Las cifras sugieren que la población en este asentamiento estaba en el orden de las 1000 personas a través del periodo de las misiones. Así como en el periodo protohistórico, los documentos escritos no definen un área, haciendo imposible el cálculo de la densidad de población.

Luego de la expulsión de los jesuitas en 1767, la densidad de población de los antiguos pueblos de las misiones declinó en todos los Llanos de Moxos. En promedio, las antiguas misiones tenían menos de 2000 personas entre 1767 y 1816, lo que es consistente con las previas poblaciones de las misiones (Block 1994).

Para el periodo moderno hay datos más exactos acerca de la población del área de estudio Iruyañez-Omi. Durante la última parte de 1996 y 1997, la población residente promedio del área de estudio estaba entre 40 y 50 personas, con un promedio de 4 o 5 personas en cada estancia en un momento dado. Esta población varía a lo largo del año, a medida que el personal de las estancias se mueve entre pueblo y estancia de acuerdo a la demanda de mano de obra. La población del área de estudio durante el periodo moderno es de alrededor del 1% de la población que había durante el periodo prehispánico, contándose en decenas mas que en miles.

La densidad de población en el área de estudio Iruyañez-Omi alcanzó su punto más alto durante el periodo prehispánico, y el más bajo en el periodo moderno. Los datos para los periodos protohistórico y de las misiones no proveen suficientes detalles para compararlos directamente con los periodos prehispánico y moderno. Sin embargo, la segunda medida de población, el tamaño de los asentamientos, puede calcularse para todos los periodos. Fuera de los límites del área de estudio Iruyañez-Omi, las misiones y los antiguos pueblos de misión de Exaltación y Santa Ana proveen datos comparativos para los periodos de las misiones y moderno.

En el periodo prehispánico, los asentamientos más grandes en el área de estudio Iruyañez-Omi estaban en el orden de por lo menos 2000 habitantes. Uno de tales asentamientos está representado por el sitio Cerro, que data del siglo quince de nuestra era. En el periodo protohistórico, dos documentos españoles describen asentamientos en el orden de los 1000 a 2000 habitantes. Durante el periodo de las misiones, el registro histórico incluye descripciones de poblaciones en el orden de 1000 a 3000 habitantes en las misiones de Exaltación y Santa Ana. Es sólo a fines del periodo moderno, luego de la introducción del transporte aéreo, cuando la población creció en el pueblo de Santa Ana, llegando a un pico de cerca de 15000 personas a principios de la década de 1990. Exaltación alcanzó un pico de algo menos de 4000 personas durante la misma época.

Los asentamientos en y cerca del área de estudio Iruyañez-Omi permanecieron en aproximadamente el mismo tamaño desde el siglo XV D.C. hasta bien entrado el siglo XX, a través de los cuatro periodos cronológicos. Las enfermedades epidémicas y la esclavitud sin duda redujeron la población total del área de estudio Iruyañez-Omi, pero continuaron habiendo grandes asentamientos en y alrededor del área de estudio.

Intensidad Agrícola

El análisis de los datos de los campos elevados trata sobre la intensidad del sistema agrícola durante el periodo prehispániment evidence is consistent with the range of population suggested by the raised field evidence.

The archaeological evidence from the Iruyañez-Omi study area can be used to estimate the population of the entire Iruyañez Basin. Areas of dry forest can be identified on the aerial photographs along the length of the river. Raised fields are known to exist along the length of the Iruyañez River on the basis of aerial photographs (Denevan 1966). Based on the shovel test data, there is a strong correlation between the presence of sherds and modern dry forest vegetation. Areas of modern dry forest vegetation are likely to represent areas of prehispanic settlement.

On the strength of this association, the estimates for population in the study area can be extended to estimate the population associated with the entire Iruyañez Basin. The study area covers about 20 km of the length of the river. The river has a total length of about 160 km. A range of estimates of between 4,000 and 10,000 people in the study area corresponds to a range of estimates of between 32,000 and 80,000 people for the entire Iruyañez Basin.

For the Protohistoric period, Zapata (1906) and Eguiluz (1884) allude to the density of individual settlements. Villages among the Cayuvava had between 1,800 and 2,000 people, according to Eguiluz. Zapata describes five villages, totaling 4,000 or 5,000 people. This suggests that the population density for the Cayuvava was high, but with no exact information on the area occupied, population density cannot be determined. Population density must have been affected by epidemic disease during the protohistoric period, but there is no direct evidence of the extent of epidemic disease in the Iruyañez-Omi study area.

Population density during the Mission period is measured using the enumerated population at the missions of Santa Ana and Exaltación, the two missions closest to the study area. At the Exaltación Mission, the reported population during the Mission period varied between about 1,500 and about 3,000 people. The figures suggest that the population in this settlement was on the order of 2,000 people throughout the Mission period. At the Santa Ana Mission, the reported population during the Mission period varied between about 200 and about 1,500 people. The figures suggest that the population in this settlement was on the order of 1,000 people throughout the Mission period. As in the Protohistoric period, the written documents do not define an area, making calculation of population density impossible.

Following the expulsion of the Jesuits in 1767, the population density of the former mission towns declined throughout the Llanos de Moxos. On average, the former missions had fewer than 2,000 people between 1767 and 1816, consistent with the previous mission populations (Block 1994).

More exact data on the population of the Iruyañez-Omi study area is available for the Modern period. During late 1996 and 1997, the average resident population of the study area was between 40 and 50 people, with an average of 4 or 5 people on each of 10 ranches at any one time. This population varies throughout the year, as ranch personnel move between town and ranch according to labor demands. The population of the study area during the Modern period is about 1% of the population during the Prehispanic period, measured in tens rather than in thousands.

The population density in the Iruyañez-Omi study area was highest in the Prehispanic period, and lowest in the Modern period. The data for the Protohistoric and Mission periods does not provide enough detail to compare directly to the Prehispanic and Modern periods. However, the second measurement of population, settlement size, can be estimated for all periods. Outside the limits of the Iruyañez-Omi study area, the missions and the former mission towns of Exaltación and Santa Ana, provide comparative data for the Mission and Modern periods.

In the Prehispanic period, the largest settlements in the Iruyañez-Omi study area were on the order of at least 2,000 inhabitants. One such settlement is represented by the Cerro site, which dates to the fifteenth century A.D. In the Protohistoric period, two Spanish documents describe settlements on the order of 1,000 to 2,000 inhabitants. During the Mission period, the historical record includes descriptions of populations on the order of 1,000 to 3,000 inhabitants in the Missions of Exaltación and Santa Ana. It is only late in the Modern period, following the introduction of air transportation, when population grew in the town of Santa Ana, reaching a peak of about 15,000 people in the early 1990s. Exaltación reached a peak of just under 4,000 people by the same time.

Settlements in and near the Iruyañez-Omi study area remained at a roughly constant size from the fifteenth century A.D. well into the twentieth century A.D., through all four chronological periods. Epidemic disease and slavery undoubtedly reduced the overall population in the Iruyañez-Omi study area, but there continued to be large settlements in and around the study area.

Agricultural Intensity

Analysis of the raised field data addresses the intensity of the agricultural system during the Prehispanic period. An estimate of labor requirements for the construction of raised fields was made on the basis of modern agricultural experiments. These experiments demonstrate that the labor requirements of construction per unit area of raised fields are low. Small groups of people can build large areas of raised fields. Nevertheless, raised field agriculture represents an investment of labor in the improvement of the soil. These improvements were of permanent benefit, and encouraged other investments of labor, including weeding and defense of the raised fields from pests. Because of the raised field agricultural system, agricultural intensity was at its peak during the Prehispanic period.

There is some evidence that intensity of agriculture changed during the Prehispanic period. The San Juan site, co. En base a experimentos agrícolas modernos se hizo un cálculo de los requerimientos de mano de obra para la construcción de campos elevados. Estos experimentos demuestran que los requerimientos de mano de obra para la construcción por unidad de área de campos elevados son bajos. Grupos pequeños de gente pueden construir grandes áreas de campos elevados. Sin embargo, la agricultura en campos elevados representa una inversión de mano de obra para el mejoramiento del suelo. Estas mejoras fueron de beneficio permanente, y estimularon otras inversiones de mano de obra, incluyendo la remoción de malas hierbas y la defensa de los campos elevados contra las plagas. Debido al sistema de agricultura en campos elevados, la intensidad agrícola alcanzó su pico durante el periodo prehispánico.

Hay alguna evidencia de que la intensidad agrícola cambió durante el periodo prehispánico. El sitio San Juan, que está fechado al siglo quinto y sexto de nuestra era, está asociado espacialmente a una muestra de campos elevados que es distinguible de la muestra global de 1711 campos elevados medidos (Figura 14). El sitio Cerro, fechado al siglo XV D.C., está asociado espacialmente con una muestra de campos elevados que es significativamente más pequeña que la muestra global de campos elevados (Figura 15). Esto indica que el tamaño promedio de campos elevados puede haber declinado durante el intervalo entre la ocupación del sitio San Juan y la ocupación del sitio Cerro. En los estudios de agricultura intensiva, el tamaño de los campos agrícolas está a menudo inversamente relacionado a la intensidad agrícola (Netting 1993). Los campos elevados pequeños asociados al sitio Cerro comparados con aquellos asociados al sitio San Juan pueden representar una agricultura más intensiva. La población total representada en el sitio Cerro se interpreta como mayor a la del sitio San Juan. En resumen, los datos sugieren que las poblaciones más grandes y densas estaban asociadas con una agricultura más intensiva. En combinación con las fechas de radiocarbono, y la evidencia de los asentamientos, las medidas de los campos elevados sugieren que la intensidad de la agricultura en campos elevados puede haber aumentado desde el siglo V al XV D.C.

Durante el periodo protohistórico, hay menos evidencia relativa a la intensidad agrícola que evidencia relativa a la densidad poblacional. Los campos elevados no han sido fechados al periodo protohistórico, aunque es posible que hayan continuado siendo usados durante este periodo. Las labores agrícolas son mencionadas brevemente por Zapata (1906) cuando describe la práctica de las labores comunales usadas para construir casas y limpiar los campos. Esto sugiere que la labor comunal fue usada para tareas agrícolas. Este recuento puede interpretarse incluso como una descripción de la construcción o mantenimiento de campos elevados. La intensidad agrícola debe haberse visto afectada por la introducción de herramientas metálicas, la cría de animales y los nuevos cultivos en la región, pero no hay evidencia directa del área de estudio para confirmar esto. Lo más que se puede decir es que había una tradición de trabajo comunal presente cuando Zapata llegó en 1693, y que los campos elevados prehispánicos estaban presentes. Si los campos elevados estaban en uso entre 1492 y 1693 o no, es una pregunta que requiere de más investigación arqueológica e histórica.

La intensidad del sistema agrícola de las misiones se ha descrito bien (Denevan 2001). Hay tres aspectos de la agricultura en las misiones que pesan directamente sobre la intensidad relativa a la agricultura en campos elevados. Primero está la introducción de nuevos animales domésticos, incluyendo ganado vacuno, caballos, cerdos y perros. El advenimiento de la ganadería introdujo un nuevo uso extensivo de la tierra, usando grandes áreas de sabana para pastizales. En comparación con la agricultura en campos elevados, la ganadería requería mucho menos trabajo por unidad de terreno. Segunda está la introducción de herramientas de metal, lo que redujo considerablemente los requisitos de trabajo del cultivo de roza y quema. Como una alternativa a la agricultura en campos elevados, el cultivo de roza y quema requiere mucho menos trabajo por unidad de rendimiento. Estas dos innovaciones agrícolas promovieron una agricultura menos intensiva. Un régimen de roza y quema en combinación con ganadería es menos intensivo que la agricultura en campos elevados en términos de trabajo por área de unidad y de trabajo por unidad de rendimiento.

El tercer aspecto de la vida de las misiones que pesaba sobre la intensidad agrícola es el mayor sistema económico del cual las misiones eran parte. Las de Exaltación y Santa Ana eran dos de un grupo de misiones, entre las cuales se transferían recursos a lo largo de la costa del Pacífico hasta los Llanos de Moxos. Las misiones de Exaltación y Santa Ana no se esperaba que produjeran ingresos bajo el régimen jesuita (Block 1980; Block 1994). En su lugar, su prosperidad estaba asegurada por las ganancias obtenidas por otras misiones jesuitas. La agricultura de las misiones era menos intensiva que aquella del periodo protohistórico, debido al mayor uso de herramientas de metal y del advenimiento de la ganadería. La agricultura de las misiones no era tan intensiva como aquella del periodo moderno, cuando las antiguas misiones se vieron forzadas a producir ganancias, y se intensificó la producción (Block 1994).

Durante el periodo moderno, la producción agrícola se volvió más intensa, a medida que el flujo de productos re invirtió. En vez de ser mantenidas por recursos externos, como sucedía durante el periodo de las misiones, las antiguas misiones empezaron a producir productos para un mercado mayor. Las herramientas y técnicas agrícolas no han cambiando significativamente desde el periodo de las misiones, pero la tendencia hacia la intensificación agrícola ha sido el resultado de la integración de los Llanos de Moxos dentro de la economía mayor. La navegación a vapor, la explotación del caucho y el uso del transporte aéreo para la carne de vaca son ejemplos de los aumentos en la intensificación de la actividad económica durante el periodo moderno. La navegación a vapor mejoró la habiliwhich is dated to the fifth and sixth centuries A.D., is spatially associated with a sample of raised fields that is indistinguishable from the global sample of 1,711 measured raised fields (Figure 14). The Cerro site, which is dated to the fifteenth century A.D., is spatially associated with a sample of raised fields that is significantly smaller than the global sample of raised fields (Figure 15). This indicates that the average size of raised fields may have declined during the interval between the occupation of the San Juan site and the occupation of the Cerro site. In studies of intensive agriculture, the size of agricultural fields is often inversely related to agricultural intensity (Netting 1993). The smaller raised fields associated with the Cerro site compared to those associated with the San Juan site may represent more intensive agriculture. The total population represented at the Cerro site is interpreted to be higher than at the San Juan site. In short, the data suggest that larger and denser populations are associated with more intensive agriculture. In combination with the radiocarbon dates, and the evidence of settlement, the raised field measurements suggest that the intensity of raised field agriculture may have increased from the fifth century A.D. to the fifteenth century A.D..

During the Protohistoric period, there is less evidence relating to agricultural intensity than evidence relating to population density. Raised fields have not been dated to the Protohistoric period, although it is possible that they continued to be used during this period. Agricultural labor is mentioned briefly by Zapata (1906) when he describes the practice of communal labor used to build houses and clear fields. This suggests that communal labor was used for agricultural tasks. This account could even be interpreted as a description of raised field construction or maintenance. Agricultural intensity must have been affected by the introduction of metal tools, animal husbandry and new crops into the region, but there is no direct archaeological evidence from the study area to confirm this. The most that can be said is that there was a tradition of communal labor present when Zapata arrived in 1693, and that the prehispanic raised fields were present. Whether raised fields were in use between 1492 and 1693 is a question requiring further archaeological and historical research.

The intensity of the missions' agricultural system is well described (Denevan 2001). Three aspects of mission agriculture bear directly on its intensity relative to raised field agriculture. First is the introduction of new domestic animals, including cattle, horses, pigs and dogs. The advent of ranching introduced an extensive new use of the land, using large areas of savanna for pasture. In comparison to raised field agriculture, ranching requires much less labor per unit of land. Second is the introduction of metal tools, which reduced the labor requirements of swidden cultivation considerably. As an alternative to raised field agriculture, swidden cultivation requires much less labor per unit yield. Both of these agricultural innovations encouraged a less intensive agriculture. A regime of slash-and-burn farming in combination with cattle ranching is less intensive than raised field farming both in terms of labor per unit area, and labor per unit yield.

The third aspect of mission life bearing on agricultural intensity is the larger economic system of which the missions were a part. Exaltación and Santa Ana were two of a group of missions, among which resources were transferred from missions along the Pacific Coast to the Llanos de Moxos. The Exaltación and Santa Ana missions were not expected to produce revenue under the Jesuit regime (Block 1980; Block 1994). Instead, their prosperity was insured by the profits gained by other Jesuit missions. Mission agriculture was less intensive than that of the Protohistoric period, because of greater use of metal tools and the advent of cattle ranching. Mission agriculture was not as intensive as that of the Modern period, when the former missions were forced to turn a profit, and production was intensified (Block 1994).

During the Modern period, agricultural production became more intense, as the flow of goods reversed. Instead of being supported by outside resources, as during the Mission period, the former missions began to produce goods for a larger market. Agricultural tools and techniques have not changed significantly since the Mission period, but a trend towards agricultural intensification has resulted from the integration of the Llanos de Moxos into the larger economy. Steam navigation, the exploitation of rubber and the use of air transportation for beef are all examples of increases in the intensity of economic activity during the Modern period. Steam navigation improved the ability of ranchers to get salted beef (*charqui*) to market. The rubber boom was an example of the intensified production of an agricultural product, but the end result was the reduction of the population in the Llanos de Moxos through the capture and transportation of workers. The introduction of air transportation after World War II made the intensification of cattle production more profitable (Denevan 1966).

Social Organization

The social organization of the inhabitants of the Iruyañez-Omi study area during the Prehispanic period is difficult to reconstruct. The most direct evidence comes from the spatial arrangement of raised fields (Chapter 4). The nature of raised fields as individual platforms demonstrates that the agricultural system was organized at a small scale. The large raised fields (Denevan 1966:85) show considerable variation in size and orientation, suggesting that they were built as individual units. The clearly defined boundaries of the individual fields suggest that the farmers who built them made a conscious decision about their size. The raised field platforms vary considerably in area, averaging about 3,000 m^2, which is an area sufficient to support 3 people. A field might represent a single producer and her (more likely than his) dependents, or perhaps a nuclear family.

Raised field agriculture was also organized into groups of raised fields, arguably associated with small groups of people.

dad de los hacendados para sacar la carne de vaca salada (*charqui*) al mercado. El boom del caucho fue un ejemplo de la producción intensificada de un producto agrícola, pero el resultado final fue la reducción de la población en los Llanos de Moxos a través de la captura y transporte de los trabajadores. La introducción del transporte aéreo después de la Segunda Guerra Mundial hizo más rentable la intensificación de la producción de ganado (Denevan 1966).

Organización Social

La organización social de los habitantes del área de estudio Iruyañez-Omi durante el periodo prehispánico es difícil de reconstruir. La evidencia más directa viene del arreglo espacial de los campos elevados (Capítulo 4). La naturaleza de los campos elevados como plataformas individuales demuestra que el sistema agrícola estaba organizado a una escala pequeña. Los campos elevados grandes (Denevan 1966:85) muestran una variación considerable en tamaño y orientación, sugiriendo que fueron construídos por unidades individuales. Los límites claramente definidos de los campos individuales sugieren que los agricultores que los construyeron tomaron conscientemente una decisión acerca de su tamaño. Las plataformas de los campos elevados varían considerablemente en cuanto a área, promediando unos 3000 m^2, lo que es un área suficiente para mantener a 3 personas. Un campo puede representar a un sólo productor (o más probablemente a una productora) y sus dependientes, o tal vez a una familia nuclear.

La agricultura en campos elevados estaba organizada en grupos de campos elevados, que razonablemente se podría asociar con grupos pequeños de gente. La correlación de dos lineas independientes de evidencia sugiere este punto.

La primera línea de evidencia viene de los cálculos de requisitos de mano de obra para los campos elevados y la capacidad de producción de los campos. Un grupo hipotético de campos elevados se define por el punto en el cual la cantidad de trabajo requerida para construir un sólo campo elevado en el grupo iguala al número de personas que pueden ser mantenidas por el grupo de campos elevados. En otras palabras, un sólo campo elevado de tamaño promedio puede mantener sólo a unas 3 personas. Esto es menos que las 20 personas, más o menos, que se requieren para construir un campo individual. Por lo tanto, se requerirían de unos 7 campos para mantener a 21 personas. Considerando la variación en los cálculos de la capacidad de producción y los requisitos de mano de obra, así como el área para campos elevados, se esperarían grupos de 7 a 33 campos elevados individuales, correspondientes a grupos sociales de entre 20 y 100 personas.

La segunda línea de evidencia es el patrón observado en los campos elevados prehispánicos del área de estudio. Los grupos de campos elevados espacialmente asociados son parte del patrón observado de campos elevados. Estos grupos están conformados por campos elevados adyacentes que tienen la misma orientación. Estos grupos de campos elevados pueden medirse y compararse con la predicción teórica acerca de los grupos de campos elevados. Aunque hay una variación considerable, los grupos observados de campos elevados (3 a 32 campos) se ajustan a la predicción teórica de grupos de campos elevados de entre 7 y 33 campos. Estos grupos de campos elevados corresponden a grupos de 4 a 116 personas (basado en la producción) u 8 a 55 personas (basado en requisitos de mano de obra). Esto sugiere que el sistema agrícola estuvo organizado por grupos de entre 20 y 100 personas, quienes construyeron juntos los campos elevados individuales, en grupos espacialmente asociados.

La evidencia de asentamientos sugiere que el sistema agrícola se organizó a un nivel mayor a los grupos de 20 a 100 personas responsables de la construcción de campos elevados. La evidencia del sitio Cerro demuestra que habían asentamientos tan grandes como de 2000 personas. La evidencia arqueológica es consistente con la existencia de "cacicazgos" en los Llanos de Moxos en el periodo prehispánico (Capítulo 3). Es importante notar que de acuerdo a los experimentos de construcción y a los datos arqueológicos (Capítulo 5), el sistema agrícola de campos elevados durante el periodo prehispánico no requería de la coordinación de grandes grupos de gente para construir o mantener el sistema. La agricultura en campos elevados no dependía de la concentración de gente en aldeas grandes, pero la concentración de población en aldeas grandes puede haber dependido de la agricultura en campos elevados.

Hay información histórica limitada disponible para el periodo protohistórico. El testimonio de Zapata y Eguiluz es más claro acerca de la organización social de los Cayuvavas. Ambos autores describen la organización social de los Cayuvavas, centrándose en el poder del cacique. Se dice que "Paititi," como Zapata (Eguiluz y Torres S. 1884) lo llama, gobernaba sobre cinco o siete aldeas grandes. Su autoridad está simbólicamente asociada con la fuerza de las armas, ya que intercambia una lanza con el misionero como parte de su saludo formal (Eguiluz y Torres S. 1884). Zapata y Eguiluz dejan en claro que este fuerte cacique es un rasgo de la organización política cayuvava que no es universal en los Llanos de Moxos. Los Cayuvavas les interesaban a los misioneros en parte porque tenían un sistema de organización social más fuerte y centralizado que otros grupos de los Llanos de Moxos, lo cual podía hacerlos más fácil de convertir.

El sistema de organización social asociado con el trabajo agrícola durante el periodo protohistórico se menciona brevemente. Zapata (1906) describió la práctica de usar el trabajo comunal en la agricultura. En esta carta, el verbo español carpir (Capítulo 4, p. 54) se refiere a una práctica (despeje o raspado) que puede haber sido similar a la práctica de construir o dar mantenimiento a los campos elevados. Aún si no se refiere directamente a la construcción de campos elevados, sí se refiere a la coordinación del trabajo para propósitos agrícolas. Esto sugiere que el trabajo comunal agrícola era importante durante el periodo protohistórico.

The correlation of two independent lines of evidence suggests this point.

The first line of evidence comes from the estimates of raised field labor requirements and raised field production capacity. A hypothetical group of raised fields is defined by the point at which the amount of labor required to construct a single raised field in the group equals the number of people that can be supported by the group of raised fields. In other words, a single raised field of average size can support only about 3 people. This is short of the 20 or so people required to build an individual field. Therefore, about 7 fields would be required to support 21 people. Accounting for variation in the estimates of production capacity and labor requirements, as well as raised field area, raised field groups of 7 to 33 individual raised fields are expected, corresponding to social groups of between 20 and 100 people.

The second line of evidence is the observed pattern of prehispanic raised fields in the study area. Groups of spatially associated raised fields are part of the observed spatial pattern of raised fields. These groups are made up of adjacent raised fields with the same orientation. These groups of raised fields can be measured and compared to the theoretical prediction for raised field groups. Although there is considerable variation, the observed groups of raised fields (3 to 32 fields) conform to the theoretical prediction for raised field groups of 7 to 33 individual fields. These raised field groups correspond to groups of 4 to 116 people (based on production) or 8 to 55 people (based on labor requirements). This suggests that the agricultural system was organized by groups of about 20 to 100 people, who together built individual raised fields, in spatially associated groups.

The settlement evidence suggests that the agricultural system was organized at a level larger than the groups of 20 to 100 people responsible for raised field construction. The evidence from the Cerro site demonstrates that settlements as large as 2,000 people were present. The archaeological evidence is consistent with the existence of "chiefdoms" in the Llanos de Moxos in the Prehispanic period (Chapter 3). It is important to note that according to the construction experiments and the archaeological data (Chapter 5), the raised field agricultural system during the Prehispanic period did not require the coordination of large groups of people to build or to maintain the system. Raised field agriculture did not depend on the concentration of population into large villages, but the concentration of population into large villages may have depended on raised field agriculture.

During the Protohistoric period limited historical information is available. The testimony of Zapata and Eguiluz is clearer on the social organization of the Cayuvava. Both authors describe the social organization of the Cayuvava, focusing on the power of the chief. 'Paititi,' as Zapata (Eguiluz and Torres S. 1884) calls him, is said to rule over either five or seven large villages. His authority is symbolically associated with the force of arms, as he exchanges a spear with the missionary as part of his formal greeting (Eguiluz and Torres S. 1884). Zapata and Eguiluz make it clear that this strong chief is a feature of Cayuvava political organization that is not universal in the Llanos de Moxos. The Cayuvava interested the missionaries in part because they had a stronger, more centralized system of social organization than other groups in the Llanos de Moxos, which might have made them easier to convert.

The system of social organization associated with agricultural labor during the Protohistoric period is briefly mentioned. Zapata (1906) described the practice of using communal labor in agriculture. In his letter, the Spanish verb *carpir* (Chapter 4, p. 51) refers to a practice (clearing or scraping) that could be similar to the practice of building or maintaining raised fields. Even if it does not refer directly to raised field construction, it does refer to the coordination of labor for agricultural purposes. This suggests that communal agricultural labor was important during the Protohistoric period.

The social organization of the missions was centered on the relationship between Jesuit missionaries and indigenous social organization. Although the decision making role of the missionaries was undoubtedly important, it is also clear that the indigenous people retained a role in the organization of the missions (Block 1994). Social organization in the Iruyañez-Omi study area was changed by the arrival of the Jesuits, but there was some continuity between the Protohistoric and the Mission periods.

There is some evidence of indigenous social organization during the Modern period. In the 1830s in the former mission town of Exaltación, Orbigny observed that native leaders retained a role in social organization, especially in the marshaling of warriors. He also mentions that the population of the town of Exaltación was split into eight named divisions, each with a chief, which might have corresponded to units from an earlier system of social organization. This account suggests that indigenous social organization was durable, and also suggests continuity from the Mission to the Modern period.

History and Archaeology

In this case, archaeological and historical evidence both bear on the question of raised field abandonment. The historical evidence has been summarized by two authors. From his reading of the historical evidence, Lijerón argues that "The indigenous peoples had their own logic for occupying the Amazonian habitat. They lived in small, nomadic communities, in order to avoid conflicts over the use of land and natural resources. This logic contrasts with the settlement model of the *reducciones*, based on the settlement and concentration into large communities of the indigenous villages" ([Lijerón-Casanovas 1998:54–55], translation by the author). Block makes a similar argument:

> At the time of their contact by the Jesuits, the native people of Moxos lived in small village units. In their 1679 report, Fathers Marbán, Barace, and Ygarza describe small settlements of one to

La organización social de las misiones se centraba en la relación entre los misioneros jesuitas y la organización social indígena. Aunque el rol de los misioneros en la toma de decisiones era indudablemente importante, también es claro que los indígenas retuvieron un rol en la organización de las misiones (Block 1994). La organización social en el área de estudio Iruyañez-Omi fue cambiada por la llegada de los Jesuitas, pero hubo algo de continuidad entre los periodos protohistórico y de las misiones.

Hay alguna evidencia acerca de la organización social indígena durante el periodo moderno. En la década de los 1830 en el pueblo de la antigua misión de Exaltación, Orbigny observó que los líderes nativos retenían un rol en la organización social, especialmente en ordenar a los guerreros. También menciona que la población del pueblo de Exaltación estaba dividida en ocho divisiones nombradas, cada una con su jefe, lo cual podría corresponder a unidades de un sistema anterior de organización social. Este relato sugiere que la organización social indígena fue perdurable, y también sugiere una continuidad entre el periodo de las misiones y el moderno.

Historia y Arqueología

En este caso, tanto la evidencia arqueológica como la histórica se refieren al asunto del abandono de los campos elevados. La evidencia histórica ha sido resumida por dos autores. A partir de la lectura de esta evidencia histórica, Lijerón argumenta que "Los pueblos indígenas tenían su propia lógica de ocupación del hábitat amazónico. Vivían en pequeñas comunidades y en constante movilidad, a fin de no provocar conflictos entre sí por el uso de la tierra y los recursos naturales. Esta lógica contrasta con el modelo de asentamiento de las reducciones basado en la sedentarización y concentración en grandes poblados de las aldeas indígenas." (Lijerón-Casanovas 1998:54–55). Block presenta un argumento similar:

> Al momento de su contacto con los Jesuitas, los nativos de Moxos vivían en pequeñas unidades de aldea. En su informe de 1679, los padres Marbán, Barace e Ygarza describen pequeños asentamientos de cien a doscientas personas distribuídos a lo largo de las riberas de los ríos... Un segundo grupo de aldeas, idénticas a las primeras en cuanto a arquitectura, se formaban en la sabana abierta. Aquí los ojos de agua o los meandros de los ríos proveían recursos acuáticos todo el año. Muchas de estas aldeas retenían aparentemente el acceso a los recursos del río a través de parientes que vivían a lo largo de la red fluvial... Tales comentarios apuntan definitivamente a un estilo de vida móvil que no era receptivo a los centros fijos de las misiones (Block 1994:26).

Estas dos citas ilustran un modelo razonable de cambio en la densidad poblacional, basado en datos históricos, desde el periodo prehispánico hasta el de las misiones. Lijerón y Block afirman que hubo un cambio en el patrón de asentamiento cuando las misiones se establecieron. Los habitantes de las aldeas pequeñas, menos permanentes, fueron traídos a los asentamientos mayores de las misiones. Este cambio implica claramente un aumento en la densidad poblacional desde los periodos prehispánico y protohistórico hasta el periodo de las misiones.

La evidencia arqueológica del área de estudio Iruyañez-Omi no es consistente con tal cambio. El tamaño del asentamiento en el sitio Cerro sugiere que el asentamiento durante este periodo no estaba limitado a aldeas pequeñas. Si el sitio Cerro estaba poblado por 2000 personas, esto sería consistente con el tamaño promedio de un asentamiento durante el periodo de las misiones, el periodo moderno y hasta el día de hoy. Debe señalarse que la última evidencia fechada del sitio Cerro es del siglo XV de nuestra era, lo que significa que no hay evidencia directa del siglo XVII D.C., inmediatamente antes del establecimiento de las misiones de Exaltación y Santa Ana. Los cambios en la densidad poblacional producidos por el establecimiento de las misiones cerca del área de estudio Iruyañez-Omi incluían el movimiento de gente hacia estos nuevos asentamientos. Los cambios no fueron una concentración directa de pequeñas aldeas en una sola misión grande.

Block toma la evidencia histórica de conflictos sobre los recursos y el arreglo de estos conflictos como prueba de la disminución de los recursos naturales disponibles. El afirma: "El modelo de concentración de la población durante el periodo de las misiones está conectado con la intensificación de la agricultura. Mientras la introducción de animales y cultígenos europeos aumentó sin duda el potencial de subsistencia para las gentes de la sabana, hay evidencia de que las demandas de la cultura de la misión puso presión sobre los recursos naturales de los Llanos de Moxos. La concentración de miles de personas en asentamientos únicos llevó a un desarrollo agrícola más intensivo cerca de las misiones en lugar del cultivo alternante practicado antes de la década de 1680" (Block 1994:58–59). La conexión entre agricultura intensiva y densidad poblacional es clara. Los conflictos sobre los recursos son el resultado de tratar de mantener poblaciones densas en un ambiente de sabana, presumiblemente con una agricultura más intensiva.

La evidencia arqueológica del área de estudio Iruyañez-Omi no es consistente con la propuesta intensificación de la agricultura durante el periodo de las misiones. Primero, hay un precedente de agricultura intensiva en la región en la forma de agricultura sobre campos elevados. Es posible que la agricultura en campos elevados haya estado en uso durante el periodo protohistórico, y hay la certeza de que la agricultura en estos campos estuvo en uso durante el periodo prehispánico. Segundo, hay evidencia de concentraciones de población durante el periodo prehispánico tardío que son comparables en tamaño a las misiones. El sistema agrícola fue ciertamente cambiado por las misiones, pero esos cambios no consistieron simplemente en un aumento de la densidad poblacional y el correspondiente aumento en la intensidad agrícola.

Hipótesis sobre el Cambio Agrícola

En el Capítulo 1 se presentaron tres hipótesis para el abandono de los campos elevados en el área de estudio Iruyañez-Omi. La hipótesis del cambio climático sugiere que un

> two hundred people distributed along the riverbanks... A second group of villages, identical to the first in architecture, took shape on the open savanna. Here springs or river meanders furnished year-round aquatic resources. Many of these villages apparently retained access to river resources through kin who lived along the fluvial network... Such commentaries point definitively to a mobile life-style that was not amenable to fixed mission centers (Block 1994:26).

These two quotes illustrate a reasonable model of change in population density from the Prehispanic to the Mission periods, based on historical data. Lijerón and Block assert that a change in settlement pattern took place when the missions were established. The inhabitants of small, less permanent villages were brought into larger mission settlements. This change clearly implies an increase in population density from the Prehispanic and Protohistoric periods to the Mission period.

The archaeological evidence from the Iruyañez-Omi study area is not consistent with such a change. The size of the settlement at the Cerro site suggests that settlement during this period was not limited to small villages. If the Cerro site were populated by 2,000 people, this would be consistent with the average settlement size throughout the Mission period, the Modern period and to the present day. It must be pointed out that the latest dated evidence of settlement from the Cerro site is in the fifteenth century A.D., which means that there is no direct evidence of settlement from the late seventeenth century A.D., immediately before the establishment of the Exaltación and Santa Ana missions. The changes in population density brought on by the establishment of missions near the Iruyañez-Omi study area included the movement of people into these new settlements. The changes were not a straightforward concentration of small villages into a single large mission.

Block uses historical evidence of conflicts over resources and the settlement of these conflicts to argue for the declining availability of natural resources. He states: "The model of population concentration during the Mission period is connected to the intensification of agriculture. While the introduction of European animals and cultigens undoubtedly increased the subsistence potential of the savanna peoples, there is evidence that the demands of mission culture strained the Llanos de Moxos' natural resources. Concentrating thousands of people into single settlements led to more intensive agricultural development near the missions rather than the shifting cultivation practiced before the 1680s" (Block 1994:58–59). The connection is clearly made between intensive agriculture and population density. The conflicts over resources are the result of attempting to support dense populations in the savanna environment, presumably with a more intensive agriculture.

The archaeological evidence from the Iruyañez-Omi study area is not consistent with the proposed intensification of agriculture during the Mission period. First, there is a precedent for intensive agriculture in the region in the form of raised field agriculture. It is possible that raised field agriculture was in use during the Protohistoric period, and it is certain that raised field agriculture was in use in the Prehispanic period. Second, there is evidence for concentrations of population during the late Prehispanic period that are comparable in size to the missions. The agricultural system was certainly changed by the missions, but those changes were not a simple increase in population density and a corresponding increase in agricultural intensity.

Hypotheses of Agricultural Change

Three hypotheses for the abandonment of raised fields in the Iruyañez-Omi study area were presented in Chapter 1. The climate change hypothesis suggests that a catastrophic climatic event was responsible for the abandonment of raised field agriculture in the study area. The contact hypothesis suggests that epidemic disease reduced population density, causing the abandonment. The prehispanic cultural change hypothesis is that a cultural change unassociated with either a climatic disaster or the conquest was responsible for the abandonment.

Climate Change Hypothesis

The climate change hypothesis is not an adequate explanation of the abandonment in the study area for two reasons. First, the existence of catastrophic ENSO events and their hypothetical effects on settlement are not established by current climatological and archaeological data from the Amazon Basin. The Amazon Basin includes a wide variety of climates and ecosystems, and there is insufficient evidence to establish the existence of an ENSO event that could produce a catastrophic drought across the entire Amazon Basin, an area of more than 7 million km^2. Archaeological data from the Amazon Basin are scarce, and there are not enough archaeological chronologies to establish the existence of gaps in those sequences across the Basin. More importantly, DeBoer et al. (1996) have demonstrated that frequency seriation is unable to distinguish change over time in a sequence of archaeological ceramics. Finally, these two lines of evidence should be kept independent. Gaps in the archaeological record can be used to argue for the existence of catastrophic ENSO events, but those same catastrophic ENSO events cannot be then used to explain gaps in the archaeological record.

Second, the data from the Iruyañez-Omi study area do not support the climate change hypothesis. Large areas of raised fields, dense levee settlement and forest island settlement are evidence of a settled, agricultural society. The modification of the environment by raised field farmers contradicts the assumption of the climate change model: that human societies adapt to the environment, rather than change the environment. The raised field evidence strongly suggests the existence of an intensive agricultural system, and the investment of labor that raised fields represent argues strongly for the existence of a sedentary society. The raised field evidence demonstrates that prehispanic peoples altered the environment by improving drainage and changing soil characteristics.

evento climático catastrófico fue el responsable para el abandono de la agricultura en campos elevados en el área de estudio. La hipótesis del contacto sugiere que las enfermedades epidémicas redujeron la densidad poblacional, causando el abandono. La hipótesis del cambio cultural prehispánico consiste en que un cambio cultural no asociado a un desastre climático ni a la conquista fue el responsable del abandono.

Hipótesis del Cambio Climático

La hipótesis del cambio climático no es una explicación adecuada del abandono del área de estudio por dos razones. Primero, la existencia de eventos catastróficos de El Niño y sus efectos hipotéticos sobre los asentamientos no se han establecido en los datos actuales climatológicos y arqueológicos de la cuenca amazónica. La cuenca amazónica incluye una amplia variedad de climas y ecosistemas, y no hay evidencia suficiente para establecer la existencia de un evento de El Niño que hubiera producido una sequía catastrófica en toda la cuenca amazónica, un área de más de 7 millones de km^2. Los datos arqueológicos de la cuenca amazónica son escasos, y no hay suficientes cronologías arqueológicas para establecer la existencia de vacíos en aquellas secuencia en toda la cuenca. Lo que es más importante, DeBoer et al. (1996) han demostrado que la seriación de frecuencias no permite distinguir cambios a través del tiempo en una secuencia de cerámica arqueológica. Finalmente, estas dos líneas de evidencia deberían mantenerse independientes. Los vacíos en el registro arqueológico pueden ser usados como prueba de la existencia de eventos catastróficos de El Niño, pero esos mismos eventos catastróficos de El Niño no pueden ser usados para explicar los vacíos en el registro arqueológico.

Segundo, los datos del área de estudio Iruyañez-Omi no apoyan la hipótesis del cambio climático. Las grandes áreas de campos elevados, los densos asentamientos en los asentamientos en diques y asentamientos de islas de bosque son evidencias de una sociedad sedentaria y agrícola. La modificación del medio ambiente por parte de los agricultores de campos elevados contradice la presunción del modelo de cambio climático: que las sociedades humanas se adaptan al medio ambiente, en vez de cambiarlo. La evidencia de los campos elevados sugiere fuertemente la existencia de un sistema agrícola intensivo, y la inversión de trabajo que está representada en los campos elevados argumenta fuertemente a favor de la existencia de una sociedad sedentaria. La evidencia de los campos elevados demuestra que la gente prehispánica alteró el medio ambiente al mejorar el drenaje y cambiar las características del suelo.

Los sitios de dique de Cerro y San Juan sugieren que la ocupación del área de estudio incluía asentamientos grandes. El modelo de cambio climático no predice los asentamientos grandes de los agricultores de los campos elevados que están documentados por los datos arqueológicos. El sitio Cerro en particular sugiere que los asentamientos durante el periodo prehispánico eran comparables en tamaño a los asentamientos del periodo de las misiones y aún del periodo moderno. Las muestras radiocarbónicas obtenidas de contextos seguros en el sitio Cerro datan de los siglos XIV y XV de nuestra era. Las muestras radiocarbónicas de contextos seguros del sitio San Juan datan de los siglos V y VI D.C. La relación entre los sitos de dique y los campos elevados sugieren que los ocupantes tanto del sitio Cerro como del sitio San Juan eran los agricultores de los campos elevados. La combinación de los datos radiocarbónicos de estos dos sitios sugiere que el área de estudio fue ocupada por lo menos por 1000 años. Este periodo de 1000 años abarca tres de los hipotéticos desastres climáticos de los años 1500, 1000 y 700 A.P. (Meggers 1994a:323). Lo que es más importante, la ocupación de San Juan y Cerro cae directamente después de uno de los hipotéticos desastres climáticos. La hipótesis del cambio climático predice que no deberían haber sociedades complejas presentes después de los cambios climáticos hipotéticos.

La evidencia de los asentamientos de las islas de bosque sugiere que los habitantes del área de estudio modificaron el medio ambiente al agrandar las islas de bosque y en algunos casos creándolas. La evidencia de las islas de bosque no apoya el modelo de cambio climático porque la misma documenta una serie de modificaciones del medio ambiente por parte de seres humanos. En combinación con los campos elevados, la evidencia de las islas de bosque implica una habilidad por parte de los indígenas de la Amazonía para cambiar el medio ambiente, y también para vivir en un medio que varía estacionalmente.

La hipótesis del cambio climático descansa sobre la proposición de que las sociedades sedentarias de agricultores intensivos que alteraron el medio ambiente no se desarrollaron en la cuenca amazónica en general, y en los Llanos de Moxos en particular. La evidencia arqueológica no apoya este argumento. La agricultura en campos elevada fue adaptada al ciclo estacional de inundación y sequía, pero los cambios en el medio ambiente no causaron el abandono de los campos elevados.

Hipótesis del Contacto

La hipótesis del contacto no provee una explicación adecuada para el abandono de los campos elevados. Los datos arqueológicos involucran los efectos del contacto sobre el abandono de la agricultura en campos elevados. Sin embargo, la relación entre población total, densidad poblacional y agricultura en campos elevados sugiere fuertemente que el contacto por sí sólo no explica el abandono.

Los datos radiocarbónicos del sitio Cerro sugieren que el abandono no puede explicarse sin referencia al contacto. El abandono de los campos elevados en el área de estudio tuvo lugar no antes del 1500 de nuestra era. La llegada de los europeos y de las enfermedades del Viejo Mundo a las Américas produjo despoblamiento a lo largo y ancho de las Américas. La población de los Llanos de Moxos se vio indudablemente

The levee sites of Cerro and San Juan suggest that the occupation of the study area included large settlements. The large settlements of raised field farmers documented by the archaeological data are not predicted by the climate change model. The Cerro site in particular suggests that settlements during the Prehispanic period were comparable in size to settlements during the Mission period and even into the Modern period. Radiocarbon samples from secure contexts in the Cerro site date to the fourteenth and fifteenth centuries A.D.. Radiocarbon samples from secure contexts in the San Juan site date to the fifth and sixth centuries A.D.. The relation between the levee sites and raised fields suggests that the occupants of both the Cerro and the San Juan sites were raised field farmers. The combination of radiocarbon data from the two sites suggests that the study area was occupied over at least 1,000 years. This period of 1,000 years spans three of the hypothetical climatic disasters at 1500, 1000 and 700 y. B. P. (Meggers 1994a:323). Most importantly, occupation at both San Juan and El Cerro falls directly after one of the hypothetical climatic disasters. The climate change hypothesis predicts that complex societies should not be present in the aftermath of the hypothetical climatic disasters.

The evidence of forest island settlement suggests that the inhabitants of the study area modified their environment by enlarging forest islands and in some cases creating them. The forest island evidence does not support the climate change model because it documents a series of modifications of the environment by humans. In combination with the raised fields, the forest island evidence implies an ability on the part of indigenous Amazonians to change the environment, and also to live in a seasonally varying environment.

The climate change hypothesis rests on the proposition that societies of sedentary, intensive farmers who altered the environment did not develop in the Amazon Basin in general, and the Llanos de Moxos in particular. The archaeological evidence does not support this argument. Raised field agriculture was adapted to the seasonal cycle of flood and drought, but changes in the environment did not cause raised field abandonment.

Contact Hypothesis

The contact hypothesis does not provide an adequate explanation of the abandonment of raised fields. The archaeological data implicate the effects of the contact in the abandonment of raised field agriculture. However, the relationship between total population, population density and raised field agriculture suggests strongly that the contact does not by itself explain abandonment.

The radiocarbon data from the Cerro site suggest that the abandonment cannot be explained without reference to the contact. Abandonment of raised fields in the study area took place no earlier than A.D. 1500. The arrival of Europeans and Old World diseases in the Americas led to depopulation throughout the Americas. The population of the Llanos de Moxos was undoubtedly affected by epidemics of new diseases. A drastic reduction in population, so nearly coincident with the archaeological evidence of settlement associated with raised fields, must be considered an important part of the explanation of raised field abandonment. If population declined precipitously from the Prehispanic to the Mission and Modern periods, the abandonment of intensive agriculture would be expected. The expectation is based on the correlation of population density and agricultural intensity. The introduction of metal tools and new animals would also have encouraged agricultural change, by providing new alternatives.

However, the contact hypothesis is an inadequate explanation of the abandonment precisely because of the relationship between population density and raised field agriculture. The archaeological evidence from the Cerro site documents the existence of a settlement during the Prehispanic period that was comparable in size to the settlements during the Mission period, and for most of the Modern period. The local population density is a more important variable than population density for the entire Llanos de Moxos. A reduction in the population density of individual settlements cannot be shown to accompany the abandonment of raised fields.

Experimental data demonstrate that raised field construction does not depend on large populations, dense populations, or complex social organization. The analysis of raised field patterns supports this by suggesting that groups of between 10 and 100 people were responsible for the construction of raised fields in the Iruyañez-Omi study area. If epidemic disease reduced the population in the study area, even by 90 percent or more, raised field agriculture would probably still have been a viable and attractive option for the survivors. The contact hypothesis cannot by itself explain the abandonment of raised field agriculture.

Prehispanic Cultural Change Hypothesis

If the abandonment took place in the Protohistoric or the Mission period, then the prehispanic culture change hypothesis cannot stand. Any historical process taking place after the fifteenth century must refer to the European contact, and on the basis of the radiocarbon evidence from the Cerro site, prehispanic culture change cannot by itself account for the abandonment of raised fields.

Indigenous culture was still an essential part of the process of abandonment. Indigenous Moxeños were largely responsible for the creation of new agricultural systems in the Mission period. Although the Jesuits were involved with the day-to-day administration of economic activity, including agriculture, there is no historical evidence of raised field agriculture in the missions. There is therefore no historical evidence that the Jesuits (or anyone else) acted directly to change the practice of raised field agriculture. Zapata's letter does suggest that the Jesuits influenced agricultural practice, but it also shows the importance of indigenous Moxeños to this process, a point emphasized by Block (1994) for Mission culture in general.

afectada por las epidemias de nuevas enfermedades. Una drástica reducción de la población, que coincide muy cercanamente con la evidencia arqueológica de asentamientos asociados con los campos elevados, debe considerarse una parte importante de la explicación del abandono de los campos elevados. Si la población decreció precipitadamente desde el periodo prehispánico hasta el periodo de las misiones y el periodo moderno, es de esperarse el abandono de la agricultura intensiva. Esta expectativa se basa en la correlación entre densidad poblacional e intensidad agrícola. La introducción de herramientas de metal y de nuevos animales habría también promovió el cambio agrícola al proveer nuevas alternativas.

Sin embargo, la hipótesis del contacto es una explicación inadecuada del abandono precisamente por la relación entre densidad poblacional y la agricultura en campos elevados. La evidencia arqueológica del sitio Cerro documenta la existencia de un asentamiento durante el periodo prehispánico que era comparable en tamaño a los asentamientos del periodo de las misiones, y de la mayoría del periodo moderno. La densidad poblacional local es una variable más importante que la densidad poblacional para todos los Llanos de Moxos. No se puede demostrar que una reducción en la densidad poblacional de los asentamientos individuales acompañó el abandono de los campos elevados.

Los datos experimentales demuestran que la construcción de campos elevados no depende de poblaciones grandes, o poblaciones densas, o de una organización social compleja. El análisis de patrones de campos elevados apoya esto al sugerir que grupos de entre 10 y 100 personas eran responsables de la construcción de los campos elevados en el área de estudio Iruyañez-Omi. Si las enfermedades epidémicas redujeron la población en el área de estudio, aún si fue en un 90 por ciento o más, probablemente la agricultura en campos elevados hubiera sido todavía viable y una opción atractiva para los sobrevivientes. La hipótesis del contacto no puede por sí sola explicar el abandono de la agricultura en campos elevados.

Hipótesis del Cambio Cultural Prehispánico

Si el abandono tuvo lugar en el periodo protohistórico o en el de las misiones, entonces la hipótesis del cambio cultural prehispánico no se sostiene. Cualquier proceso histórico que hubiese tenido lugar antes del siglo XV debe referirse al contacto europeo, y en base a la evidencia radiocarbónica del sitio Cerro, el cambio cultural prehispánico no puede por sí solo dar cuenta del abandono de los campos elevados.

La cultura indígena todavía era una parte esencial del proceso de abandono. Los indígenas moxeños fueron en gran parte responsables de la creación de nuevos sistemas agrícolas en el periodo de las misiones. Aunque los jesuitas estaban involucrados con la administración diaria de la actividad económica, incluyendo la agricultura, no hay evidencia histórica de agricultura en campos elevados en las misiones. Por lo tanto no hay evidencia histórica de que los jesuitas (o alguien más) actuaran directamente para cambiar la práctica de la agricultura en campos elevados. La carta de Zapata si sugiere que los jesuitas influyeron en la práctica agrícola, pero también muestra la importancia de los indígenas moxeños en este proceso, un punto que es enfatizado por Block (1994) para la cultura de misión en general.

El establecimiento de las misiones ciertamente proveyó de medios para establecer un nuevo sistema agrícola. Los misioneros distribuyeron libremente herramientas de metal y ganado como parte de sus esfuerzos evangélicos. Los indígenas moxeños tomaron estas nuevas herramientas y crearon un nuevo sistema agrícola, el cual proveía la subsistencia para las misiones, y continúa produciendo ganado vacuno para el mercado hoy en día. La creación e implementación de este nuevo sistema agrícola fue el trabajo de los agricultores indígenas, la misma gente cuyos ancestros construyeron y cultivaron los campos elevados en todos los Llanos de Moxos.

Síntesis

Ninguna de las tres hipótesis por sí misma explica adecuadamente el abandono de los campos elevados. En su lugar, una combinación de las tres hipótesis explica este cambio. La habilidad de los agricultores de los campos elevados para modificar el medio ambiente invalida una estricta posición maltusiana. La existencia de asentamientos prehispánicos tan densos como los asentamientos de las misiones invalida una posición boserupiana estricta. En ambos casos las acciones de los agricultores de los campos elevados no cabe en una interpretación teórica estricta. Los agricultores prehispánicos del área de estudio Iruyañez-Omi organizaron su sociedad a fin de coordinar la construcción de un paisaje agrícola y vivir en aldeas grandes. Los cambios en la organización social de los agricultores de los campos elevados fue el factor más importante en el abandono de la agricultura de campos elevados.

Prospectos para un Cambio en la Agricultura

Durante la mayor parte del siglo XX, Bolivia ha tenido el ingreso per cápita más bajo del hemisferio occidental. Bolivia también tiene una baja densidad poblacional, de sólo algo más de 6 personas por km^2. El Departamento del Beni, que incluye los Llanos de Moxos, tiene sólo un poco más de 1 persona por km^2. Bolivia como un todo, y específicamente el Beni, no es pobre porque esté superpoblada. La evidencia arqueológica presentada aquí sugiere fuertemente que el área de estudio tuvo una población mucho más alta en el periodo prehispánico que en el presente, por un factor de 100. El abandono del sistema agrícola que sostuvo a estas altas poblaciones fue en parte un cambio cultural indígena. La agricultura en campos elevados podría ser parte del desarrollo futuro del Beni.

La evidencia histórica y arqueológica del área de estudio Iruyañez-Omi sugiere que la organización social local fue par-

The establishment of the missions certainly provided the means to establish a new agricultural system. The missionaries freely distributed metal tools and cattle as part of their evangelical efforts. Indigenous Moxeños took these new tools and created a new system of agriculture, which provided subsistence for the missions and continues to produce beef cattle for market today. The creation and implementation of this new agricultural system was the work of indigenous farmers, the same people whose ancestors built and farmed raised fields across the Llanos de Moxos.

Synthesis

None of the three hypotheses by itself adequately explains the abandonment of raised fields. Instead, a combination of the three hypotheses explains this change. The ability of raised field farmers to modify the environment invalidates the strict Malthusian position. The existence of Prehispanic settlement as dense or denser than the mission settlements invalidates the strict Boserupian position. In both cases the actions of raised field farmers do not fit into a strict theoretical interpretation. The Prehispanic farmers of the Iruyañez-Omi study area organized their society in order to coordinate the construction of an agricultural landscape and to live in large villages. Changes in the social organization of raised field farmers was the single most important factor in the abandonment of raised field agriculture.

Prospects for Changing Agriculture

For most of the twentieth century, Bolivia has had the lowest per-capita income in the Western Hemisphere. Bolivia also has a low population density, of just over 6 people per km^2. The Department of the Beni, which encompasses the Llanos de Moxos, has just over 1 person per km^2. Bolivia as a whole, and specifically the Beni, is not poor because it is overcrowded. The archaeological evidence presented here suggests strongly that in the study area a much higher population was present in the Prehispanic period than today, by a factor of 100. The abandonment of the agricultural system that sustained these higher populations was in part an indigenous cultural change. Raised field agriculture could be part of the future development of the Beni.

The historical and archaeological evidence from the Iryuañez-Omi study area suggests that local social organization was integral to prehispanic raised field agriculture. The literature of agricultural change suggests that local social organization is critical to the success of agricultural development. For raised field agriculture to be a successful part of future development, it must be built on the foundation of local social organization, and not transplanted from the outside. Raised field agriculture might be a productive and sustainable alternative, or it might not. The people of the Beni will answer this question.

te integral de la agricultura prehispánica en campos elevados. La literatura del cambio agrícola sugiere que la organización social local es crítica para el éxito del desarrollo agrícola. Para que la agricultura en campos elevados sea una parte exitosa del desarrollo futuro, debe ser construida sobre las bases de la organización social local y no transplantada desde afuera. La agricultura en campos elevados podría ser una alternativa productiva y sustentable, o podría no serlo. La gente del Beni contestará esta pregunta.

Bibliography—Bibliografía

Adams, R. M., T. F. Downing and M. Gibson, eds.
1974 *Irrigation's Impact on Society.* University of Arizona Press, Tuscon.

Altamirano, D. F.
1979[1891] *Historia de la misión de los Mójos.* Instituto Boliviano de Cultura, Biblioteca "José Agustín Palacios", La Paz, Bolivia.

Arce Z., J.
1993 *Evaluación y comparación de rendimientos de cuatro cultivos en tres anchuras de camellones (campos elevados) en la Estación Biológica del Beni (Prov. Ballivián, Dpto. Beni).* Tésis de licenciatura, Universidad Técnica del Beni,Trinidad, Beni, Bolivia.

Astete, A. D. and D. Murillo
1998 *Pueblos Indígenas de Tierras Bajas.* Ministerio de Desarollo Sostenible y Planificación, La Paz.

Atkinson, R. J. C.
1961 Neolithic Engineering. *Antiquity* 35(140):292—299.

Bailey, R., G. Head, M. Jenke, B. Owen, R. Rechtman, E. Zechenter
1989 Hunting and Gathering in Tropical Rain Forest: Is It Possible? *American Anthropologist* 91:59—83.

Bailey, R. C. and T. N. Headland
1991 Tropical rain forest: is it a productive environment for human foragers? In *Human Ecology.* vol. v. 19, no. 2. pp. 261—285. New York.

Balée, W.
1989 The Culture of the Amazonian Forest. In *Natural Resource Management by Indigenous and Folk Societies in Amazonia,* edited by D. Posey and W. Balée, pp. 1—21. Advances in Economic Botany, vol. 7. The New York Botanical Garden, New York.

Beckerman, S.
1979 Abundance of Protein in Amazonia: a Reply to Gross. *American Anthropologist* 81(3): 533—560.

Bergman, R. W.
1980 *Amazon Economics: The Simplicity of Shipibo Wealth.* Dellplain Latin American Studies, No. 6. Syracuse University Department of Geography, Syracuse.

Block, D.
1980 *In search of El Dorado: Spanish entry into Moxos, a tropical frontier, 1550—1767.* Thesis (Ph. D.) University of Texas, 1980.

Block, D.
1994 *Mission Culture on the Upper Amazon: Native Tradition, Jesuit Enterprise and Secular Policy in Moxos, 1660—1880.* University of Nebraska Press, Lincoln.

Boserup, E.
1965 *The Conditions of Agricultural Growth: The Economics of Agrarian Change under Population Pressure.* Aldine, Chicago.

Boserup, E.
1981 *Population and Technological Change: A Study of Long Term Trends.* University of Chicago Press, Chicago.

Cameron, C. M. and S. A. Tomka, eds.
1993 *Abandonment of Settlements and Regions: Ethnoarchaeological and Archaeological Approaches.* Cambridge University Press, New York.

Carneiro, R. L.
1960 Slash-and-Burn Agriculture: A Closer Look at its Implications for Settlement Patterns. In *Men and Cultures,* edited by A. Wallace, pp. 229—234. University of Pennsylvania Press, Philadelphia.

Carneiro, R. L.
1970 *A Theory of the Origin of the State.* Science 169:733—738.

Carneiro, R. L.
1999 *The Ecological Basis of Amazonian Chiefdoms.* South American Indian Studies (forthcoming).

Chagnon, N.
1992 *Yanomamo.* 4th ed. Harcourt Brace Jovanovich College Publications, Fort Worth.

Chayanov, A. V.
1966 *The Theory of Peasant Economy.* Published for the American Economic Association by R. D. Irwin, Homewood, Illinois.

Cohen, M. N.
1977 *The Food Crisis in Prehistory: Overpopulation and the Origins of Agriculture.* Yale University Press, New Haven.

Colinvaux, P. A. and M. B. Bush
1991 Rain-forest ecosystem as a resource for hunting and gathering. *American Anthropologist.* vol. v. 93, no. 1, 1991. pp. 153—160. Washington, D.C.

Cook, N. D.
1981 *Demographic Collapse, Indian Peru, 1520—1620.* Cambridge University Press, New York.

Cook, N. D.
1982 *The People of the Colca Valley: A Population Study.* Westview Press, Boulder.

Damp, J.
1984 Environmental Variation, Agriculture and Settlement Processes in Coastal Ecuador (3300—1500 BC). *Current Anthropology* 25(1):106—111.

Darch, J. P., ed.
1983 *Drained Field Agriculture in Central and South America.* BAR International Series 189. British Archaeological Reports, Oxford.

DeBoer, W. R.
1986 Pillage and Production in the Amazon: A View Through the Conibo of the Ucayali Basin, Eastern Peru. *World Archaeology* 18(2):231—246.

DeBoer, W. R., K. Kintigh and A. G. Rostoker
1996 Ceramic Seriation and Site Reoccupation in Lowland South America. *Latin American Antiquity* 7(3):263—278.

Denevan, W. M.
1963 Additional comments on the earthworks of Mojos in northeastern Bolivia. *American Antiquity* 28(4):540—545.

Denevan, W. M.
1966 *The Aboriginal Cultural Geography of the Llanos de Mojos of Bolivia.* Ibero-Americana 48. University of California Press, Berkeley.

Denevan, W. M.
1980 *La geografia cultural aborigen de los llanos de Mojos.* Libreria Editoria "Juventud", La Paz.

Denevan, W. M.
1982 Hydraulic Agriculture in the American Tropics: forms, measures and recent research. In *Maya Subsistence: Studies in Memory of Dennis E. Puleston,* edited by K. V. Flannery. Academic Press, New York.

Denevan, W. M., ed.
1992a *The Native Population of the Americas in 1492*. University of Wisconsin Press, Madison.

Denevan, W. M.
1992b Stone vs. Metal Axes: The Ambiguity of Shifting Cultivation in Prehistoric Amazonia. *Journal of the Steward Anthropological Society* 20(1-2):153—165.

Denevan, W. M.
1996 A Bluff Model of Riverine Settlement in Prehistoric Amazonia. *Annals of the Association of American Geographers* 86(4):654—681.

Denevan, W. M.
2001 *Cultivated Landscapes of Native Amazonia and the Andes*. Oxford University Press, Oxford.

Denevan, W. M., K. Mathewson and G. W. Knapp, eds.
1987 *Pre-Hispanic Agricultural Fields in the Andean Region*. BAR International Series 359. British Archaeological Reports, Oxford.

Denevan, W. and B. L. Turner
1974 Forms, Functions and Associations of Raised Fields in the Old World Tropics. *Journal of Tropical Geography* 39:24—33.

Denevan, W. M. and A. Zucchi R.
1978 Ridged-Field Excavations in the Central Orinoco Llanos, Venezuela. In *Advances in Andean Archaeology*, edited by D. Browman, pp. 235—245. Mouton, The Hague.

Descola, P.
1994 *In the Society of Nature: a Native Ecology in Amazonia*. Cambridge University Press, Cambridge; New New York: Paris.

Diaz, H. F. and V. Markgraf, eds.
1992 *El Niño: historical and paleoclimatic aspects of the Southern Oscillation*. Cambridge University Press, New York.

Dobyns, H.
1983 *Their Number Become Thinned: Native American Population Dynamics in Eastern North America*. University of Tennessee Press, Knoxville.

Dougherty, B. and H. H. Calandra
1981 Nota preliminar sobre investigaciones arqueológicas en los Llanos de Moxos, Departamento del Beni, República de Bolivia. *Revista del Museo de La Plata* (Nueva Serie) VIII(53):87—106.

Eden, M. J.
1984 Terra Preta Soils and their Archaeological Context in the Caquetá Basin of Southeast Colombia. *American Antiquity* 47(1):125—140.

Eder, F. J.
1985 [1791] *Breve descripción de las reducciones de Mojos*. Translated by J.M. Barnadas. Historia Boliviana, Cochabamba.

Eguiluz, D. and E. Torres S.
1884 [1695] *Historia de la misión de Mojos en la República de Bolivia*. Imprenta del Universo de C. Prince, Lima.

Erasmus, C. J.
1965 Monument Building: Some Field Experiments. *Southwestern Journal of Anthropology* 21(4):277—301.

Erickson, C. L. And J. Faldín
1979 *Informe preliminar sobre un reconocimiento arqueológico en los Llanos de Moxos, Bolivia: San Ignacio - San Borja*. Copies may be obtained from the Instituto Nacional de Arqueología de Bolivia, Documentos Internos 36/78.

Erickson, C. L.
1980 Sistemas agrícolas prehispánicos en los Llanos de Mojos. *América Indígena* 40(4):731—755.

Erickson, C. L.
1984 Waru-waru: una tecnología agrícola del Altiplano pre-hispánico. *Boletín, Instituto de Estudios Aymaras* 18:4—37. Puno.

Erickson, C. L.
1988 *An Archaelogical Investigation of Raised Field Agriculture in the Lake Titicaca Basin of Peru*. University Microfilms, Ann Arbor.

Erickson, C. L.
1992 Applied archaeology and rural development: archaeology's potential contribution to the future. *Journal of the Steward Anthropological Society* 20(1-2):1—16.

Erickson, C. L.
1995 Archaeological Methods for the Study of Ancient Landscapes of the Llanos de Mojos in the Bolivian Amazon. In *Archaeology in the Lowland American Tropics: Current Analytical Methods and Recent Applications*, edited by P. W. Stahl, pp. 66—95. Cambridge University Press, Cambridge.

Erickson, C. L.
1996 *Investigación arqueológica del sistema agrícola de los camellones en la cuenca del Lago Titicaca del Perú*. PIWA, La Paz.

Erickson, C. L.
1998 Applied archaeology and rural development: archaeology's potential contribution to the future. In *Crossing Currents: Continuity and Change in Latin America*. pp. 34—45. Upper Saddle River : Prentice Hall.

Erickson, C. L., K. L. Candler, W. Winkler, M. Michel and J. H. Walker
1993 *Informe preliminar del Proyecto Agro-Arqueológico del Beni, 1992*. Unpublished report to the Instituto Nacional de Arqueología de Bolivia.

Erickson, C. L., J. Esteves, W. Winkler and M. Michel
1991 *Estudio preliminar de los sistemas agrícolas precolombinos en el Departamento del Beni, Bolivia: informe de los trabajos de campo efectuados durante el mes de julio de 1990*. Unpublished report to the Instituto Nacional de Arqueología de Bolivia.

Erickson, C. L., J. H. Walker, K. L. Candler, D. Angelo, M. Michel, W. Winkler and J. Jacob
1994 *Informe preliminar del Proyecto Agro-Arqueológico del Beni, 1993*. Unpublished report to the Instituto Nacional de Arqueología de Bolivia.

Evans, C.
1964 Lowland South America. In *Prehistoric Man in the New World*, edited by J. Jennings and E. Norbeck, pp. 419—450. University of Chicago Press, Chicago.

Farrington, I., ed.
1985 *Prehistoric Intensive Agriculture in the Tropics*. BAR International Series 32. 2 vols. British Archaeological Reports, Oxford.

Fernea, R. A.
1970 *Shaykh and Effendi: Changing Patterns of Authority Among the El Shabana of Southern Iraq*. Harvard University Press, Cambridge, Mass.

Flannery, K. V., ed.
1982 *Maya Subsistence: Studies in Memory of Dennis E. Puleston*. Academic Press, New York.

Glantz, M. H.
1996 *Currents of change: El Niño's impact on climate and society*. Cambridge University Press, New York.

Goldman, I.
1963 *The Cubeo Indians of Northwest Amazon*. University of Illinois Press, Urbana.

Golson, J. and A. Steensburg
1985 The Tools of Agricultural Intensification in the New Guinea Highlands. In *Prehistoric Intensive Agriculture in the Tropics*, edited by I. Farrington, pp. 347—384. BAR International Series 232. British Archaeological Reports, Oxford.

Graffam, G. C.
1990 *Raised Fields Without Bureaucracy: An Archaeological Examination of Intensive Wetland Cultivation in the Pampa Koani Zone, Lake Titicaca, Bolivia*. University Microfilms, Ann Arbor.

Graffam, G. C.
1992 Beyond State Collapse: Rural History, Raised Fields, and Pastoralism in the South Andes. *American Anthropologist* 94(882—904).

Grigg, D.
1982 *The Dynamics of Agricultural Change: The Historical Experience*. Hutchinson, London.

Gross, D. R.
1975 Protein capture and cultural development in the Amazon Basin. *American Anthropologist* 77(3):526—549.

Gumerman, G., ed.
1994 *Themes in Southwestern Prehistory*. School of American Research Press, Santa Fe.

Hanagarth, W.
1993 *Acerca de la geoecología de las sabanas del Beni en el noroeste de Bolivia*. Instituto de Ecología, La Paz.

Harris, D. R., ed.
1980 *Human Ecology in Savanna Environments*. Academic Press, New York.

Hayami, Y. and V. W. Ruttan
1985 *Agricultural development: an international perspective*. Rev. and expanded ed. Johns Hopkins University Press, Baltimore.

Hern, W. M.
1994 Health and Demography of Native Amazonians: Historical Perspective and Current Status. In *Amazonian Indians from Prehistory to the Present*, edited by A. C. Roosevelt. University of Arizona Press, Tuscon.

Herrera, L. F., C. Rodríguez, S. Mora and I. Cavelier
1992 Technical Transformation of an Agricultural System in the Colombian Amazon. *World Archaeology* 24(1):98—113.

Instituto Nacional Estadística de Bolivia (INE)
1992 *Censo Nacional de Población y Vivienda*. Instituto Nacional Estadística de Bolivia, La Paz.

Isbell, W. H.
1997 *Mummies and Mortuary Monuments: A Postprocessual Prehistory of Central Andean Social Organization*. University of Texas Press, Austin.

Keller-Leuzinger, F.
1874 *The Amazon and Madeira rivers; sketches and descriptions from the note-book of an explorer*. D. Appleton, New York.

Key, M.
1961 *An Archaeologist's Mystery*. Report to the Summer Institute of Linguistics, Riberalta.

Kolata, A. L.
1993 *The Tiwanaku: Portrait of an Andean Civilization*. Blackwell, Cambridge.

Langstroth, R. P.
1996 *Forest Islands in an Amazonian Savanna of Northeastern Bolivia*. Unpublished Ph.D. dissertation, Department of Geography, University of Wisconsin, Madison.

Lansing, J. S.
1991 *Priests and Programmers: Technologies of Power in the Engineered Landscape of Bali*. Princeton University Press, Princeton, N.J.

Lathrap, D. W.
1970 *The Upper Amazon*. Thames & Hudson, London.

Lathrap, D. W.
1974 The Moist Tropics, The Arid Lands, and the Appearance of Great Art Styles in the New World. In *Art and the Environment in Native America*, edited by M. E. King and I. R. Traylor, Jr., pp. 115—158. Special Publications of the Museum of the Texas Technical University. Texas Technical University, Lubbock, Texas.

Lathrap, D. W.
1976 Radiation: The Application to Cultural Development of a Model from Biological Evolution. In *The Measures of Man*, edited by E. Giles and J. S. Friedlaender, pp. 494—532. Peabody Museum Press, Cambridge.

Lees, S. H.
1994 Irrigation and Society. *Journal of Archaeological Research* 2(4):361—378.

Lijerón-Casanovas, A.
1998 *Mojos-Beni: introducción a la historia amazónica*. Editorial RB, Trinidad - Bolivia.

Malthus, T. R.
1976 [1798] *An Essay on the Principle of Population*. Norton, London.

Marcos, J.
1987 Los campos elevados de la Cuenca del Guayas, Ecuador: El Proyecto Peñon del Río. In *Pre-Hispanic Agricultural Fields in the Andean Region*, edited by W. Denevan, K. Mathewson and G. Knapp. BAR International Series 359. British Archaeological Reports, Oxford.

Markgraf, V.
1993 Climatic History of Central and South America since 18,000 yr B.P.: Comparison of Pollen Records and Modern Simulations. In *Global Climates since the Last Glacial Maximum*, edited by H. E. Wright, J. E. Kutzbach, T. Webb III, W. F. Ruddiman, F. A. Street-Perrott and P. J. Bartlein. University of Minnesota Press, Minneapolis.

Mathewson, K.
1987 Estimating Labor Inputs for the Guayas Raised Fields: Initial Considerations. In *Pre-Hispanic Agricultural Fields in the Andean Region*, edited by W. M. Denevan, K. Mathewson and G. W. Knapp, pp. 321—336. BAR International Series 359. British Archaeological Reports, Oxford.

McIntyre, M. P., H. P. Eilers and J. W. Mairs
1991 *Physical Geography*. 5th ed. Wiley and Sons, New York.

McNeill, W. H.
1976 *Plagues and Peoples*. Anchor Press, Garden City, New York.

Meggers, B. J.
1954 Environmental Limitation on the Development of Culture. *American Anthropologist* 56:801—824.

Meggers, B. J.
1971 *Amazonia: Man and Culture in a Counterfeit Paradise*. Aldine, Chicago.

Meggers, B. J.
1988 Identification and Implications of a Hiatus in the Archeological Sequence on Marajó Island, Brazil. *Journal of the Washington Academy of Sciences* 78(3):245—253.

Meggers, B. J.
1991 Cultural Evolution in Amazonia. In *Profiles in Cultural Evolution*, pp. 191—216. Museum of Anthropology, University of Michigan, Ann Arbor.

Meggers, B. J.
1992a Amazonia: Real or Counterfeit Paradise? *The Review of Archaeology* 13(2):25—40.

Meggers, B. J.
1992b Prehistoric Population Density in the Amazon Basin. In *Disease and Demography in the Americas*, edited by J. W. Verano and D. H. Ubelaker, pp. 197—205. Smithsonian Institution Press, Washington, D.C.

Meggers, B. J.
1994a Archaeological Evidence for the impact of Mega-Niño Events on Amazonia During the Past Two Millennia. *Climatic Change* 28:321—338.

Meggers, B. J.
1994b Pre-Columbian Amazonia - Prehistoric Cultural Development in Amazonia: An Archaeological Perspective. *National Geographic Research and Exploration* 10(4):398—421.

Meggers, B. J.
1995 Archaeological Perspectives on the Potential of Amazonia for Intensive Exploitation. In *The Fragile Tropics of Latin America: Sustainable Management of Changing Environments*, edited by T. Nishinzawa and J. I. Uitto, pp. 68—93. United Nations University Press, New York.

Meggers, B. J. and C. Evans
1957 *Archeological Investigations at the Mouth of the Amazon.* Government Printing Office, Washington.

Métraux, A.
1948 Tribes of Eastern Bolivia and the Madeira Headwaters. In *The Tropical Forest Tribes*, edited by J. Steward, pp. 381—454. Handbook of South American Indians. vol. 3, J. Steward, general editor. Smithsonian Institution, Washington DC.

Moran, E. F.
1981 *Developing the Amazon.* University of Indiana Press, Bloomington.

Moran, E. F.
1993 *Through Amazonian Eyes: The Human Ecology of Amazonian Populations.* University of Iowa Press, Iowa City.

Morrison, K. D.
1994 Intensification of Production: Archaeological Approaches. *Journal of Archaeological Method and Theory* 1(2):111—159.

Morrison, K. D.
1996 Typological Schemes and Agricultural Change. *Current Anthropology* 37:583—597.

Netting, R. M.
1974 Agrarian ecology. In *Annual review of anthropology.* Palo Alto, 1974.

Netting, R. M.
1993 *Smallholders, Householders: Farm Families and the Ecology of Intensive, Sustainable Agriculture.* Stanford University Press, Stanford.

Nordenskiöld, E.
1913 *Urnengräber und Mounds im Bolivianischen Flachland.* Baessler Archiv 3:205—255.

Nordenskiöld, E.
1920 *The Changes in Material Culture of Two Indian Tribes Under the Influence of New Surroundings.* Comparative Ethnological Studies 3, Goteborg.

Nordenskiöld, E.
1924 Finds of graves and old dwelling-places on the Rio Beni, Bolivia. In *Ymer*, pp. 229—237, Stockholm.

Nordenskiöld, E.
1979 [1924] *The ethnography of South-America seen from Mojos in Bolivia.* AMS Press, New York.

Orbigny, A. d.
1845 *Descripción geográfica, histórica y estadística de Bolivia.* Libreria de los Señores Gide y Compañia, Paris.

Orbigny, A. d.
1944 [1839] *El Hombre Americano.* Translated by Cepeda, Alfredo. Editorial Futuro, Buenos Aires.

Ortloff, C. R. and A. L. Kolata
1993 Climate and Collapse: Agro-Ecological Perspectives on the Decline of the Tiwanaku State. *Journal of Archaeological Science* 20(2):195—221.

Parsons, J. and W. A. Bowen
1966 Ancient Ridged Fields of the San Jorge River Floodplain. *Geographical Review* 56:317—343.

Parsons, J. J. and W. M. Denevan
1967 Pre-Columbian Ridged Fields. *Scientific American* 217(1):92—100.

Pérez C., T.
1997 Estudios en camellones en la Estación Biológica del Beni. In *Memorias del Primer Congreso Internacional Estación Biológica del Beni*, pp. 129—136. Academia Nacional de Ciencias de Bolivia, La Paz.

Philander, S. G. H.
1990 *El Nino, La Nina, and the southern oscillation.* Academic Press, San Diego.

Piland, R.
1997 La agricultura tradicional T'simane y su relación a la conservación en la Estación Biológica del Beni. In *Memorias del Primer Congreso Internacional Estación Biológica del Beni*, pp. 116—119. Academia Nacional de Ciencias de Bolivia, La Paz.

Pinto Parada, R.
1987 *Pueblo de Leyenda.* Editorial Tiempo del Beni, Trinidad.

Plafker, G.
1963 Observations on Archaeological Remains in Northeastern Bolivia. *American Antiquity* 28(3):372—378.

Pohl, M. D., K. O. Pope, J. G. Jones, J. S. Jacob, D. R. Piperno, S. D. deFrance, D. L. Lentz, J. A. Gifford, M. E. Danforth and J. K. Josserand
1996 Early Agriculture in the Maya Lowlands. *Latin American Antiquity* 7(4):355—372.

Pozorski, T., S. Pozorski, C. J. Mackey and A. M. U. Klymyshyn
1983 Pre-Hispanic Ridged Fields of the Casma Valley, Peru. *Geographical Review* 73:407—416.

Puleston, D. E.
1977 Experiments in Prehistoric Raised Field Agriculture: Learning from the Past. *Journal of Belizean Affairs* 5:36—43.

Riley, T. and G. Freimuth
1979 Field Systems and Frost Drainage in the Prehistoric Agriculture of the Upper Great Lakes. *American Antiquity* 44:271—285.

Roosevelt, A. C.
1980 *Parmana: Prehistoric Maize and Manioc Subsistence along the Orinoco and Amazon.* Academic Press, New York.

Roosevelt, A. C.
1991 *Moundbuilders of the Amazon: Geophysical Archaeology on Marajo Island, Brazil.* Academic Press, San Diego.

Roosevelt, A. C.
1993 Rise and Fall of the Amazon Chiefdoms. *Homme* 33:255—283.

Roosevelt, A. C.
1996 Paleoindian Cave Dwellers in the Amazon: The Peopling of the Americas. *Science* 272:373—384.

Salisbury, R. F.
1962 *From Stone to Steel: Economic Consequences of a Technological Change in New Guinea.* Cambridge University Press, London.

Sharp, R. L.
1952 Steel Axes for Stone Age Australians. *Human Organization* 11:17—22.

Smith, N. J. H.
1980 Anthrosols and Human Carrying Capacity in Amazonia. *Annals of the Association of American Geographers* 70(4):553—566.

Stahl, A. B.
1993 Concepts of Time and Approaches to Analogical Reasoning in Historical Perspective. *American Antiquity* 58(2):235—260.

Stahl, P.
1994 The Significance of Anthropogenic Landscapes in Prehistoric South America to Studies of Biodiversity. *Biology International* (32):3—11.

Stemper, D.
1987 Raised Fields and Agricultural Production, A.D. 1400—1600, Rio Daule, Guayas, Ecuador. In *Prehispanic Agricultural Fields in the Andean Region*, edited by W. Denevan, K. Mathewson and G. Knapp, pp. 297—319. BAR International Series 395. British Archaeological Reports, Oxford.

Steward, J. H.
1948 *Handbook of South American Indians.* 6 vols. Smithsonian Institution, Washington.

Steward, J. H. and L. C. Faron
1959 *Native Peoples of South America.* McGraw-Hill, New York.

Stone, G. D.
1996 *Settlement Ecology: The Social and Spatial Organization of Kofyar Agriculture.* University of Arizona Press, Tucson.

Stuvier, M. and P. J. Reimer
1986 A Computer Program for Radiocarbon Age Calibration. *Radiocarbon* 28:1022–1030.

Turner, B. L. and S. B. Brush
1987 *Comparative Farming Systems*. Guilford Press, New York.
Turner, B. L. and P. D. Harrison, eds.
1983 *Pulltrouser Swamp: Ancient Maya Habitat, Agriculture and Settlement in Northern Belize*. University of Texas Press, Austin.
Turner, B. L., G. Hydén and R. W. Kates
1993 *Population Growth and Agricultural Change in Africa*. University Press of Florida, Gainesville.
Whitten, R. G.
1979 Comments on the theory of holocene refugia in the culture history of Amazonia. *American Antiquity*, pp. 238—251, maps. vol. 44, no. 2, 1979. Salt Lake City.
Wittfogel, K. A.
1957 *Oriental Despotism: A Comparative Study of Total Power.* Yale University Press, New Haven.
Wylie, A.
1982 Analogy By Any Other Name Is Just As Analogical: A Commentary on the Gould-Watson Dialogue. *Journal of Anthropological Archaeology* 1(4):382—401.
Wylie, A.
1985 Reaction Against Analogy. In *Advances in Archaeological Method and Theory*, edited by M. B. Schiffer, pp. 63—111. vol. 8. Academic Press, San Diego.
Zapata, A.
1906[1693]
Carta del Padre Agustín Zapata al Padre Joseph Buendía, en la que da noticias del Paititi. In *Juicio de límites entre el Perú y Bolivia*, edited by V. M. Maurtua, pp. 24—28. Imprenta de Henrich y Comp., Barcelona.
Zucchi R., A. and W. M. Denevan
1979 Campos elevados e historia prehispánica en los Llanos Occidentales de Venezuela. *Montalban* 9:565—736.

Latin American Archaeology Reports

1. *Architectural Restoration at Uxmal, 1986–1987. Restauración Arquitectónica en Uxmal, 1986–1987.* Alfredo Barrera Rubio & José Huchím Herrera. 98 pp., 105 illus. ISBN 1-877812-02-1. $13.
2. *Cultivars, Anthropic Soils and Stability: A Preliminary Report of Archaeological Research in Araracuara, Colombian Amazonia. Plantas Cultivadas, Suelos Antrópicos y Estabilidad: Informe Preliminar sobre la Arqueología de Araracuara, Amazonia Colombiana.* Santiago Mora C., Luisa Fernanda Herrera, Inés Cavelier F., & Camilo Rodríguez. [Co-pub.: Programa Tropenbos—Colombia, Bogotá.] 88 pp., 37 illus. ISBN 1-877812-05-6. $13.
3. *Early Inhabitants of the Amazonian Tropical Rain Forest: A Study of Humans and Environmental Dynamics. Habitantes Tempranos de la Selva Tropical Lluviosa Amazónica: Un Estudio de las Dinámicas Humanas y Ambientales.* Santiago Mora. [Co-pub. Instituto Amazónico de Investigaciones, Universidad Nacional de Colombia at Leticia.] 211 pp., 49 illus. ISBN 1-877812-60-9. $21.

Arqueología de México

1. *Edzná: A Pre-Columbian City in Campeche. Edzná: Una ciudad prehispánica de Campeche.* Antonio Benavides Castillo. 225 pp. ISBN 970-18-0021-4. $22.
2. *Tepetitlán: A Rural Household in the Toltec Heartland. Tepetitlán: Un espacio rural en el área de Tula.* Robert H. Cobean & Alba Guadalupe Mastache. 449 pp. ISBN 970-18-1182-8. $39.
3. *Teotihuacan: Ceramics, chronology and cultural trends. Teotihuacan: Cerámica, cronología y tendencias culturales.* Evelyn Childs Rattray. 704 pp. ISBN 970-18-2511-X. $65.
4. *A world of obsidian: The mining and trade of a volcanic glass in ancient Mexico. Un mundo de obsidiana: Minería y comercio de un vidrio volcánico en el México antiguo.* Robert H. Cobean. 298 pp. ISBN 970-18-2508-X. $39
5. *The organization of agricultural production at a classic Maya center. La organización de la producción agrícola en un centro maya del clásico.* Rodrigo Liendo Stuardo. 227 pp. ISBN 970-18-9510-X ; $31

Orders for publications should be sent to the address below. Prices include shipping by surface and are subject to change without notice. Payment must be made in U.S. dollars by money order or check payable to the University of Pittsburgh drawn on a U.S. bank. Pennsylvania residents should add 7% sales tax to the total. Standing orders for either series receive a 15% discount. Publications are also available from the co-publishing institutions listed with the titles.

Pedidos pueden ser enviados a la siguiente dirección. Los precios incluyen el costo del envío por tierra. Unicamente se aceptan pagos en dólares de Estados Unidos por giro o cheque contra un banco en los Estados Unidos. Subscripciones a cualquiera de las dos series reciben un descuento del 15%. Las instituciones co-editoras indicadas en la lista de volúmenes también distribuyen las publicaciones en sus respectivos paises.

Latin American Archaeology Publications
Department of Anthropology
University of Pittsburgh
Pittsburgh, PA 15260
U.S.A.

E-mail: laap@pitt.edu
World Wide Web: http://www.pitt.edu/~laap

Memoirs in Latin American Archaeology

1. *Archaeological Research in the El Cajon Region, Volume 1: Prehistoric Cultural Ecology. Investigaciones Arqueológicas en la Región de El Cajón, Tomo 1: Ecología Cultural Precolombina*. Kenneth Hirth, Gloria Lara Pinto, & George Hasemann, eds. [Co-pub.: Instituto Hondureño de Antropología e Historia, Tegucigalpa.] 282 pp., 49 illus. ISBN 1-877812-00-5. $15.

2. *Prehispanic Chiefdoms in the Valle de la Plata, Volume 1: The Environmental Context of Human Habitation. Cacicazgos Prehispánicos del Valle de la Plata, Tomo 1: El Contexto Medioambiental de la Ocupación Humana.* Luisa Fernanda Herrera, Robert D. Drennan, & Carlos A. Uribe, eds. [Co-pub.: Universidad de los Andes, Bogotá.] 238 pp., 58 illus. ISBN 1-877812-01-3. $15.

3. *Modern Maya Storage Behavior: Ethnoarchaeological Case Examples from the Puuc Region of Yucatan. Comportamiento de Almacenaje entre los Mayas Modernos: Estudios Etnoarqueológicos de la Región Puuc de Yucatán.* Michael P. Smyth. 172 pp., 36 illus. ISBN 1-877812-04-8. $13.50.

4. *Archaeological Research at Aztec-Period Rural Sites in Morelos, Mexico, Volume 1: Excavations and Architecture. Investigaciones Arqueológicas en Sitios Rurales de la Epoca Azteca en Morelos, México, Tomo 1: Excavaciones y Arquitectura*. Michael E. Smith. 426 pp., 189 illus. ISBN 1-877812-06-4. $32.

5. *Prehispanic Chiefdoms in the Valle de la Plata, Volume 2: Ceramics—Chronology and Craft Production. Cacicazgos Prehispánicos del Valle de la Plata, Tomo 2: Cerámica—Cronología y Producción Artesanal.* Robert D. Drennan, Mary M. Taft, & Carlos A. Uribe, eds. [Co-pub.: Universidad de los Andes, Bogotá.] 190 pp., 101 illus. ISBN 1-877812-07-2. $19.

6. *The Balberta Project: The Terminal Formative–Early Classic Transition on the Pacific Coast of Guatemala. El Proyecto Balberta: La Transición entre el Formativo Terminal y el Clásico Temprano en la Costa Pacífica de Guatemala*. Frederick J. Bove, Sonia Medrano B., Brenda Lou P., & Bárbara Arroyo L., eds. [Co-pub.: Asociación Tikal, Guatemala.] 220 pp., 111 illus. ISBN 1-877812-08-0. $19.

7. *The Persistence of Prehispanic Chiefdoms on the Río Daule, Coastal Ecuador. La Persistencia de los Cacicazgos Prehispánicos en el Río Daule, Costa del Ecuador.* David M. Stemper. [Co-pub.: Libri Mundi, Quito.] 228 pp., 55 illus. ISBN 1-877812-09-9. $19.

8. *Regional Archaeology in Northern Manabí, Ecuador, Volume 1: Environment, Cultural Chronology, and Prehistoric Subsistence in the Jama River Valley. Arqueología Regional del Norte de Manabí, Ecuador, Volumen 1: Medio Ambiente, Cronología Cultural y Subsistencia Prehistórica en el Valle del Río Jama.* James A. Zeidler & Deborah M. Pearsall, eds. [Co-pub.: Libri Mundi, Quito.] 248 pp., 74 illus. ISBN 1-877812-10-2. $20.

9. *Regional Archaeology in the Muisca Territory: A Study of the Fúquene and Susa Valleys. Arqueología Regional en el Territorio Muisca: Estudio de los Valles de Fúquene y Susa.* Carl Henrik Langebaek Rueda. [Co-pub. Universidad de los Andes, Santafé de Bogotá.] 232 pp., 84 illus. ISBN 1-877812-34-X. $21.

10. *Prehispanic Chiefdoms in the Valle de la Plata, Volume 3: The Socioeconomic Structure of Formative 3 Communities. Cacicazgos Prehispánicos del Valle de la Plata, Tomo 3: La Estructura Socioeconómica de las Comunidades del Formativo 3.* Luis Gonzalo Jaramillo E. [Co-pub. Universidad de los Andes, Santafé de Bogotá.] 146 pp., 114 illus. ISBN 1-877812-40-4. $20.

11. *Prehispanic Chiefdoms in the Valle de la Plata, Volume 4: Vertical Economy, Interchange, and Social Change during the Formative Period. Cacicazgos Prehispánicos del Valle de la Plata, Tomo 4. Economía Vertical, Intercambio, y Cambio Social durante el Período Formativo.* Dale W. Quattrin. ISBN 1-877812-53-6. $20.

12. *Ancient Maya State, Urbanism, Exchange, and Craft Specialization: Chipped Stone Evidence from the Copán Valley and the La Entrada Region, Honduras. Estado, Urbanismo, Intercambio y Especialización Artesanal entre los Mayas Antiguos*. Kazuo Aoyama. 227 pp., 91 illus. ISBN 1-877812-54-4. $29.

13. *Agricultural Change in the Bolivian Amazon. Cambio Agrícola en la Amazonía Boliviana*. John H. Walker. [Co-pub. Fundacióon Kenneth Lee, Trinidad, Beni, Bolivia.] 131 pp., 44 illus. ISBN 1-877812-61-7. $20.

(continued ins